国家出版基金项目
NATIONAL PUBLICATION FOUNDATION

大飞机出版工程

总主编　顾诵芬

适航性：
航空器合格审定导论

Airworthiness:
An Introduction to Aircraft Certification

【意大利】菲利普·德·弗洛里奥　著

赵越让　孙有朝等　译

上海交通大学出版社
SHANGHAI JIAO TONG UNIVERSITY PRESS

内 容 提 要

本书译自原意大利 RAIENAC 型号认证总监菲利普·德·弗洛里奥（Filippo De Florio）的 *Airworthiness：An Introduction to Aircraft Certification* (Second edition)，是一本关于航空器合格审定的参考书。全书以"适航性"为主题，系统介绍了与飞行安全性相关的国际组织和适航管理机构、适航规章要求及其制订、型号合格审定过程、航空器运营和持续适航监管等，其中重点对美国、欧盟的管理体系和方法进行了阐述。

本书可作为高等院校适航专业及相关专业本科生、研究生与教师的参考书，同时可供适航审定人员、航空器设计制造、运营人员及所有对适航感兴趣的读者阅读和参考。

（适航性：航空器合格审定导论）

© Filippo De Florio

This translation of Airworthiness：An Introduction to Aircraft Certification is published by arrangement with Elsevier Ltd In Great Britain.

上海市版权局著作权合同登记号图字：09－2011－125

图书在版编目（CIP）数据

适航性：航空器合格审定导论/（意）弗洛里奥著；赵越让　孙有朝等译.—上海：上海交通大学出版社，2013
（大飞机出版工程）
ISBN 978－7－313－09564－0

Ⅰ.①适… Ⅱ.①弗…②赵… Ⅲ.①航空器－适航性－研究 Ⅳ.①V417

中国版本图书馆 CIP 数据核字（2013）第 061030 号

适航性：航空器合格审定导论

[意]菲利普·德·弗洛里奥　著

赵越让　孙有朝等　译

上海交通大学 出版社出版发行
（上海市番禺路 951 号　邮政编码 200030）
电话：64071208　出版人：韩建民
上海万卷印刷厂印刷　全国新华书店经销
开本：787mm×1092mm　1/16　印张：20.25　字数：394 千字
2013 年 9 月第 1 版　2013 年 9 月第 1 次印刷
ISBN 978－7－313－09564－0/V　定价：85.00 元

大飞机出版工程

丛书编委会

总主编：

顾诵芬（中国航空工业集团公司科技委副主任、两院院士）

副总主编：

金壮龙（中国商用飞机有限责任公司董事长）

马德秀（上海交通大学党委书记、教授）

编　委：（按姓氏笔画排序）

王礼恒（中国航天科技集团公司科技委主任、院士）

王宗光（上海交通大学原党委书记、教授）

刘　洪（上海交通大学航空航天学院教授）

许金泉（上海交通大学船舶海洋与建筑工程学院工程力学系主任、教授）

杨育中（中国航空工业集团公司原副总经理、研究员）

吴光辉（中国商用飞机有限责任公司副总经理、总设计师、研究员）

汪　海（上海交通大学航空航天学院副院长、研究员）

沈元康（中国民用航空局原副局长、研究员）

陈　刚（上海交通大学副校长、教授）

陈迎春（中国商用飞机有限责任公司常务副总设计师、研究员）

林忠钦（上海交通大学常务副校长、院士）

金兴明（上海市经济与信息化委副主任、研究员）

金德琨（中国航空工业集团公司科技委委员、研究员）

崔德刚（中国航空工业集团公司科技委委员、研究员）

敬忠良（上海交通大学航空航天学院常务副院长、教授）

傅　山（上海交通大学航空航天学院研究员）

适航系列编委会

总　序

　　国务院在 2007 年 2 月底批准了大型飞机研制重大科技专项正式立项,得到全国上下各方面的关注。"大型飞机"工程项目作为创新型国家的标志工程重新燃起我们国家和人民共同承载着"航空报国梦"的巨大热情。对于所有从事航空事业的工作者,这是历史赋予的使命和挑战。

　　1903 年 12 月 17 日,美国莱特兄弟制作的世界第一架有动力、可操纵、重于空气的载人飞行器试飞成功,标志着人类飞行的梦想变成了现实。飞机作为 20 世纪最重大的科技成果之一,是人类科技创新能力与工业化生产形式相结合的产物,也是现代科学技术的集大成者。军事和民生对飞机的需求促进了飞机迅速而不间断的发展,应用和体现了当代科学技术的最新成果;而航空领域的持续探索和不断创新,为诸多学科的发展和相关技术的突破提供了强劲动力。航空工业已经成为知识密集、技术密集、高附加值、低消耗的产业。

　　从大型飞机工程项目开始论证到确定为《国家中长期科学和技术发展规划纲要》的十六个重大专项之一,直至立项通过,不仅使全国上下重视起我国自主航空事业,而且使我们的人民、政府理解了我国航空事业半个世纪发展的艰辛和成绩。大型飞机重大专项正式立项和启动使我们的民用航空进入新纪元。经过 50 多年的风雨历程,当今中国的航空工业已经步入了科学、理性的发展轨道。大型客机项目其产业链长、辐射面宽、对国家综合实力带动性强,在国民经济发展和科学技术进步中发挥着重要作用,我国的航空工业迎来了新的发展机遇。

　　大型飞机的研制承载着中国几代航空人的梦想,在 2016 年造出与波音 B737 和空客 A320 改进型一样先进的"国产大飞机"已经成为每个航空人心中奋斗的目标。然而，大型飞机覆盖了机械、电子、材料、冶金、仪器仪表、化工等几乎所有工业门类，集成了数学、空气动力学、材料学、人机工程学、自动控制学等多种学科，是一个复杂的科技创新系统。为了迎接新形势下理论、技术和工程等方面的严峻挑战，迫切需要引入、借鉴国外的优秀出版物和数据资料，总结、巩固我们的经验和成果，编著一套以"大飞机"为主题的丛书，借以推动服务"大型飞机"作为推动服务整个航空科学的切入点，同时对于促进我国航空事业的发展和加快航空紧缺人才的培养，具有十分重要的现实意义和深远的历史意义。

2008 年 5 月，中国商用飞机有限公司成立之初，上海交通大学出版社就开始酝酿"大飞机出版工程"，这是一项非常适合"大飞机"研制工作时宜的事业。新中国第一位飞机设计宗师——徐舜寿同志在领导我们研制中国第一架喷气式歼击教练机——歼教 1 时，亲自撰写了《飞机性能捷算法》，及时编译了第一部《英汉航空工程名词字典》，翻译出版了《飞机构造学》、《飞机强度学》，从理论上保证了我们飞机研制工作。我本人作为航空事业发展 50 年的见证人，欣然接受了上海交通大学出版社的邀请担任该丛书的主编，希望为我国的"大型飞机"研制发展出一份力。出版社同时也邀请了王礼恒院士、金德琨研究员、吴光辉总设计师、陈迎春副总设计师等航空领域专家撰写专著、精选书目，承担翻译、审校等工作，以确保这套"大飞机"丛书具有高品质和重大的社会价值，为我国的大飞机研制以及学科发展提供参考和智力支持。

编著这套丛书，一是总结整理 50 多年来航空科学技术的重要成果及宝贵经验；二是优化航空专业技术教材体系，为飞机设计技术人员培养提供一套系统、全面的教科书，满足人才培养对教材的迫切需求；三是为大飞机研制提供有力的技术保障；四是将许多专家、教授、学者广博的学识见解和丰富的实践经验总结继承下来，旨在从系统性、完整性和实用性角度出发，把丰富的实践经验进一步理论化、科学化，形成具有我国特色的"大飞机"理论与实践相结合的知识体系。

"大飞机"丛书主要涵盖了总体气动、航空发动机、结构强度、航电、制造等专业方向，知识领域覆盖我国国产大飞机的关键技术。图书类别分为译著、专著、教材、工具书等几个模块；其内容既包括领域内专家们最先进的理论方法和技术成果，也包括来自飞机设计第一线的理论和实践成果。如：2009 年出版的荷兰原福克飞机公司总师撰写的 *Aerodynamic Design of Transport Aircraft*（《运输类飞机的空气动力设计》），由美国堪萨斯大学 2008 年出版的 *Aircraft Propulsion*（《飞机推进》）等国外最新科技的结晶；国内《民用飞机总体设计》等总体阐述之作和《涡量动力学》、《民用飞机气动设计》等专业细分的著作；也有《民机设计 1000 问》、《英汉航空双向词典》等工具类图书。

　　该套图书得到国家出版基金资助，体现了国家对"大型飞机项目"以及"大飞机出版工程"这套丛书的高度重视。这套丛书承担着记载与弘扬科技成就、积累和传播科技知识的使命，凝结了国内外航空领域专业人士的智慧和成果，具有较强的系统性、完整性、实用性和技术前瞻性，既可作为实际工作指导用书，亦可作为相关专业人员的学习参考用书。期望这套丛书能够有益于航空领域里人才的培养，有益于航空工业的发展，有益于大飞机的成功研制。同时，希望能为大飞机工程吸引更多的读者来关心航空、支持航空和热爱航空，并投身于中国航空事业做出一点贡献。

2009 年 12 月 15 日

序　一

发展国产大型客机是党中央、国务院在 21 世纪作出的具有重要战略意义的决策。"民机发展,适航先行",是民用航空事业的基本理念。适航是国产大型客机获得商业成功、走向国际市场的法定前提和重要保证。

众所周知,第二次世界大战结束后,世界航空工业的两个超级大国——美国和苏联,分别成功制造了大型飞机波音 707 飞机和图-154 飞机,并投入民用航空运输领域。经过数十年的市场选择,最后的结果值得我们深思。目前,世界大型民机市场几乎完全由美国波音和欧洲空客两大航空巨头垄断,而辉煌一时的苏联民用运输机在市场上所占的份额不足 0.5%。造成这种结果的最重要因素,就是它的飞机安全性没有完全保证;同时,其保障安全性的适航体系也没有完全建立和全面实施。

美国高度重视适航体系的建立和发展。早在 1926 年商务部就成立了航空司,并颁发第 7 号航空通报,对飞行员、航图、导航和适航标准进行管理。1934 年,航空司更名为航空局。从 1934 年到 1958 年相继制定并颁发了民用航空规章(CAR)如 CAR04(飞机适航要求)、CAM04(要求和解释材料)、CAR03(小飞机)、CAR06(旋翼机)、CAR04a - 1(TSO)、CAR7(运输类旋翼飞机)等。

1958 年,航空局更名为联邦航空局(FAA),被赋予制定和监督实施美国航空规章(FAR)的职责。FAA 归属交通运输部,但局长由总统直接任命。

波音 707 飞机于 1958 年获得 FAA 型号合格证,获得了适航批准。在美国严格的审定标准和审定程序下,该飞机具有良好的安全性和市场表现,先后共交付 1 010 架,被誉为商用民航客机的典范。美国的适航体系和概念也得到了世界上绝大多数国家的认可。

苏联图-154 飞机却命运多舛。该飞机于 1966 年开始设计,苏联当时没有构成体系的民用飞机适航标准和主要参考强度规范等。虽然苏联民用飞机和直升机适航标准联合委员会于 1967 年制订了《苏联民用飞机适航标准》,该标准涵盖了运输类飞机、直升机、发动机和螺旋桨等各种航空产品,但适航要求不够详细和完善。1972 年,图-154 获得苏联民用航空部运送乘客许可并投入运行。该飞机虽然生产了 900 余架,但却发生了 56 次重大事故,最终没能在国际主流民机市场获得认可。

欧洲空中客车公司在国际民机市场的崛起,从另一个侧面说明了强有力的适航管理能力是大型客机成功的关键因素之一。欧洲为了在国际民机市场上和美国分庭抗礼,于 1990 年成立联合航空局(JAA),大力加强适航审定体系和适航管理能力建设,为空中客车公司后来居上进而在国际大型民机市场与波音公司平分秋色,起到了支撑和保障作用。

纵观欧美和苏联的运输类飞机发展历程可以发现,民机型号的发展不仅需要先进的航空工业基础,更重要的是要有国际认可的安全性——适航性。

当前,在国家政策指引下,中国航空业呈现跨越式发展。ARJ21-700 新支线飞机、215 直升机、MA600 螺旋桨飞机、Y12F 轻型多用途飞机、N5B 农用飞机、H0300 水陆两栖飞机、L7 初级教练机、28F 直升机、Y8F-600 飞机等型号陆续开展研制工作。2009 年 12 月 16 日,大型客机 C919 基本总体技术方案经过评审并获得通过,转入初步设计阶段;2010 年向中国民航局提交大型客机取证申请,预计大型客机争取在 2014 年首飞,2016 年交付客户使用。

面对正在开展的支线飞机和大型客机适航审定工作,我国的适航管理面临着新的严峻的挑战,突出表现为两个主要矛盾:一是国际审定技术快速发展与我国适航审定能力相对滞后的矛盾,尽管我们采用"影子审查"的中美两国政府合作方式来弥补;二是国内民用航空工业的快速发展与有限的适航符合性基础能力的矛盾。

现实迫切需要引入、借鉴国外的优秀出版物和数据资料,同时总结、巩固我国 30 年的实践经验和科研成果,编著一套以"民用飞机适航"为主题的丛书,这对于促进我国适航管理技术的发展和加快适航紧缺人才的培养,具有十分重要的现实意义和深远的历史意义。

与适航事业结缘近 30 年,并见证了中国适航发展变迁,我怀着继续为中国适航管理竭尽绵薄之力的愿望,欣然接受了上海交通大学出版社的邀请,担任"民用飞机适航"丛书的名誉主编。出版社同时邀请了中国民用航空局张红鹰总工程师、中商飞吴光辉总设计师和原民航局适航司副司长赵越让等适航专家撰写专著、精选书目,承担翻译、审校等工作,以确保这套丛书具有高品质和重大的社会价值,为我国的大飞机研制以及适航技术的发展提供参考和智力支持。

这套丛书主要涵盖了适航理念与原则、机载软件适航、试飞、安全可靠性、金属材料与非金属材料等专业方向,知识领域覆盖我国国产大飞机适航的关键技术,内容既包括适航领域专家们最先进的理论方法和技术成果,也包括来自工艺部门进行适航符合性验证的理论和实践成果。

该套图书得到国家出版基金资助,体现了国家对"大型飞机项目"以及"民用飞机适航出版工程"的高度重视。这套丛书承担着记录与弘扬科技成就、积累和传播科技知识的使命,凝结了国内外民机适航领域专业人士的智慧和成果,具有较强的系统性、完整性、实用性和技术前瞻性,既可作为实际工作指导用书,也可作为相关专业人员的学习参考用书。期望这套丛书能够有益于民用航空领域里适航人才的培养,有益于国内适航法规的完善、有益于国内适航技术的发展,有益于大飞机的成功研制。同时吸引更多的读者重视适航、关心适航、支持适航,为国产大型客机的商业成功做出贡献。

最后,我们衷心感谢中商飞、上海交通大学出版社和参与编写、编译、审校的专家们以及热心于适航教育的有识之士做出的各种努力。

由于国内外专家们的背景、经历和实践等差异,有些观点和认识不尽相同,但本着"仁者见仁,智者见智","百花齐放,百家争鸣"的精神,给读者以研究、思考的广阔空间,也诸多裨益。当然,不同认识必将在未来的实践检验中得到统一和认可。这也是我们出版界伟大的社会责任。我们期望的事业也就蓬勃发展了。大家努力吧!

2013 年 4 月 20 日

序　二

　　2012 年 7 月 8 日,国务院出台了《国务院关于促进民航业发展的若干意见》。其中明确提出"积极支持国产民机制造",包括加强适航的审定和航空器的适航评审能力建设,健全适航审定组织体系,积极为大飞机战略服务,积极拓展中美、中欧等双边适航范围,提高适航审定国际合作水平。2013 年 1 月 14 日,国务院办公厅以国办函[2013]4 号文件下发了《促进民航业发展重点工作分工方案的通知》,要求有关部门认真贯彻落实《国务院关于促进民航业发展的若干意见》精神,将涉及本部门的工作进行分解和细化,并抓紧制订出具体落实措施。由此可见,适航和适航审定能力建设已上升为国家民航强国战略、国产大飞机战略的有效组成部分。

　　适航是民用飞机进入市场的门槛,代表了公众对民用飞机安全的认可,也是民用飞机设计的固有属性。尽管相比国外,我国的适航管理起步较晚,1987 年国务院才颁布《中华人民共和国民用航空器的适航管理条例》,但是我们一开始在适航标准的选用上就坚持了高标准并确定了与欧美国家接轨的道路,几十年国际民用飞机的发展和经验已充分证明我国适航管理道路的正确性和必要性,对于国家的大飞机战略,我们仍将坚持和选择这样的道路,只有这样,才能确保我国从民航大国走向民航强国,形成有国际竞争力的民用飞机产业。

　　飞机已经诞生 110 年了,国外先进的民机发展历史也有七八十年,我国民机发展历史较短,目前还无真正意义上按 25 部适航标准要求取得型号合格证的产品出现,但可喜的是从中央到企业,从民航到工业界,业界领导和专家将适航及适航能力的突破作为国产民用飞机产业发展的基础和前提,达成了共识。专家、学者、工程师和适航工作者全面探索和开辟了符合中国国情的适航成功道路的研究及实践,并直接应用到 C919 等型号研制中。我很高兴地看到上海交通大学出版社面向大飞机项目的适航技术提高和专业适航人才的培养,适时推出"民用飞机适航出版工程"系列丛书,引入、借鉴国外的优秀出版物,总结并探索我国民机发展适航技术的实践经验及工程实践道路,直接呼应了国家重大任务,应对了民机产业发展,这无疑具有十分重要的现实意义和深远的历史意义。

张红鹰

2013 年 7 月 20 日

译 者 介 绍

赵越让，男，1963 年 4 月出生，陕西人，西北工业大学工学硕士，从事民机适航管理工作近 20 年，主持过多个适航标准的制订工作，在我国民机适航业内享有较高声誉。历任成飞公司高级工程师；民航西南适航审定中心主任、民航西南局副总工程师；民航总局适航司副司长。现任中国商飞公司适航管理部部长、ARJ21 项目副总指挥。

孙有朝，男，1965 年 1 月出生，南京航空航天大学可靠性与适航技术研究中心主任，教授，博士生导师，航空器 RMS 与适航技术学科带头人。江苏省"青蓝工程"优秀青年骨干教师，江苏省"333 工程"学科带头人，入选江苏省"六大人才高峰"计划，国家 973 计划项目专家。长期从事航空器虚拟设计与验证技术、大型飞机可靠性与安全性工程、航空器适航性设计与验证技术、持续适航与风险评估技术等领域的教学、科研与工程实践工作。主持完成了国家自然科学基金项目、国防科技工业民机专项、民航局科技计划、飞机型号研制等数十余项课题的研究与开发工作。发表学术论文100 余篇，申请国家发明专利 10 余项，获省部级科技进步奖多项。

译 者 序

随着经济的发展,民用航空与人民生活愈发息息相关。当前,我国民用航空工业迎来了新的发展契机。2006 年 2 月 9 日,国务院颁布《国家中长期科学和技术发展规划纲要(2006～2020 年)》,大飞机被确定为 16 个重大科技专项之一。大飞机的意义绝不仅仅是为了大飞机本身,研制大飞机对提升一个国家的整体实力,带动产业升级,促进科技进步,形成国民经济新的增长点等均具有重大意义。

适航对于民用飞机的研制至关重要,关系到其能否成功推向航空市场,实现商业成功。我国尚未有完整的大型民用飞机的适航经验。Filippo De Florio 先生的《适航性》一书,对适航相关问题进行了较为全面的阐述,重点介绍了 FAA和 EASA 的适航体系。适航工作不单单依赖于相应的程序和规章制度,还需要诸多专业工程技术人员在一个多世纪的航空实践中积累起来的经验。希望本书能对我国从事民用航空工业的相关科技工作人员等有所裨益。本书适于作为航空、民航、航天等领域的本科生、研究生的教材以及相关领域工程技术、管理和适航审定人员的参考书使用。

英文版《适航性》一书于 2006 年推出了第一版。此后的数年间发生了许多变化,为此 Filippo De Florio 先生对原书进行了重大修改,并对航天器的适航进行了展望,于 2011 年推出了该书的英文第二版。在《适航性》一书的第二版正式出版之前,译者原计划出版该书第一版的中译本,并已经付诸实施。但在第一版中译本初稿完成后不久,译者了解到该书的第二版即将出版,因此选择在《适航性》英文第二版出版后,直接出该书第二版的中译本。现在,Filippo De Florio 先生《适航性》一书第二版的中译本终于可以与大家见面了。

　　本书由中国商用飞机有限责任公司和南京航空航天大学可靠性与适航技术研究中心赵越让、孙有朝、胡宇群、张越梅、李龙彪翻译,李东明、褚静华校对。全书由孙有朝统稿,赵越让审定。译者按照尽可能尊重原著风格的原则翻译此书,但鉴于译者水平所限,该书的中译本可能会存在疏漏、错误和翻译不准确之处,在此真诚希望读者批评指正。

　　书中的标题编号均按原文,特此说明。

译　者

2013 年 6 月 8 日

第 一 版 前 言

本书源于我的意大利文版《适航性》(*Aeronavigabilità*)一书。该书完成于 2002 年底,由罗马 IBN 出版社出版。

尽管 EASA,FAA 和其他一些国家的航空管理部门在适航管理方面有着许多的共同点,但仍然存在着不少的差异。因此,本书保留了普遍适用的概念原理,尽量避免涉及具体国家的适航体系,或那些可能会很快被更替的具体流程。

这里是我在 2002 年为《适航性》(*Aeronavigabilità*)一书所写的前言:

我从 20 世纪即开始对航空器的合格审定产生兴趣。为了准备当时就希望拥有的这样一本书,便开始写下这些笔记。

本书附有丰富的资料,目的在于对适航性提供一个全面的认识,但无意使之成为一本合格审定手册。我力图从总体的角度来表述适航性的概念,而不是去涉及具体的流程细节,因为这些流程会随着航空产品合格审定机构所预期的重大修改而不断发展。尽管如此,但在管理部门、航空器所有人或运营人看来,适航的基本原则不太可能发生重大改变。熟悉适航的基本原理,有助于工程师和其他航空专业人员开展工作。适航工作不单单依赖于相应的程序和公式,还需要大量的常识以及工程专业人员在一个多世纪的航空实践中所积累的经验。

我希望本书可以作为适航领域的人员理解、掌握适航规章和程序的基础读物。这些适航规章和程序,会对适航管理部门和飞机设计制造企业的合格审定工程师们产生影响,影响到他们接受的专业培训和实际工作。

菲利普·德·弗洛里奥
2002 年 12 月

第 二 版 前 言

Elsevier 于 2006 年出版的第一版《适航性》源于 2002 年底完成的意大利文版《适航性》(*Aeronavigabilità*)一书,该书由罗马 IBN 出版社出版。

此处是 2002 年我为意文版《适航性》(*Aeronavigabilità*)所写的前言:

我从上个世纪即开始对航空器的合格审定产生兴趣。为了准备当时就希望拥有的这样一本书,便开始写下这些笔记。

本书附有丰富的资料,目的在于对适航性提供一个全面的认识,而无意使之成为一本合格审定手册。我力图从总体的角度来表述适航性的概念,而不是去涉及具体的流程细节,因为这些流程会随着航空产品合格审定机构所预期的重大修改而不断发展。尽管如此,但在管理部门、航空器所有人或运营人看来,适航的基本原则不太可能发生重大改变。熟悉适航的基本原理,有助于工程师和其他航空专业人员开展工作。适航工作不单单依赖于相应的程序和公式,还需要大量的常识以及工程专业人员在一个多世纪的航空实践中所积累的经验。

我希望本书可以作为适航领域的人员理解、掌握适航规章和程序的基础读物。这些适航规章和程序,会对适航管理部门和飞机设计制造企业的合格审定工程师们产生影响,影响到他们接受的专业培训和实际工作。

《适航性》第二版

过去的几年是多事之年,为此我对第一版的内容进行了更新和重要扩展。

第一版的前言中将欧洲航空安全局(EASA)的建立作为欧洲适航管理方面

的最重要事件。同样地,轻型运动类航空器的批准亦被认为是美国的重要事件,注定会对世界范围内的通用航空产生重大影响。其他重要问题,如无人航空器的发展,也已列入讨论之列。JAA 最近的解散,代表了适航管理历史上的一个非常重要时刻。本书将继续讨论 EASA 与欧洲及世界的相互关系。

此外,美国的首次亚轨道飞行以及 FAA 于 2006 年 12 月 15 日在题为"对机组和太空飞行参与者的太空飞行要求"中发布的一系列要求,表明了将正式向民用交通运输领域开放太空,即如当初对民用航空运输开放空域那样。这也就是为什么本书新增了一章,用于说明适航的范围或许将进一步拓展,涵盖太空。

虽然 JAR 的要求和 JAA 的规章大部分已经被 EASA 的要求替代,但出于政策的延续性,EASA 依然引用了 JAR 的原文。或者在某些情况下,JAR 的要求依然有效,以等待 EASA 的相应要求出台。这也是欧洲适航规章发展理念的一个历史性选择。

本书不是一本合格审定手册。在讨论标准或官方程序时,仅对它们加以概述,以便于对它们的内容有一个总体了解。本书通常部分地引用最值得注意的条款,或仅仅引用它们的标题。这么做是出于实际原因和用于参考的考虑。无论如何,我不建议仅以阅读本书来替代对条款原文的阅读。

特别提醒:英式英语和美式英语在描述同一事物时,所使用的术语存在差异。例如,aeroplane/airplane(飞机);aerobatic/acrobatic(特技)等等。此外,JAA 和 EASA 采用英式英语拼写,比如 organisation(组织),authorisation(授权)等;而 FAA 将它们拼做 organization,authorization,等等。本书中为了一致,尽可能的统一为"-ize"变体。其他的拼写差异被统一为美国拼写标准。这无疑会与 JAA 和 EASA 的文件有所差异,但不影响基本意思。

注:FAA 规章采用的正确命名形式应该是 14 CFR Part ××(例如,14 CFR Part 11)。但为方便使用,以及便于区别 JAA 和 EASA 要求,现在采用的命名形式为"FAR ××(如,FAR 11)"。

菲利普·德·弗洛里奥

致　谢

　　我要谢谢我的女儿 Francesca De Florio，是她提供了语言和编辑方面的重要支持。我同样要感谢我的妻子 Giovanna 和儿子 Sergio，感谢他们给予我的鼓励。

　　特别感谢 Elsevier 的 Jonathan Simpson，他审查了本书第一版的原稿，并在本书内容深度、广度的更新扩充方面提供了宝贵的建议。

　　我还要感谢 Elsevier 公司团队所有人员所给予的专业帮助。关于 EASA，FAA，ICAO 和 JAA 的历史与组织机构方面的资料，主要来源于这些机构的相关网站。

菲利普·德·弗洛里奥

关 于 作 者

Filippo De Florio 先生，航空工程师。自 1992 年至 2000 年，他是意大利航空局 RAI-ENAC 的型号合格审定部主任。在此期间，他还是欧洲联合航空局(JAA)合格审定委员会的委员。

从 20 世纪 70 年代开始，作为 JAR-22 和 JAR-VLA 分部的研究小组成员，他为这些标准的制订与发展做出了贡献。

作为滑翔机和飞机驾驶员，他拥有超过 25 年的飞行经历，而且还是 OSTIV 滑翔机发展专家组成员、国际无人机系统协会名誉会员。2008 年 6 月，他被授予首届 UAS 先驱奖，以表彰和感谢他对于国际 UAS 团体的杰出贡献。

De Florio 先生和他的妻子 Giovanna 现在定居法国。他们有两个孩子，Sergio 和 Francesca。

目　　录

第1章 飞行安全

安全是一个广泛扎根于人们头脑的概念。我们把"没有危险"作为安全的基本定义。安全与人类的所有行为息息相关,所以每一个文明社会都应能保障个人或他人活动的安全。这不仅是道德义务,也是现实要求,因为对人员和财产造成伤害的事故,也将使社会付出代价。这也是为什么国家要通过法规来控制那些可能伤害人员和损害财产的人类活动。

我们将专门研究航空活动的安全性,首先要讨论我们通常定义的主要飞行安全要素:**人、环境和机器**。

(1) 人:人在这里是飞行运营的活跃部分,包括飞行员、维修人员、空管人员等。显然,为了避免在飞行运营中发生导致事故或灾难的错误,依靠技术熟练的人员显得尤为重要。因此应将这些人员置于法定的、有组织的环境中,保证他们进行适当水平的专业训练、技术和规程的更新,以及保证他们的心理和生理健康。国家委托专门的公共机构来承担这些职责。

(2) 环境:环境涵盖了影响航空器飞行的所有外界因素,包括气象条件、交通状况、通信、机场等等。避免出现可能危及航空器自身安全的情况同样重要。为了保证飞行安全,我们应该考虑正确的气象信息、航空器垂直间隔和水平间隔的规定、合适的机场等等。

(3) 机器:机器无需定义。一个好的设计、可靠的构造和高效运营的重要性是显而易见的。因此,政府要委托专门的公共机构行使职责,保证设计、制造及运行指令均能满足飞行安全的要求。

关于这些安全要素的重要一点,在于这些安全要素是串联而非并联的关系。它们可以被看作是飞行安全这个链条的三个环节(如图1.1所示)。

任何一个环节的失效都足以导致事故的发生。飞行员的错误会将最先进的航空器置于危险,而最好的飞行员也不能弥补航空器本身的严重故障。事故报告

人

环境

机器

安全

图1.1 与飞行安全紧密相关的三个环节

提供了无数这样的事例。事故的发生往往是由于多方面的原因综合而导致,涉及所有的安全要素。然而,事故总是开始于前面提到的三个环节中某个环节的失误。

　　本书将特别讨论这些安全要素之一:机器。

　　我们将讨论飞机的设计规则、制订此类规则的人员、规划从设计到制造的验证的人员、对制造商和营运人组织负责的人员。

第2章 适 航 性

在意大利文的 RAI - ENAC 技术规章中，可以找到适航性(Airworthiness)的定义:"适航性是指在**允许的限制条件**内,航空器或航空器部件满足了在**安全状态**下飞行的**必要要求**"。

在这个定义中,要特别注意三个关键要素:安全状态、满足必要要求和许用限制。

(1) 安全状态。我们能够主观认为**安全状态**的含义与飞行的正常过程及圆满结束相关。根据定义,安全就是没有可能造成人员死亡、受伤或疾病、设备或财产损失以及环境破坏的那些状态。

(2) **满足必要要求**。这意味着航空器或其任何零部件,都要依照经研究验证过的标准进行设计和制造,以期在上述安全状态下飞行。

规章的目的在于通过消除或减轻引起死亡、伤害和损坏的条件来提高安全性。

这些规章由国家政府指定的适航管理当局制订。可以通过颁布包含一系列设计要求的适航标准(在后面的章节将详细介绍)来形成规章:从结构强度到飞行要求(飞行品质和性能),良好的设计做法准则,系统、疲劳和颤振,必要的试验,飞行和维修手册内容等等。对于不同类型的航空器,这些标准是不同的。显然,不可能用同一种规则来设计滑翔机、大型喷气机或直升机。这些标准的一个重要特性就是它们是与时俱进的。标准的发展一般不会超前于航空的发展,而是伴随其一起发展。一成不变的标准会阻碍航空的发展。因此,标准必须不断地随着航空的发展而进步。此外,频繁的事故分析通常导致补充规则的产生。如果这些规则当初被用于设计,也许可以预防事故的发生,或至少会减少事故的危害。这个过程可以当作"反思",但把它作为"经验"则更合适。标准的更改,通常带有增加一些新的或不同内容的意图,会使满足规则的设计越来越昂贵,但是,这是提高飞行安全性所必须付出的代价。

(3) **许用限制**。航空器按照在一定的飞行包线内飞行设计。飞行包线主要取决于速度和结构载荷系数。另外,航空器最大重量可以根据不同用途来确定。还须规定航空器的运行条件,如白天目视飞行规则、夜间飞行、仪表飞行、结冰和不结冰条件下飞行等等。超出了这些条件和限制会引起事故。超重起飞、用按非特技飞行载荷系数设计的航空器作特技飞行、没有合适防冰措施而在结冰条件下飞行、超速所引起的事故,都说明了在允许范围之内飞行的重要性。驾驶员通过飞行手册、驾驶舱内的标牌和标记以及培训来了解这些限制。

第 3 章　国际民用航空组织和民用航空管理局

3.1　国际民用航空组织

目前有记录、重于空气的航空器的首次飞行,是莱特兄弟于 1903 年 12 月 17 日在美国北卡罗莱纳州完成的。

在航空开始的最初时期,有远见的人们就预见到跨越国界的一种新的运输模式。1910 年,关于空中航行国际法的第一次会议在法国巴黎召开,共有 18 个欧洲国家参加。

第一次世界大战使航空技术得到了相当显著的发展,也显示了航空在运输物品和人员方面的潜力。战后,这种先进的运输方式在国际上获得了日趋明显的关注。

在 1919 年的巴黎和会上讨论了这些问题,并促成了航空委员会的成立。为使航空技术用于和平目的,38 个国家共同起草并签署了一项国际航空公约。这一公约考虑到了民用航空的所有方面。同时为监督民用航空的发展,提出了发展举措,成立了"国际空中航行委员会"。

两次世界大战之间,民用航空在技术和商业领域都获得了标志性的持续发展。

第二次世界大战,除了日渐完善的军用飞机所引发的恐惧极大地影响了飞机技术的发展以外,航空技术在 6 年之内达到了正常和平时期需要 25 年才能达到的技术水平。

远距离运输大量的人员和货物从可能变成了现实。基于上述这些方面的原因,美国政府从 1944 年的年初便开始与其他同盟国展开探讨。1944 年 11 月,在这些探讨的基础上,邀请了 55 个同盟国、中立国在芝加哥召开了会议。55 个国家中有 52 个国家到会。为期 5 周的会议形成了由序言和 96 个条款组成的《国际民用航空公约》。

国际民用航空组织(International Civil Aviation Organization, ICAO)正式成立于 1947 年 4 月 4 日,受加拿大政府的邀请,其总部设在加拿大的蒙特利尔。现在,加入该组织的国家超过 180 个。

国际民用航空组织的宗旨,是发展国际空中航行的理论与技术,促进国际航空运输的规划和发展，实现以下目的：

（1）确保国际民用航空在全世界的安全和有序发展。

（2）鼓励为和平目的而发展航空器的设计和使用技术。

（3）鼓励用于国际民用航空的航线、机场和空中航行设施的发展。

（4）满足全世界人们对安全、有序、高效和经济的航空运输的需求。

（5）防止不合理竞争引起的经济浪费。

（6）确保各缔约国的权利受到充分尊重，并保证各缔约国都有经营国际航线的公平机会。

（7）避免缔约国之间的歧视。

（8）促进国际空中航行的飞行安全。

（9）促进国际民用航空得到全方位、普遍的发展。

3.1.1　国际标准

从国际民用航空组织成立开始，该组织的一个主要技术成就，就是取得了在安全运行、有序、高效航班方面的标准化，保证了国际民用航空在诸多方面的高度可靠性，尤其是在航空器、机组成员、地面基础设施和服务方面。

通过制定、采纳和修订被视为**国际标准**和**推荐做法**的 18 个国际公约附件，实现了国际民用航空的标准化。

标准是国际民用航空组织的成员共同遵守的指令。如果某个成员的标准不同于国际民用航空组织的标准，该成员必须向国际民用航空组织报告所用标准的差异。

推荐做法是可取的，但不是必须执行的。决定一个特殊议题是否应成为标准的基本原则，是对如下问题的肯定回答："是否存在所有缔约国统一实施的必要性？"

以国际公约为基础，在与航空器、人员、航线和辅助服务相关的规章和组织程序方面，缔约国致力于世界范围内的高度统一，只要它们能够促进和提高航空的安全性、有效性和正规化。

18 个附件介绍如下：

● **附件 1：人员执照的颁发**——规定飞行机组、空中交通管制员和维修人员执照颁发的资料，包括飞行机组和空中交通管制员的体检标准。

● **附件 2：空中规则**——包括目视飞行和仪表辅助飞行的规则。

● **附件 3：国际空中航行的气象服务**——规定国际空中航行气象服务和航空器观察的气象报告。

● **附件 4：航图**——包含国际航空中使用的航图规范。

● **附件 5：空中和地面运行中使用的计量单位**——列出在空中和地面操作中使用的量纲系统。

● **附件 6：航空器的运行**——列出了相关规范，以保证高于全世界类似运行的最低规定安全水平。

- **附件 7：航空器国籍和登记标志**——规定航空器标识和登记的要求。
- **附件 8：航空器适航性**——规定航空器合格审定和检查的统一程序。
- **附件 9：简化手续**——规定过境手续的标准简化程序。
- **附件 10：航空电信**——卷 1 规定了通信设备和系统的标准化，卷 2 规定了通信程序的标准化。
- **附件 11：空中交通服务**——包括建立和使用空中交通管制、飞行情报和告警服务的信息。
- **附件 12：搜寻和救援**——提供搜寻和救援所需设施和服务的组织和运作信息。
- **附件 13：航空器事故和事故征候调查**——统一航空器事故的通报、调查和报告。
- **附件 14：机场**——包括机场设计和设备的规范。
- **附件 15：航空情报服务**——包含收集和分发航班运行所需的航行情报的方法。
- **附件 16：环境保护**——卷 1 包括了航空器噪声的合格审定、噪声监测和供规划土地利用的噪声影响范围的规范，卷 2 包括了航空器发动机排放物的规范。
- **附件 17：防止对国际民用航空进行非法干扰行为的安全保卫**——规定了保护国际民用航空免受非法干扰的方法。
- **附件 18：危险品航空运输的安全**——规定了保证危险物资在航空器内安全运输的必要要求，提供保证航空器及其乘员免于不当风险的安全等级。

因为航空技术的不断发展，必要时，这些附件也要经常复审更新。附件的典型内容基于以下部分：

（1）当某标准的使用对于国际空中航行的安全和有序而言是必需的，则该标准将成为规范。

（2）推荐做法的应用，若被认为是有利于国际空中航行的安全、有序和效率时，则该推荐做法被升级为规范。

（3）用于解释上述观点的附录。

（4）所用术语的定义。

成员国发布的规范，不是严格复制上述的从本质上陈述若干基本原则或欲达目标的附件内容。这些规范通常包括用于达到这些目标的若干要求。此外，即使基本原则能保持相同，这些要求亦常常受到技术发展水平（技术演变、新技术和已知经验）的影响，于是它们很可能不断进行改进和修订。

目前航空器合格审定的 JAA/FAA/EASA 适航标准是国际公认的标准，都与 ICAO 附件相一致。因而，从实践的观点看来，合格审定过程基于这些适航标准，而不是直接依据 ICAO 的国际标准。

鉴于本书的范围和目的，我们讨论下列 4 个与适航直接关联的附件：

● **附件 6:航空器的运行**。这个附件包括与国际商业航空运输使用的航空器运行有关的标准和建议,包括关于运营人合格审定的规章。它也包括有关国际通用航空活动(包括维修)方面的技术和运行规章。

附件 6 的实质,是从事国际航空运输的航空器的运行必须尽可能地实现标准化,以确保最高的水平和效率。

附件 6 的目的,是通过为安全运行制定标准,为国际航空运输的安全做出贡献;通过鼓励 ICAO 缔约国,为按照这些标准运行的属于其他国家的商业航空器飞越其领土提供便利,为国际航空运输的效率和正规化做出贡献。

为了同新兴和充满活力的航空业同步发展,最初的规定已经并正在不断地被审议。

第 Ⅰ 部分:理事会于 1948 年首次采纳了关于从事国际商业航空运输的航空器的运行标准和推荐做法,它们构成了附件 6 第 Ⅰ 部分的基础。

这一文件为在国际商业航空运输的运营中运载旅客或货物的飞机规定了国际标准和推荐做法。该附件涉及夜间运行、性能运行限制、飞机仪表、设备和飞行文件、飞机通信和导航设备、飞机维修、飞行机组、飞行运行主管/飞行签派员、手册、日志和记录、客舱机组、安保、运行期间空中和地面灯光显示、运行手册内容、飞行时间和飞行勤务期限的限制。

第 Ⅱ 部分:附件 6 第 Ⅱ 部分专门用于国际通用航空,于 1969 年 9 月开始生效。

ICAO 承认国际通用航空驾驶员及其乘客,不一定享有与商业航空运输付费旅客所享有的相同安全水平,因为机组和设备或许不能达到与商业运输航空器相同的标准。但是,附件第 Ⅱ 部分被特别设计用来保证第三方(地面人员和在空中其他航空器内的人员)所能接受的安全水平。因此,商业和通用航空航空器在相同环境中运行时需要遵守这些最低的安全标准。

第 Ⅲ 部分:类似地,针对所有国际直升机运行的附件 6 第 Ⅲ 部分于 1986 年 11 月开始生效。

第 Ⅲ 部分最初仅针对直升机的飞行记录器,但是按照第 Ⅰ 部分和第 Ⅱ 部分中固定翼飞机的复杂运行方式,对直升机运行的范围进行了全面修订,并已于 1990 年 11 月通过实施。

因此,第 Ⅲ 部分包括了直升机的国际商业运输运行和通用航空运行。

人为因素是航空器安全和高效运行的一个重要组成部分。附件 6 明确规定了各国对其运营人、特别是对飞行机组监督的责任。

附件 6 的另一个重要方面,是对运营人的要求,即建立限制飞行机组成员的飞行时间和飞行职责转换的规则。

航空器安全运行的关键是了解每种特定型号航空器的运行限制。本附件对当今使用的航空器规定了最低运行性能限制。

劫持民用航空器的威胁对机长造成了额外的负担。除了纯粹的技术性质的预防措施之外，ICAO 已经对防范这种行为所需要的各种安全预防措施做了研究，尽可能多地涵盖各种紧急情况。

- **附件 8：航空器的适航性**。为使航空器能在成员国境内飞行和着陆（根据公约第 33 条），这个附件作为航空器适航证国际认可的基础，包括了用于制订型号合格审定要求、定义最低适航水平的标准。每个国家可自由地制订其本国的综合和详尽的适航性法规，或选择、采用或接受另一缔约国所制订的法规。国家法规必须保持的适航水平体现在附件 8 广泛的标准之中。

第 I 部分给出了定义；

第 II 部分包含了航空器获得标准格式适航证的一般适航程序；

第 IIIA 部分包含了在 1960 年 6 月 13 日或之后提出合格审定申请的重于 5 700 kg 的飞机的最低适航标准；

第 IIIB 部分包含了在 2004 年 3 月 2 日或之后提出合格审定申请的重于 5 700 kg 的飞机的最低适航标准；

第 IVA 部分包含了在 1991 年 3 月 22 日或之后提出合格审定申请的直升机的最低适航标准；

第 IVB 部分包含了在 2007 年 12 月 13 日或之后提出合格审定申请的直升机的最低适航标准；

第 V 部分包含了在 2007 年 12 月 13 日或之后提出合格审定申请的重于 750 kg 但不超过 5 700 kg 的飞机的最低适航标准。

这些与飞机合格审定有关的技术标准包括：关于性能、飞行品质、结构设计和构造、发动机与螺旋桨的设计和安装、系统与设备的设计和安装的要求；运行限制，包括飞机飞行手册中提供的程序与一般情况；航空器的适坠性与客舱安全、运行环境以及航空器设计中的人为因素与安保。

对影响飞行机组保持飞行控制能力的各种设计特征的要求，必须予以特别考虑。驾驶舱的布局必须能使因混淆、疲劳或干扰引起对各个操纵器错误操纵的可能性减至最小。应该能提供一个足够清晰、广阔而无扭曲的视界，以便安全地驾驶飞机。

飞机的设计特征还要保证机上人员的安全、健康和舒适，要求在预计的飞行期间和地面及水上运行条件下有合适的客舱环境、在紧急着陆时有迅速和安全撤离的装置，以及有在可预见的外部条件和合理的时间范围内保证机上人员生存的必要设备。

发动机及其附属装置的合格审定要求，要确保它们能够在预期的运行条件下可靠地工作。继最近发生的劫机和机上恐怖行为之后，在航空器设计中包括了一些特别的安保特征，以改进对航空器的保护。

这些包括，例如，航空器各系统的特殊功能；驾驶舱门、天花板、客舱乘务舱地板的加强。

附件 13 不仅和适航性直接相关,而且能够影响适航要求。

● **附件 13:航空器事故和事故征候调查**。附件 13 为航空器事故和事故征候的调查规定了国际要求[1]。

事故和事故征候调查的目的是为了**预防**。因此,必须查明航空器事故或严重事故征候的原因以防止其再次发生。

根据附件 13,事故或事故征候调查由事故或事故征候发生地所在国负责,但该国可以将调查的全部或部分委托给其他国家。

如果事故发生在任何国家的领土之外,登记国负有进行调查的责任。

登记国、运营商和制造商的代表有权参加调查。

调查的目的是确定导致事故或事故征候的原因,提出包含了相应安全性建议的最终报告,以防止类似事件的发生。

国际民用航空组织运作着一个被称为事故/事故征候数据报告(ADREP)系统的计算机化的数据库,这为缔约国之间交换安全资料提供了便利。

安全性建议由适航当局评估,必要时,发布适航指令(AD)(用于强制改装、检查等),颁布相关适航要求的修正案、有用信息和咨询材料。

附件 13 的一个重要特征(在第 3 章),是声明“事故或事故征候调查的唯一目的应是预防事故或事故征候。追究责任或法律责任不是这一调查活动的目的。”

也就是说,调查的目的在于查找事故或事故征候的原因而不是责任。

某个国家的审判员通常必须完成司法调查,评估可能的刑事责任和惩罚。如果该成员国尚无避免司法调查和技术调查之间冲突的相关规定,通常以前者情况居多,有时不可能迅速开展技术调查。

遗憾的是这种情况还在发生,尽管成员国答应遵循 ICAO 标准。

附件 13 的另一个重要特征(在第 8 章)是,它是一种制度,是“便于收集实际或潜在安全性缺陷的强制性事故征候报告系统”。

作为一个建议,“成员国应建立一个自愿性事故征候报告系统,以便于收集那些没有被强制性事故征候报告系统所记录的信息”。

当然,**自愿性**事故征候报告系统应当是“非惩罚性的并能对信息来源提供保护”。

● **附件 16:环境保护**。这个附件包括用于航空器噪声合格审定的标准,与相应航空器类型(螺旋桨驱动、喷气推进、直升机)的不同噪声等级相关。它明确规定了进行有效和精确测量的测试程序。由于它直接适用于所有的技术要求,所以本附件中的标准通常作为建议标准使用。本附件也包括涉及航空发动机排放物合格审定的标准,它与某些化学成分,比如氮的氧化物的毒性有关。

附件 16 第 I 卷　适用于航空器噪声,规定了适用于众多类型航空器的标准和推荐做法。

附件 16 第 II 卷　适用于航空发动机的排放。

由于不同于对适航标准的典型符合性,这些附件影响到了航空器的设计。这些附件的目的不是飞行的安全,而是防止环境遭受因航空器运行而所引起的破坏。

噪声是航空对生活在机场附近的居民最明显的环境影响。但这个影响也涉及数百万生活在起飞和着陆航路下的居民。

航空的发展以及航班频率的增加,使得这个问题愈发引人关注,因为航空器噪声可能影响到了所有有关民众的生活质量。

因此,与限制这种危害的运行规则,例如在夜间限制某些类型航空器的使用一起,该附件为不同类别的航空器规定了具体的噪声限制。

另一个重要的环境问题是污染。这也是由于世界航空交通量的急剧增长而导致了对此问题的日益关注。

航空器的排放所导致的温室效应和臭氧层消耗,影响了气候变化。

每年数以百万计的民用和军事飞行,已经对大气层带来了重大的负面影响。大气层已经受到了来自地面的工业与交通排放所带来污染的惩罚。

如果我们考虑到,相比地面运行时的排放,在平流层中巡航高度上的排放对全球变暖的影响成倍增加,以及考虑到航空器交通流量可能在今后 20 年内翻倍,那么,显然有必要控制这类排放。

关于航空发动机的合格审定,附件 16 规定了诸如烟、未燃烧的碳氢化合物、一氧化碳和氮氧化物等的排放控制。

3.2　民用航空管理局

3.2.1　起源

发达国家的政府已经建立了研究机构和管理局来保证飞行安全。在很多情况下,这些组织是由原先保证海洋和河道航行安全的机构演变而来的。有趣的是,在历史上,改进航行安全的主要原因并不是社会法则的要求,而是保险公司经济抉择的要求。

“注册”这个词被各类航运的公共机构采用,并且有准确的起源。事实上,这个词源于英国人爱德华·劳埃德(Edward Lloyd)的登记簿。此人是 17 世纪后期,伦敦河岸码头边一家小酒馆的拥有人。他的登记簿收集了很多海运信息,这些信息来自他和客人(如船主和水手)的交谈。收集的信息涉及船只、交通,更重要的是记录了关于导致人员、货物和船只损失的一些事故信息。这就是备受尊重的于 1696 年开始发行的通讯简报“Lloyd's News”的起源。

同时,海运保险业开始兴旺,劳埃德的酒馆很快成为一个重要的谈判交流中心。劳埃德是个务实的人,他充分意识到了他拥有的信息对保险业务的重要性。最后,劳埃德成立了伦敦承保人的劳氏保险协会,成为世界保险业的标杆。

1713 年,劳埃德去世后,他的后嗣继承了他的事业。海洋运输领域里受到高度评价的劳埃德船舶日报(Lloyd's List)由清单、数据和海运新闻构成,于 1734 年首次出版。该资料最初是用手写的,印刷版本则直到 1760 年才出现。

同时,关于各种船舶分级标准的其他清单由不同的船主出版,直到 1833 年所有的这类出版物统一成为劳埃德船级社(Lloyd's Register)。这是世界上的首个船级社,它于 1871 年获得合法身份。其后,其他国家的船级社相继在欧洲创立。

对保险公司来说,安全显然是非常重要的事情:事故越少意味着支付的赔偿越少。也正是这个原因,船级社开始发布对航海的安全要求。

从航空发展的初期,航空业务就出现了和海运性质相似的问题,因此,有必要建立和海洋运输领域中类似已有机构的专门机构。在有些情况下,特定海事机构承担航空管理和管制的职责。后来,航空的发展导致了独立登记注册机构和国家管理机构的出现,专门处理航空器和空中航行事务。

3.2.2　适航管理当局的工作[2]

总体来看,适航管理当局承担以下工作:

(1) **规定**适航性要求和程序。在下面的章节中,我们将介绍这些规定,涉及航空器型号合格审定、制造、运行以及相关组织机构。

(2) **通知**有关当事人上述相关规定,这是通过不同的方式实施的。适航管理当局发布技术规章、技术标准、通告等。这些资料可以通过函索或其他方式获得。目前,更多资料可以在互联网上查到。

(3) **监管**航空材料、设计、制造单位和航空器运营人。这是为了保证所有相关规定得以遵守。可以通过相关管理机构的适当参与,用不同的方式进行监管。

(4) **审定**航空材料和机构组织。这是以法律的形式宣布符合航空器及其零部件、型号合格证更改、某个机构能力等的适用要求。

3.3　欧洲联合航空局

欧洲联合航空局(Joint Aviation Authority, JAA)是欧洲民用航空会议(European Civil Aviation Conference, ECAC)[3] 的一个相关团体,它代表了同意合作开发和贯彻共同安全管理标准和程序的众多欧洲国家的民航管理机构。这个合作意在为欧洲提供统一的安全性高标准和公平的竞争环境。也更强调 JAA 规章与美国规章的协调。

JAA 会员资格,依据 1990 年当时的成员国在塞浦路斯签署的 JAA 协议进行批准。根据该协议和相关承诺,JAA 的目标和职能可以总结如下。

3.3.1　目标

(1) **航空安全**。通过成员国之间的合作,保证 JAA 的成员达到高级别的、统一的航空安全水平。

(2) **与 EASA 合作**。依照商定方案,在履行职责和执行任务方面与欧洲航空安全局(European Aviation Safety Agency, EASA)合作,确保 JAA 非 EASA 国家的参与,在全欧洲范围内保持规章方面的现有统一、合格证书/批准书的相互接受和认可,以及执行 JAA 未来(Future of JAA,FUJA)[4] 决议的相互接受和认可。

（3）**商业效率**。建立具有成本效益的安全系统,提高民航的效率。

（4）**共同标准的统一**。通过对共同标准最大限度的统一应用,以及对已有规则的定期修订,保障会员国之间的公正、公平竞争。

（5）**国际合作**。与民航领域具有重要影响的其他地区组织和国家管理局合作,使其至少达到 JAA 的安全水平。通过国际间的协议,以及在不影响共同体权限的条件下,通过对技术协助项目的参与,在世界范围内促进实现协调的安全性标准与要求。

3.3.2　职能

JAA 的工作始于 1970 年。当时被称为联合适航管理局。它起初的目的仅仅在于为大型飞机和发动机制订共同的合格审定规则,以满足欧洲工业界的需要,尤其是满足跨国集团(例如 Airbus)所制造产品的需要。自 1987 年起,JAA 的工作已经扩展到所有级别航空器的运行、维修、执照颁发和合格审定/设计标准。随着规章(EC)No. 1592/2002 被欧洲议会和欧盟(EU)理事会采纳,以及此后 EASA 的成立,一个新的规章框架在欧洲航空界形成。

按照这个规章,对于欧盟成员国而言,适航领域内的国家规章已经被欧盟规章取代,合格审定工作也从各国管理局移交给 EASA。非欧盟国家则继续保留其在所有方面的职能。

因此,JAA 理事会(JAAB)就 JAA 未来,制订和采纳了包含明确里程碑的发展"路线图"。ECAC 局长在 2005 年 8 月提议(FUJA 报告)从 JAA 向过渡期 JAA(JAA T)过渡。JAA T 包括在德国科隆的联络办公室(LO)和在荷兰霍夫多普的培训办公室(TO)。

2005 年 11 月,欧盟委员会启动立法程序,修订 EASA 规章(EC)No. 1592/2002,将 EASA 的权限扩展到运行和执照颁发领域。

2006 年 5 月,经少许修改的 FUJA 报告被 JAA 理事会(JAAB)和 ECAC 局长同意,预示以实际行动开始研究对 EASA 权限扩大的预定日期加以修改调整。

此外,2006 年 12 月 12 日的欧盟规章 No. 1899/2006 于 2006 年 12 月 27 日颁布。这个规章修订了理事会规章 No. 3922/1991。该修正案被称之为 EU OPS,包含了用于商业飞行运行的新附件Ⅱ。在 18 个月的执行期之后,EU OPS 于 2008 年 7 月 16 日成为直接适用的文件。

3.3.3　JAA T 的职能

JAA T 凭两个办公室(LO 和 TO)而存在并行使职能:

● JAA 联络办公室(JAA LO)在 EASA 和非 EASA 的 JAA 成员国之间联络,以统一这些国家与 EASA 成员国家之间的行动。此外,JAA LO 确保对规章制订的全面管理,这些规章包括运行和执照颁发方面的相关规章。EASA 为所有 JAA 成员负责技术方面的工作。

● JAA 培训办公室(JAA TO)为航空界提供相关培训,确保航空界对欧洲航空安全规则和规章的充分熟悉,协助非 EASA 的 JAA 成员国凭自身的努力获得 EASA 成员资格。截至 2009 年 7 月 1 日,在 JAA T 解散后,JAA - TO 作为 ECAC 相关机构和荷兰基金会,继续提供培训课程。

3.3.4　成员资格

(1) 成员资格对所有 ECAC 成员开放。目前 ECAC 有 44 个成员国。在签署 1990 协议后成员资格生效。在 JAA - T 中有 43 个成员国。

(2) JAA 的"三阶段"成员资格。

JAA T 有一个三阶段成员资格制度。按照塞浦路斯协议,这个过程的步骤是从"候选"管理当局对 JAA T 进行熟悉情况的访问开始,直到在圆满结束后向 JAA 委员会(JAAC)主席提交报告为止。候选管理局向 JAAB 主席表达遵守协议条款和承担义务的意愿后,能够正式申请成员资格。

JAAC 向 JAAB 提交其报告,在获得三分之二多数赞成票后,提出申请的管理局才能够签署协议。在这一阶段,提出申请的管理局成为"候选成员",便将有机会参加会议、阅读文件等,但不拥有:

——投票权;

——其自己管理局或其他国家颁发批准书的自动承认权或义条。

在第二阶段,在签署 JAA 协议之后,JAA T 将安排一个现场调查小组,走访提出申请的管理局。这个小组由来自 JAAC 和 JAA T 的代表组成。当调查满意后,即可准备调查报告,并寄送 JAAC 主席。该报告由 JAAC 推荐给 JAAB,以期批准申请人的正式成员资格。在这个阶段,还安排了 JAA 标准化小组的调查。对某些国家这一流程可能会被拖得很长,但不管怎样,如此一个流程对维护 JAA T 的高标准和信誉是由必不可少的。第三阶段是一个通向全面肯定成员国资格的阶段。

JAA T 现有 37 个正式成员和 6 个候选成员。

3.3.5　领导机构

JAA 理事会(JAAB)由 JAA 成员国的民航局局长组成。它讨论和审定 JAA 的一般性政策和长期战略。此外它对接收 JAA 新会员以及对塞浦路斯协议的任何更改进行决策。

JAA 委员会(JAAC)由每个管理局推举的一名委员(高层安全专家)组成。该委员会负责塞浦路斯协议的行政管理和技术实施,特别是对联合航空条例(JAR)的正式采纳。

JAA 执行委员会(EB)由 JAAC 的 7 名委员和一名 EASA 代表组成。它保证了在 JAAC 定期会议间隔期间,JAAC 管理职责的连续性。

JAA 基金委员会(FB)由 JAAC 执委会的 7 名委员组成。作为依据荷兰法律设立的基金会,它主要负责 JAA 法律和财务方面的工作。

随着 JAA - TO 作为 ECAC 相关机构和荷兰基金会而继续存在,JAA - TO 基金会被重建。

JAA T 为所有领导机构的秘书处提供保障。

3.3.6　一般说明

这个将被 EASA 取代的重要组织的活动,常常会受到其自身属性的局限。值得一提的是,我们讨论的是管理局,而不是权力。这就意味着 JAA 没有权力机构的法律地位,因此,JAA 没有法律承认的权力,例如,它没有颁发证书的权力。因此,它只能根据相应条款“建议”国家的权力机构颁发这些证件。由于同样的原因,他们也不能强制要求执行规定和程序,而只能“建议”它们的实施,除非这些规定和程序成为欧共体指令。这就是为什么迫切需要一个真正的欧洲权力机构。随着 EASA 的建立,如今这已成为现实。EASA 的建立得益于 JAA 所完成的重要而复杂工作。

3.3.7　终结

根据在 FUJA Ⅱ 报告中所采纳的 ECAC 局长们的决策,JAA 系统已于 2009 年 6 月 30 日解散,只有 JAA 培训机构继续运行。

3.4　欧洲航空安全局

EASA 是一个独立的欧共体组织,拥有合法身份,在法律、行政、财政等方面具有自主权。为航空安全和环境规章建立一个共同体系,2002 年 7 月 15 日,经欧洲议会正式表决通过理事会欧盟规章(EC)1592/2002,成立了这样一个单一的权力机构。同时,在 2008 年 2 月 20 日,欧洲议会和理事会采用欧盟规章 216/2008 替代了法案 1592/2002。欧盟规章 216/2008 将 EASA 的管辖范围扩大到了运行、飞行机组执照颁发和第三国运营人领域。EASA 现已经拥有权力,在涉及前述领域的实施细则方面开展工作。

正如计划的那样,在 2003 年 9 月 28 日,EASA 开始运作。在经过布鲁塞尔的过渡期之后,EASA 搬迁到德国的科隆。

3.4.1　行政和管理任务

EASA 的主要任务目前有:

(1) 规章制订:起草航空安全性法规和向欧洲委员会和成员国提供技术建议。

(2) 检查、培训和标准化方案,确保欧洲航空安全性法规在所有成员国家的统一实施。

(3) 航空器、发动机和零部件安全性和环境的型号合格审定。

(4) 世界范围航空器设计单位的批准和欧盟外的生产、维修单位的批准。

(5) 第三国(非欧盟国家)运营人的批准。

(6) 关于使用欧盟机场的外国航空器安全性的欧盟项目“外国航空器的安全性评估”的协调。

(7) 数据收集、分析和研究,促进航空安全。

在未来几年内,EASA 还将负责有关机场和空中交通管理(ATM)系统的安全性规章。

3.4.2 EASA 的合作伙伴

EASA 与其他一些组织的代表密切合作,确保对他们观点的重视:

(1) 对于受 EASA 所制订规则影响的有关企业团体,通过协助欧共体和 EASA 起草和正确应用各项规则,在保证民航安全标准的成功方面发挥关键作用。

(2) 欧洲航空管理当局,在帮助 EASA 执行核心规则制订、合格审定和标准化的职能方面,扮演了关键角色。

(3) 国际航空组织,如联合航空局(JAA)、欧洲航空安全组织(EURO-CONTROL)、国际民用航空组织(ICAO)与 EASA 一起,共同促进国际民航标准化。

(4) EASA 正在发展同世界上其他相应机构组织的紧密工作关系。这些相应机构组织包括了美国的联邦航空管理局(FAA)以及加拿大、巴西、以色列、中国和俄罗斯的航空管理局。EASA 与这些组织之间的工作协议,目的在于协调标准和促进世界航空安全。

(5) 事故调查团体发布安全建议和分析,指导 EASA 的安全战略。

3.4.3 EASA 的结构(见图 3.1)

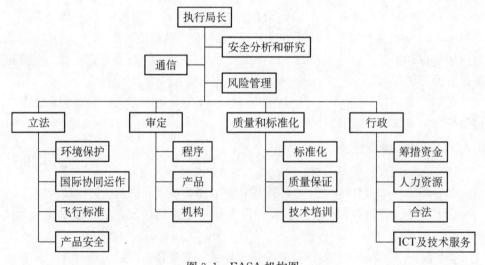

图 3.1 EASA 机构图

EASA 总部包括:

(1) 执行主任;

(2) 立法处;

(3) 合格审定处;

(4) 批准和标准化处;

(5) 行政处。

执行主任由 **EASA 管理委员会**任命。由成员国的航空管理局和欧盟委员会的代表组成的这个管理委员会负责 EASA 优先考虑事项的确定、编制预算以及监控 EASA 的运行[6]。

立法处，主要致力于欧盟所有涉及民航安全、环境兼容性的相关资料的立法与实施。它向欧盟委员会递交意见，并且必须就其权限范围内的任何技术问题，给欧盟委员会提供咨询。它还负责相关的国际合作。立法处中的专家们与所有利益相关者都有直接联系，可充分利用欧洲联盟的工业界和国家行政部门的可行经验。EASA 的专家组由具备航空和欧盟规章方面公认背景的人员组成。

当前，基本规章只规定了欧盟在航空产品、零部件、设备的适航性和环境兼容性规章方面的权限。将这个规章范围扩大到包括飞行员执照、航空运行、第三国航空器方面的工作尚在进行中。还设想基本规章范围扩展到与机场运行及空中交通管制服务相关的方面。

自 2003 年 9 月 28 日起，**EASA 合格审定处**开始接手，负责管理受欧盟成员国规章监督的人所设计、制造、维修或使用的所有航空产品、零部件及设备的适航性和环境合格审定。EASA 的合格审定工作还包括所有合格审定后的工作，如批准航空产品及其部件的更改和修理，以及发布纠正任何潜在不安全情况的适航指令。现在，所有型号合格证均由 EASA 颁发，并在全欧盟有效。在同一天，EASA 成为主管当局，行使对涉及航空产品、零部件和设备设计的单位进行审批和监管的权限。对于涉及制造或维修这些产品的外国机构，它也担当了同样的角色。

为了在当前这一段提升自身能力的时期内完成任务，EASA 依靠在历史上担任这一角色的各国航空管理当局，并通过签订合约来实现这个目标。

如欧盟法律在成员国级别上实施，EASA 的**批准和标准化处**则可帮助欧盟委员会监督其有效实施以及对法律的一致理解。

因此，正在制订必要的标准，并在整个欧盟中保持对这些标准的正确、统一和始终如一的实施。

另外，EASA 对整个欧盟内的企业和各国当局进行检查，监控欧盟航空安全规章的应用，评估这些规章的效用。EASA 还会为达到全面一致性而提供技术培训。

行政处为 EASA 的运行工作提供支持。它的角色是帮助 EASA 在规章制度的限制范围内计划和管理自身资源。行政处的专家们处理人力资源问题、预算和财务、基础设施、法律事务和采购。

3.4.4　EASA 的合格审定

3.4.4.1　设计批准书

根据欧盟 No. 1592 号规章，除了其附件 Ⅱ[7] 或其条款 1.2（涉及军用、海关、警用或类似用途的产品）不包括的，所有受欧盟成员国规章监督的人所设计、制造、维修或使用的航空产品、零部件和设备，均由 EASA 负责它们的设计批准。

随后,欧盟委员会通过了编号为(EC)1702/2003的欧盟规章。这份文件中详细说明了适用于产品、零部件和设备的要求。同时在确保能达到欧盟基本规章(EC) No.1592/2002及其实施细则要求的安全水平的前提下,对先前取得的合格证的豁免进行了规定。

基本规章认识到,从国家管理局到EASA的职责转换需要某些过渡。因此,基本规章条款确定了成员国在过渡期间继续颁发合格证和批准书的可能性。这是通过在特别委员会规章1702/2003中实施细则规定的条件下,对基本规章条款进行偏离的方式来实现的。这个过渡时期已于2007年3月28日结束。

因此,现在EASA有关设计工作的职责(型号合格证、补充型号合格证、更改和修理设计的批准,以及包括适航指令在内的型号合格审定后其他工作)包括下列内容:

● 有EASA依照2007年3月30日的委员会规章(EC) No.1702/2003颁发的型号合格证的产品。

● 被视同依照委员会规章(EC) No.1702/2003颁发的,由欧盟成员国颁发型号合格证的产品。

● 有EASA按照规章(EC) No.1592/2002颁发的具体适航性规范、支持限用适航证的产品。

此外,EASA负责飞行条件的批准。这些条件是注册成员国指派的管理机构颁发飞行许可证[8]的基础。

未能得益于免责条款的产品,将由各国管理当局监管。

对已经通过型号合格审定的产品,EASA已加快与产品设计的成员国合作,对这些产品的型号合格审定基础进行评审,以决定它们的EASA型号合格证,并接管这些产品的持续适航职责[9]。

在2003年9月20日以前获得飞行许可证,但没有得到EASA型号合格证的航空器,将继续由注册成员国按该国适用规章管理。

3.4.4.2　机构的批准

EASA的机构审批处负责下列工作:

1) 设计单位

(1) 所有设计单位申请的管理。

(2) 相关设计单位批准书(Design Organization Approval)[10]的颁发和对它们的持续监管。

(3) 发布替代程序的符合性声明。

2) 生产单位

(1) 管理非欧盟国家(或根据欧盟国家主管当局的请求而来自该欧盟国家)的所有生产单位批准书[11]的申请。

(2) 相关证书的颁发以及对它们的持续监管。

3）持续适航单位[12]

（1）管理非欧盟国家所有维修单位批准书（MOA）、维修培训单位批准书（MTOA）、M 部 G 分部的持续适航管理单位（CAMO）和 M 部 F 分部批准书的申请。

（2）相关证书的颁发以及对它们的持续监管。

3.4.4.3　一般说明

在 2004 年末，EASA 仍然处于筹建阶段。依据 2004 年 10 月的《飞行国际》：

> 目前，EASA 正忙于将其权力从现有的负责适航、维修扩展到运行领域。根据已批准的集中制订所有航空安全规章的计划，EASA 正在为承担运行方面的职责而进行准备，涉及空中交通管理、机场和飞行员，以期成为类似美国联邦航空管理局（FAA）的组织。
>
> Goudou 先生[13]在一次演讲中，向欧洲议会陈述了几个国家航空管理局的主张，即补充的执照要求将来也应继续强制实施。但是，与其前身欧洲联合航空局（JAA）不同的是，EASA 不是仅仅对规章进行建议，而是作为欧盟的行政机构——欧洲委员会的代表机构，将拥有强制执行的权力。

不管 Goudou 先生是否出于善意，在同一文章"飞行国际"中提到，到 2004 年末，EASA 在招募 95 名合格审定工作人员的问题上遇到了麻烦，主要是因为 EASA 从布鲁塞尔搬到科隆后，对生活在其他地方的富有经验的人员没有吸引力。

不管怎么样，值得一读的是 Goudou 为 UVS 国际刊物所撰写文章中的内容：

> 在组建和过渡阶段，EASA 工作的关键词就是连贯性。事实上，这并不说 EASA 不打算重新彻底再来，尽管它的最初任务都是建立在欧洲联合航空局（JAA）的工作、现有流程和各国专有技术的基础之上的。这使得 EASA 通过合格审定工作和渐进恢复形式保持连贯性，令目前由 JAA 和各国管理局完成的工作不发生重大突变。同样，自 EASA 开始运行以来，没有任何项目被延误。

EASA 已经雇用了大约 500 名来自各个成员国的专业人员。它将在未来的几年内继续招募高水平的专家和管理人员，巩固它作为欧洲航空安全中心的杰出地位。

在完成了过渡阶段之后，EASA 的职责目前正在增加，以应对迅速发展的航空部门的挑战。在今后的几年，EASA 还将负责涉及机场及空中交通管理系统的安全规章。

在最近几年，在优先考虑商业航空规章之后，EASA 已经开始尝试规范**通用航空**的规章。2006 年 10 月颁布的建议修正案预告（A－NPA）14－2006[14]，收到了数以千计的反馈意见。这显示了在欧洲对这个问题的强烈反响。

意见反馈文件公布后，EASA 于 2008 年 4 月发布了建议修正案通告 NPA No. 2008－07。该建议修正案通告的用意，在于为**欧洲轻型航空器**（European Light

Aircraft,ELA)创建一个基于新流程的轻量级规章制度,引入标准更改和修理的概念。

ELA 不是一种通过诸如失速速度或合格审定规则这类准则定义的新的航空器类别,而是一个用于管理这类航空器及其相关产品、零部件和设备的大大简化的新流程。目的是颁发这一机型的型号合格证和为每架航空器颁发适航证。

ELA 分为两个子流程:**ELA 1** 和 **ELA 2**,涉及飞机、滑翔机或动力滑翔机、气球、飞艇、发动机和螺旋桨(ELA 2 还包括甚轻型旋翼航空器)。这些航空器不应被归为复合动力航空器(complex-motor-powered aircraft)[15]。对于飞机,最大起飞质量(MTOM),对 ELA 1 情况为 1000 kg,对 ELA 2 情况为 2000 kg。

我们不去详细评论本书中的 NPA。但是欧洲在若干部门的专业人士提出要求后,仍没有采纳类似 FAA 用于轻型运动类航空器(LSA)的规章(参见第 8 章的8.5.2.4小节),这种情况还是有些令人失望。美国引入这类航空器取得了很大成功,能够满足基础航空的急需,不受目前超轻型飞机规则对重量的限制。这类限制对真正的超轻型飞机也许是充分的,但对飞机而言则太低了。FAA 的 LSA 还包括航空器合格审定的实质性简化,不对运行三年之后所展示的安全性给予惩罚。

有趣的是,在美国销售的大多数 LSA 类的航空器是在不允许它们飞行的欧洲生产的[16]。上述的 NPA 试图解决这个问题,但是依然要求颁发型号合格证。

规章 216/2008 的条款 5.2(a)确实要求产品具有型号合格证,但同一条款的细目 4 提供了一系列偏离:LSA 类便是其中之一。

总之,不清楚为什么与 FAA 协调的议题讨论多年之后,EASA 对"基础航空"采取了一条不同的路线,丢失了能为 ELA 带来真正简化的东西,以及能带来重大利益的航空的重要部分。这其中包括那些产品的进出口的简化。

从"基础航空"的角度看,上述规章 216/2008 不适用于附件 Ⅱ 中所指的航空器。通常被定义为"超轻型"的航空器是若干不同规章的监管客体,取决于它们在欧洲哪个国家内使用。

最近几年,从重量和技术复杂性考虑,当初被当作"休闲工具"来考虑和管控的这些航空器,已经展现了高级航空器的特征。

基于欧洲在民用航空领域,通过采用共同安全性规则,保证对欧洲公民给予统一高水平保护的原则,这是一个迟早需要 EASA 关注的大问题。这也应该有助于促进这些产品在内部市场的自由流动。

3.5　联邦航空局

3.5.1　起源

1926 年 5 月 20 日颁布的航空商业法(Air Commerce Act),是联邦政府民航规章的基础。这个立法里程碑是应航空工业的要求通过的。航空工业的领导人认为如果联邦政府不采取措施提高和维持安全标准,航空器将不会发挥出最大的商业潜力。法案要求商务部长促进商业航空,发布和强制执行空中交通法规、颁发飞行员执照、审定航空器、建立航线,运营和维护助航设施。商务部一个新的航空分部将主要负责航空监管。

3.5.2 早期职责

为了履行其民用航空职责,商务部最初专注于诸如安全规章制定以及飞行员和航空器合格审定的职能。1934 年,为了显示在商务部内地位的提高,航空分部更名为商业航空局。随着商业飞行的增加,商业航空局鼓励一些航空公司设立了第一批三个用于提供沿航线空中交通管制(ATC)的中心。1936 年,商业航空局接管了这三个中心,并开始扩大 ATC 系统。

3.5.3 民用航空法

1938 年,民用航空法案将联邦民用航空职能从商务部移交给一个新的独立机构——民用航空管理局。1940 年,富兰克林·罗斯福总统将这个机构拆分为两个机构,民用航空管理局(CAA)和民用航空委员会(CAB)。CAA 负责 ATC、空勤人员和航空器合格审定、安全措施的强制执行,以及航线的开发。CAB 被委托制订安全规则、事故调查以及航空公司的经济监管。这两个机构都是商务部的组成部分。

3.5.4 FAA 的成立

喷气客机的出现以及一系列空中相撞,促使了 1958 年联邦航空法的通过。这一法案的通过将 CAA 的职能移交给了一个新的独立机构——联邦航空署(Federal Aviation Agency),它拥有更广泛的权力去避免航空危险。这一法案将制订安全规则的职能从民用航空委员会(CAB)移交给新的 FAA。同时,它还赋予 FAA 发展和维持一个军民公用的空中航行和空中交通管制系统的独立职能,该职能之前由CAA 和其他部门共同承担。

3.5.5 从联邦航空署到联邦航空局

1966 年,国会批准成立一个能整合联邦运输主要职责的内阁部门。1967 年 4 月 1日,这个新的运输部(DOT)开始全面运行。同一天,FAA 成为了形式上属于 DOT 的几个机构之一,并更名为联邦航空局(Federal Aviation Administration)。同时,民用航空委员会(CAB)的事故调查职能被移交新的国家运输安全委员会(NTSB)。

3.5.6 机构的变化

自成立起,FAA 的组成机构一直在发展。联邦航空管理局的首任局长,喜欢由华盛顿官员直接控制该领域一些项目的一种管理系统。然而,在 1961 年,他的继任者却开始地方分权,将许多权力移交给地区机构。这种模式一直持续到 1988 年,此时管理"直线化"的呼声再次要求国家总局的管理人员要为业内工作提供更多的指导。

3.6 FAA 的工作

3.6.1 安全性规章

FAA 颁布和强制实施涉及航空器制造、运行、维修的规章和最低标准。它还对服务于航空承运人的空勤人员和机场进行合格审定。

3.6.2 空域和交通管理

对可航空域的安全、高效使用是 FAA 的主要目标之一。FAA 运行着一个由机场控制塔台、航路交通管制中心以及飞行服务站组成的网络。FAA 也负责制订空中交通规则、空域的使用分配以及空中交通管理。

3.6.3 空中航行设施

FAA 建立或安装了视觉及电子助航设施。同时,FAA 还要维护、运行并确保这些设施的质量,以及支持其他用于空中航行和空中交通管制的系统,包括语音和数据通信设备、雷达设施、计算机系统以及飞行服务站内的可视化设备。

3.6.4 国外民用航空

FAA 促进航空安全,鼓励国外民用航空,并参与国际会议。与外国航空管理当局进行航空信息交流。FAA 对外国修理厂、空勤人员和机械师进行合格审定,提供技术援助和培训,与具有"适航实施程序(IPA)"的其他管理机构商谈双边航空安全协议(BASA),以允许和便于美国与签约国对进出口航空产品的相互合格审定,以及在包括维修、飞行运行、环境合格审定在内的相关适航事项上,促进技术合作。

FAA 负责处理美国境内所有与飞行安全相关的问题,在五大洲派有委托代表,以保障和促进国际民用航空的安全、保卫以及效率。FAA 参与和 188 个国家对口部门的对话,与 ICAO 密切合作。这一努力包括提供技术援助和培训,确保有飞往美国航班的国家符合国际标准,并协调全球标准以使乘客能够从一个无缝衔接的空中交通运输网中获益。

很清楚的是,所有这些国际活动都有最终的既定目的,就是保证美国境内的飞行安全。尽管如此,我们也不能忽略 FAA 对提升全球范围的安全所起到的巨大推动作用。

3.6.5 商业空间运输

FAA 管理和鼓励美国的商业空间运输业。它为商业空间发射设施和私人利用一次性运载工具发射空间有效载荷颁发许可证。

3.6.6 研究、工程技术和发展

FAA 研究和开发安全有效的空中导航与空中交通管制系统所需要的系统及程序。它帮助研制更好的航空器、发动机和设备,测试或评估航空系统、装置、材料和程序。FAA 还开展航空医学的研究。

3.6.7　其他项目

　　FAA 对航空器进行登记,并记录反映航空器及其零部件的产权或所有权的档案。它管理航空保险计划,研究制订航图规范,发布航线、机场服务和其他航空技术问题的信息。

3.6.8　关于 FAA 工作的小结

　　FAA 为民用航空的安全负责(图 3.2)。它的主要任务包括:

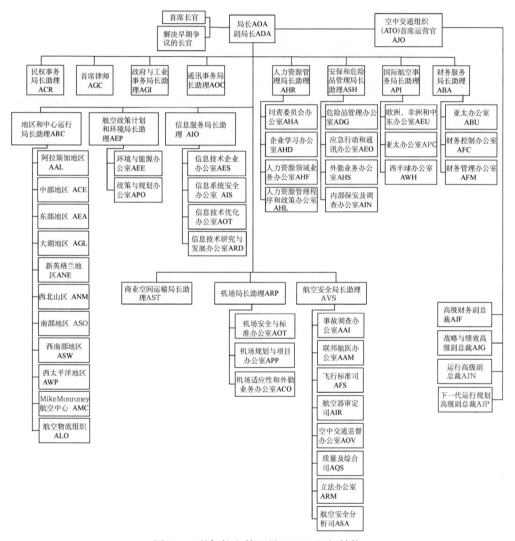

图 3.2　联邦航空管理局(FAA)组织结构

(1) 管理民用航空以促进安全。

(2) 鼓励和发展民用航空学,包括新的航空技术。

(3) 开发和运行军用和民用航空器的空中交通管制和导航系统。

(4) 研究和发展国家空域系统及民用航空学。

(5) 开展和执行控制航空器噪声及民用航空的其他环境影响的研究项目。

(6) 管理美国商用空间运输。

3.7　FAA 的合格审定工作

FAA 的组织结构非常复杂。如果考虑到任务的多重性、美国的大小,以及它与世界其他地方的关系,这也是可以理解的。

从适航角度出发,我们来尝试着介绍处理各个相关问题的组织。

在庞大的 FAA 组织结构图中,我们可以发现**航空安全**总部位于华盛顿。在 FAA 的众多办公室中(如事故调查办公室、航天医学办公室等),**航空器合格审定司**(Aircraft Certification Service)亦位列其中,其组织结构如图 3.3 和图 3.4 所示。

表 3.1 所示为航空器合格审定司主要任务的总结。

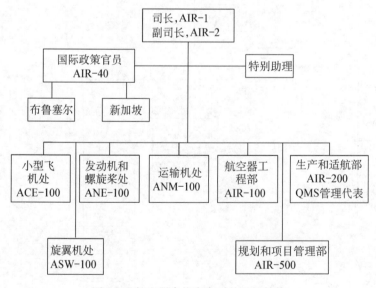

图 3.3　航空器合格审定司的组织结构

图 3.4　FAA 航空器合格审定司的地区办公室

○ 航空器合格审定办公室　　✦ 制造检查附属办公室
△ 制造检查地区办公室　　◎ 制造检查办公室

表 3.1* 　航空器合格审定司的主要任务——生产和服务

设计批准书	航空器、发动机和螺旋桨 的生产批准书	适航审定
● 运输类飞机 ● 小型飞机 ● 发动机和螺旋桨（包括辅助 　动力装置 APU） ● 旋翼机 ● 飞艇 ● 载人自由气球	● 生产许可证 ● 仅依据型号合格证生产 ● 批准的生产检验系统	● 标准适航证 ● 特殊适航证（自制航空器） ● 批准的生产检验系统 ● 特许飞行证 ● 出口批准 ● 进口批准
航空器、发动机和 螺旋桨的设计修改	零部件/设备的设计 和生产批准书	局长代表 （委任代表）
● 型号合格证更改 ● 补充型号合格证 ● 现场批准	● 零部件制造人批准书 ● 技术标准规定项目批准书	● 委任代表候选人 ● 委任代表进程概况 ● 委任代表/联邦航空管理 　局选择和委任过程 ● 委任代表培训
持续安全运行	国际航空	
● 适航指令过程 ● 替代符合方法 ● 设计批准书持有人的报告 　要求	● 双边协议	

注：表 3.1 为原书的图 3.4。——译注

3.7.1　航空器合格审定司

FAA 的航空器合格审定司负责下列事务:

(1) 管理控制民用航空产品设计、生产和适航性的安全性标准。

(2) 监督设计、生产和适航的合格审定程序,确保符合规定的安全性标准。

(3) 提供安全性性能管理系统,确保航空器持续运行的安全性。

(4) 会同航空管理局、制造商和其他利益相关者开展工作,帮助他们有效提升国际航空运输系统的安全性。

航空器合格审定司包括位于华盛顿特区总部的司长办公室、三个部和四个地区办事处。该司总部办公室与地区办事处一起负责美国所有民用航空产品的设计与生产批准、适航审定以及持续适航项目(参见图 3.3)。

航空器合格审定司的职责可划分如下[17]:

3.7.1.1　总部中的部门

航空器工程技术部负责航空器合格审定管理计划(ACRP)[18]工程部分的全面政策和指导工作。此外,它还负责联邦航空规章 FAR 21 部,39 部和与型号合格审定以及限用类和初级类航空器合格审定有关的特殊联邦航空规章(SFAR)[19, 20]。

生产和适航审定部负责为航空器合格审定管理程序(ACRP)的制造和适航审定部分提供规章、政策和指南。同时还负责联邦航空规章(FAR) 21,43,45,183 部,以及与制造符合性合格审定、适航性合格审定和生产有关的特殊联邦航空规章(SFAR)。

计划和项目管理部负责本司战略和战术的规划启动、进程协调。同时它也负责本司的技术培训要求,一般和管理培训需求,行政和项目管理指南、协作,以及支援本司总部的工作。

3.7.1.2　航空器合格审定处

小型飞机审定处(中部地区)负责:FAR 的 23,31 部;限用类小型飞机的技术指南;滑翔机和飞艇的适航标准;初级类飞机的技术指南;FAR 23 部滑翔机和飞艇的进口型号合格证项目;颁布关于上述产品的适航指令(AD)以及参与轻型运动航空器共识标准(Consensus Standard)的制订[20]。

运输类飞机审定处(西北山地地区)负责:FAR 25 部及为限用类运输机[20]提供 FAR 25 部的技术指南;FAR 25 部进口型号合格审定项目和颁布上述产品的适航指令。

旋翼航空器审定处(西南地区)负责:FAR 27 部和 29 部;限用类旋翼机、动力升力航空器及初级类旋翼机的技术指导;FAR 27 部和 29 部进口型号合格证项目;颁布上述产品的适航指令。

发动机和螺旋桨审定处(新英格兰地区)负责:FAR 33 部和 35 部,辅助动力装置(APU)的技术指导;FAR 33 部和 35 部进口型号合格证项目;颁布上述产品的适航指令。

适航审定司还负责其他一些事务：

国际政策办公室：该办公室，包括布鲁塞尔和新加坡的职员在内，负责双边协议、航空产品的进出口以及其他国际适航事项、规划和程序的政策指导。

航空器合格审定办公室（ACO）：每个审定处包含三个或者更多的航空器合格审定办公室，在各自地区内对航空器或产品进行实际的合格审定。他们直接面向申请人工作，提供 FAA 与公众对接的主要界面。

航空器评审组（AEG）：每个审定处都有一个飞行标准小组。对刚经过合格审定或改装的航空器、发动机、螺旋桨和零部件，该小组负责确定其持续适航要求和运行的可接受性。

在详细介绍上面提及的四个审定处之前，先介绍几个有用的定义。

航空器合格审定办公室（ACO）：航空器合格审定处的工程业务单位。这个办公室管理和保障符合管控航空器、航空发动机或螺旋桨型号设计的局方规章、大纲、标准和程序。它在调查和报告航空器事故、事故征候以及使用困难方面提供合格审定方面的专家。术语"ACO"是指发动机合格审定办公室（ECO）、旋翼飞行器合格审定办公室（RCO）、特别合格审定办公室（SCO）、飞机合格审定办公室（ACO）和所有其他航空器合格审定办公室。

制造检查办公室（MIO）：该办公室监督地区制造检查办公室（MIDO）和在其地理区域内的制造审查附属办公室（MISO），为这些办公室提供组织领导和技术指导。MIO 管理辖地内的生产设施和委任代表。他们管理适航审定政策、办公室工作人员和内部预算分配。

地区制造检查办公室（MIDO）：这是 MIO 在其所辖地域内的下属办公室。该办公室监督其地区内的生产合格审定、适航审定、批准书持有人（生产设施）和委任代表。MIDO 在型号合格审定期间支援 ACO。MIDO 调查和提交有关不符合适用联邦航空规章的执行报告。MIDO 调查和保证针对使用困难的纠正措施，这些纠正措施应按质量系统的规定执行。

制造检查附属办公室（MISO）：这个地域遥远的下属办公室向 MIDO 报告并负责与 MIDO 相同的工作。

3.7.2　小型飞机审定处

小型飞机审定处（中部地区）包括设在堪萨斯城的**审定处总部**，四个分别位于安克雷奇、亚特兰大、芝加哥和威奇塔的**航空器合格审定办公室（ACO）**，七个分别位于亚特兰大、克里夫兰、堪萨斯城、明尼阿波利斯、奥兰多、万达利亚和威奇塔的**地区制造检查办公室（MIDO）**[21]。

堪萨斯城总部的主要职能有：

（1）为审定处的地区办公室提供行政支持和资源管理。

（2）针对小型飞机、飞艇和气球，制定型号合格审定政策和规章，并且确保政策和规章的标准化实施。

(3) 管理外地现场办公室的小型飞机、飞艇和气球的型号合格审定。

(4) 处理小型飞机、飞艇和气球的适航工作,监控它们的持续适航信息。

小型飞机审定处负责若干航空方面的事务,诸如:

(1) 持续适航和通用航空安全。

(2) 型号合格审定。

(3) 技术标准规定(TSO)。

(4) 零部件制造人批准书(PMA)。

(5) 现场审批[22]。

注:FAR 1 所定义的"小型航空器"是指最大合格审定起飞重量不超过12 500 lb (1 lb＝0. 453 592 kg)的航空器。因此,任何飞机,包括运输类飞机,如果小于 12 500 lb,则按照 FAR 1 定义,能被认为是"小型飞机"。然而,按一般常用的最基本 含义,小型飞机通常被认为是不属于运输类飞机的固定翼航空器(即按 FAR 25 部 以外标准进行型号合格审定的固定翼飞机)。因此,一般而言,小型飞机是非运输类 的固定翼飞机。根据类别,小型飞机能够达到 19 000 lb 的最大起飞重量。

小型飞机和通用航空(GA)的航空器不一样,因为通用航空的航空器按 FAR 91 部运行,通用航空的航空器可以是包括运输类和旋翼航空器在内的任何类别的飞 机。此外,按照 FAR 121 和 125 部运行的飞机,可能会包括小型飞机,当它们按照 这些规则运行时,它们不被视为通用航空的航空器。

3.7.3　运输类飞机审定处

运输类飞机审定处(西北山区),从职能上来说,负责监督世界范围内运输类飞 机的设计批准和改型,以及监管 900 多个生产批准书的持有人。为了完成这个任 务,运输类飞机审定处需要和 FAA 设在全国各地的其他办公室以及外国管理局紧 密协作。

与该审定处共事的 FAA 办公室中,需要提及以下几处办公室:

(1) 航空器合格审定办公室(ACO):位于西雅图、洛杉矶和丹佛。

(2) 地区制造检查办公室(MIDO):位于洛杉矶、凤凰城和凡努斯。

(3) 制造检查办公室(MIO):位于西雅图。

该审定处依靠局方指定的**委任代表**[23],代表 FAA 行使职责。这些委任代表包 括工程委任代表、制造委任代表和委任机构。

该中心三个最重要的职责是:

(1) 持续运行的安全。

(2) 所有运输类飞机的规章和政策。

(3) 设计、生产和适航性合格审定。

3.7.3.1　持续运行的安全

(1) 对运输类飞机机队进行监控,以确保飞机能够持续符合规章要求,并且能 够在其整个使用寿命周期内保证安全。

（2）通过对使用困难、事故征候、事故的监督、检查、评审、调查和分析，找出影响飞行安全的因素。

（3）如果发现了不安全的因素，将触发以下对策：

① 同制造商合作，通过适航指令（AD）进行强制纠正；

② 修订规章/政策；

③ 颁布新的规章/政策。

（4）对生产批准书持有人执行监督管理。

3.7.3.2　所有运输类飞机的规章和政策

（1）为所有运输类飞机制订和建立 FAA 的型号设计和适航标准。

（2）型号设计标准被编撰在联邦法典第 14 卷（14 CFR）第 25 部中。这个标准就是通常所说的联邦航空规章（FAR）第 25 部。

（3）25 部的这些标准被用于全世界的航空器。和其他民航管理局协作，以尽可能"协调"这些标准。

3.7.3.3　设计、生产以及适航性合格审定

（1）该审定处负责颁发在华盛顿、俄勒冈、爱达荷、蒙大拿、科罗拉多、怀俄明、加利福尼亚、亚利桑那、犹他、内华达州、夏威夷和太平洋周边国家的所有航空器及其零部件的设计、生产与适航批准书。

（2）确定和确保每架航空器的设计都满足适用的规章（**设计批准**）。

（3）当申请人的航空器设计符合标准时，颁发型号合格证。

（4）确保每个生产设施都能生产出符合经批准设计的航空器（**生产合格审定**）。

（5）确保在该生产设施内生产的每一航空器均按经批准的设计制造。

（6）确保生产的每一航空器均处于可安全作用的状态（**适航批准**）。

注：运输机是指：

座位数不少于 10，或最大起飞重量（MTOW）大于 12 500 lb 的喷气飞机；

座位数大于 19，或最大起飞重量大于 19 000 lb 的螺旋桨驱动飞机。

3.7.4　旋翼航空器审定处

旋翼航空器审定处负责：

（1）旋翼航空器和动力升力航空器工程合格审定的 FAA 规章和政策。

（2）世界范围内旋翼航空器，以及在 FAA 西南地区范围内固定翼和旋转翼航空器的 FAA 合格审定。

（3）FAA 西南地区范围内制造或改装的所有固定翼和旋转翼航空器的设计和制造批准。

除了负责所有航空器的合格审定，该审定处还负责制定旋翼航空器的规章和政策，负责与所有航空器合格审定办公室（ACO）的协作，也包括与上面未提及地区的协作，以期取得旋翼机规章的标准化应用。此外，它还与其他国家的对应部门合作，为外国生产的旋翼机颁发国内批准书。

旋翼航空器审定处,拥有一个航空器合格审定办公室(位于沃思堡),三个地区制造检查办公室(MIDO)(位于沃思堡,俄克拉何马城和圣安东尼奥),一个制造检查办公室(MIO)(位于沃思堡)。

注:旋翼航空器是指:

正常类旋翼航空器:重量不大于 7000 lb,旅客座位数不超过 9;

运输类旋翼航空器:较大/较重的旋翼航空器(超过 7000 lb)。虽然从技术上有可能对 7000 lb 以下的旋翼航空器按运输类进行合格审定,但过去未曾这样做过。

3.7.5　发动机和螺旋桨审定处

发动机和螺旋桨审定处(新英格兰地区)坐落于麻省的伯灵顿。除了辅助动力装置(APU)的技术标准规定(TSO)审批外,它负责航空发动机和螺旋桨的初始型号合格审定或对经批准设计的更改,以及确保相关航空零部件按照批准的标准进行制造。

发动机和螺旋桨审定处(E&PD)负责为这些产品制定规章、政策和指南,并且保证 FAA 从事这些产品合格审定工作的所有航空器合格审定办公室,对这类产品按照标准化流程实施审定。发动机和螺旋桨审定处的标准室是该处直接履行这些职责的工作单位。

从事发动机和螺旋桨合格审定相关工作的**发动机合格审定办公室(ECO)**(位于伯灵顿),以及每个**航空器合格审定办公室**(位于波士顿和纽约),除了负责辅助动力装置的技术标准规定审批外,还负责计划、指导和管理发动机与螺旋桨型号合格审定项目。发动机合格审定办公室和航空器合格审定办公室的主要职责,就是确定这些产品符合适用的适航标准(例如 FAR 33 部、35 部、TSO - C77B),并且确保这些产品一旦投入使用后的持续适航。

有五个**地区制造检查办公室**(位于法明代尔,新坎伯兰,波士顿,Saddle Brook 和温莎洛克斯)和一个**制造检查办公室**(位于波士顿)。

3.8　"同一个世界,同一个目标:航空安全"

在本章中,针对欧洲联合航空局,我们强调了拥有一个合法公认的欧洲管理局的必要性。事实上,为统一欧洲的法规和程序,尽管进行了大量的工作,但欧洲联合航空局(JAA)仍然没有强制实施这些规则的权力。

欧洲航空安全局(EASA)现在具有了这种权力,并可作为唯一权力机构去实施。例如,一旦某一航空器获得了欧洲航空安全局的型号合格证,这个型号合格证在其所有会员国范围内有效,而不是只能向某个会员国家"推荐",以期能在该国获得型号合格证。如今,我们拥有一个单一的欧洲航空局而不是 31 个国家民航局,拥有统一的航空产品合格证而不是 31 个合格证。

欧洲联合航空局(JAA)的另外一个不足,是在于它与一些机构,如联邦航空局(FAA)或加拿大运输部(TC)达成的复杂双边协议[24]。例如,一架经 JAA 合格审定的空客飞机,只有当它拥有某一欧洲成员国颁发的型号合格证后才能被美国承认。

欧洲联合航空局(JAA)与联邦航空局(FAA)、加拿大运输部(TC)已经就新的双边协议完成了漫长而又复杂的合作,也涉及个别的欧洲成员国。

新的法律现实要求欧盟成员国遵从欧洲法律。他们不能够偏离共同的欧盟法律,也不能强加额外的要求或者与第三国缔结协议,从而使欧洲航空安全局能够代表所有成员国。此外,成员国在诸如国际民用航空组织(ICAO)和欧洲民用航空会议(ECAC)的框架下作为代表时,将受到 EASA 的决定和立场的约束,并且必须反映 EASA 的决定和立场。

EASA 受委托与欧洲民用航空会议(ECAC)的非欧盟成员建立适当的关系。通过专门的协商、协会、伙伴关系以及互认协议,建立和其他国际合作伙伴的联系。但也必须认识到,在法律上,双边安全协议是欧盟委员会的一种权限。

目前,欧洲航空安全局(EASA)已与一些非欧盟国家,如巴西、加拿大、中国、以色列、日本、新西兰、俄罗斯、新加坡、美国、独联体国家跨国航空委员会、阿拉伯联合酋长国以及 ECAC 非欧盟成员国的若干民用航空管理局达成一些工作协议。但是双边协议都没有正式化。因此,从严格的法律观点来看,欧盟成员国目前现存的双边协议仍然是有效的。

在这方面,欧洲航空安全局坚持了每年举行一次欧美国际航空安全会议的传统。欧美国际航空安全会议已经举行了 50 年,促进了安全标准方面的协作和互认。

美国 FAA 与 EASA 合作促进航空安全性,以及在适当时候,推动合格证书的相互认可,尽可能协调标准和实施指南。从这个意义上看,美国/欧洲国际航空安全会议提供了一个与其他民航管理局以及工业界代表,就当前举措和战略方向进行公开商讨的论坛。这个会议也为有关各方参与协作提供了一个向国际社会提出他们自己倡议的平台。

这些会议吸引了世界范围内从事航空器合格审定、维修、运行以及航空安全性问题、计划和项目方面工作的航空管理局与工业界。

2005 年 6 月 7~9 日举行的欧美国际航空安全会议由欧洲航空安全局(EASA)、欧洲联合航空局(JAA)、美国联邦航空局(FAA)共同组办。多年来,该会议为联邦航空局(FAA)和其他国家的民用航空局以及工业界代表提供了一个就当前举措和战略方向进行公开讨论的平台。

350 多位来自世界各地的高级航空专家齐聚德国科隆,讨论航空安全的未来趋势。在"展望未来航空安全规章"的标题下,由欧洲航空安全局(EASA)主办的会议,聚焦于双边协议和未来航空安全规章。

在会议的开幕式上,欧洲航空安全局(EASA)的总干事 Patrick Goudou 说:

我们的任务是在民用航空领域制订并达到安全和环境保障的最高共同标准。我确信,通过国际合作,尤其是和美国牢固的伙伴关系,我们能够达到我们的目标。

全球航空安全的国际合作依然是当前关注的焦点,在最近几年由 EASA 和 FAA 共同主持的欧美国际安全会议上也曾讨论了这些问题。2007 年 6 月,会议在布拉格举行,主题是"如何开放数据共享促进全球航空安全?"

多年来,美国和西欧的事故率已经显著降低,但是现在的挑战是让事故率更低,达到零事故率目标。按照 Goudou 先生的会议综述:

> 全球所有参与者的合作以及新技术的可行性,能够为实现我们所希望获得的零事故率目标提供新的动力。数据、经验和知识的开放交流也应当更积极、真正有效地参与到航空增长地区,如东南亚、南亚和非洲。今年起草的会议日程已经考虑到这些想法。

会议讨论的主要议题集中在全球报告系统中数据的国际共享。利用非惩罚性、保密报告系统,正确贯彻 ICAO 附件 13 的原则,是一种应该被推广到全世界的有效手段。

2008 年欧洲/美国国际安全会议于 6 月在佛罗里达的圣彼得堡举行,会议主题:"全球安全管理:是革命还是演变?"

在被列入会议主题讨论的众多议题中,管理当局和工业界讨论了安全性管理系统(SMS)[25]的实现问题。

在大会的闭幕辞中,Nicholas Sabatini[26]说道:

> 你们工业界要求局方确定什么是我们承诺推进的对策或问题。昨晚我们有机会讨论本周已经被公开的关于安全性管理的大量意见。在 Patrick Goudou 的支持下,我想让你们知道,FAA 和 EASA 将推动本会议与 ICAO 一起努力,实现 ICAO 已经向签约国提议的变革。要知道,安全性管理从根本上而言,是一件正确的事情——我们全力支持所有各方在管理安全性方面的需要。但是我们需要用一种也能考虑到工业界负担的方式来进行这项工作。我希望本周已经加入的其他管理当局,也考虑我们的消费者所表达的这些观点,并考虑我们对 ICAO 基本要求的变革能够共同施加影响。

2009 年欧洲/美国国际安全会议于 6 月在希腊的雅典举行,会议主题为"面临挑战时代的全球安全","我们如何才能更好地实现协调实施?"

改善经济困难时期的航空安全,要求所有航空参与者、管理者和工业界的合作。EASA 和 FAA 因此已经将这种合作置于该会议议程的首位。

通过阅读 Patrick Goudou 闭幕辞的节录,我们能够对此主题有所了解。

"昨天,在与 FAA 会议期间,我们与 John 及其团队分析了在本次会议期间的各个学术专题讨论会上,以及在我们和你们交流中所提出的主要问题。我们的结论是我们事实上面临着四个问题:

安全性管理系统。在全体会议和专题小组会议上的讨论已经表明,我们已经在此问题上跟进,但无疑的是这方面的工作尚未完成。我们必须继续就此问题开展工作。

数据共享。建立更多的信任和信心,伴随一个公正的文化,更好地保障对这一领域敏感性与保密性的尊重,这些方面尚需开展更多的工作。

新的 EASA 法规。需要进一步解释 EASA 新规章的影响,以便为这些规章创造合适的环境和增进相互的理解。

培训。我们强调培训的重要性,无论是培训飞行员还是培训机制。如果我们看一看最近的事故和事故征候,我们就会得出结论:培训能够大大地帮助我们减轻风险。

我愿意向你们再次保证,EASA 与 FAA 一起,将继续携手合作。为安全起见,我们有坚定的意愿,在未来继续这一合作,特别是在技术层面。

这也意味着协调尚未完成。我们将为此而继续一起工作。"

注释

1. **事故**:附件 13 所定义的事故是指和航空器运行相关的事件,它发生在任何人为了飞行登上航空器开始直至所有人员下航空器为止期间,在这个事件中:

(1) 某人致命或严重受伤[……]

(2) 航空器受到损坏或对航空器的结构强度、性能或飞行特性产生不利影响,导致通常需要大修或更换受影响部件的结构失效[……]

(3) 航空器失踪或完全无法进入。

事故征候:事故之外与航空器运行相关的,影响或能够影响运行安全的事件。

2. 可以认为它们是处理适航问题的航空管理当局的一部分。

3. ECAC(欧洲民用航空会议)是于 1955 年作为一个政府间的组织建立的。ECAC 的目标是促进建立一个安全、有效和可持续发展的欧洲航空运输系统。ECAC 这么做,是为了设法协调其成员国之间的民用航空政策和措施,以及促进成员国和世界其他地区之间在政策上的理解。保持与国际民用航空组织(ICAO)、欧洲航空安全组织(EUROCONTROL)(见注解 5)、欧洲航空安全局(EASA)的紧密联系。

4. 成立于 2004 年的一个工作组,制订为 FUJA 确定明确里程碑的文件("路线图")。

5. 欧洲航空安全组织(EUROCONTROL)的作用是协调全欧洲(38 个国家地区)空中交通管理(ATM)统一体系的发展,协同合作伙伴在运输行业中提供一系列的服务保障:从空中交通管制员的培训到管理空中交通流量,从空域的区域管制到创新技术和程序的发展。

6. 缔约方咨询机构在这项工作上给予管理委员会协助。它包括代表全体航空人员的组织、制造商、商业和航空运营人、维修行业、培训机构以及航空体育。

7. 附件 Ⅱ。列出了规章(EC)No.1592/2002(现在是 216/2008)条款 4(1)的基本原则不适用的航空器类别,也就是还没有基于该规章及其实施细则颁发型号合格证或适航证的航空器。

8. 参见第 8 章的第 8.4.3 节。

9. 参见第 5 章,"持续适航文件"。

10. 参见第 5 章,"设计单位批准书"。

11. 参见第 7 章,"生产单位批准书"。

12. 参见第 9 章的第 9.1.2 节。

13. Patrick Goudou,欧洲航空安全局总干事。

14. 参见第 4 章注释 30。

15. 按照规章(EC)No. 216/2008 的条款 3(j),"复合动力航空器"的意思应是:

(1) 飞机:

● 最大合格审定起飞重量超过 5 700 kg;

● 最大合格审定旅客座位数多于 19;

● 合格审定运行的最小机组不少于 2 名驾驶员;

● 装有一台或一台以上的涡轮喷气发动机或一台以上的涡轮螺旋桨发动机。

(2) 按下列条件经合格审定的直升机:

● 最大起飞重量超过 3 175 kg;

● 最大旅客座位数多于 9;

● 最小机组不少于 2 名驾驶员。

(3) 倾转旋翼航空器。

16. 依据美国"轻型运动飞机"研发的航空器,EASA 能够按照 Part 21A. 701(15)授予飞行许可证。

17. 所引联邦航空规章的细节可以参照第 4 章。

18. 1958 年的联邦航空法引导联邦航空管理局(FAA),通过规定和修改民用商业航空在设计、材料、结构等方面的最低标准,提高民用航空器的飞行安全性。通过制订航空器合格审定管理程序(ACRP)来实现这个目标。

19. 特殊联邦航空规章是为解决特殊运行而制定的补充航空器适航标准。例如,特殊联邦航空规章 FAR 23 部就是用于正常类多发活塞或涡轮螺旋桨小型飞机合格审定的飞机,这些飞机拟按载 10 名以上乘员,并按联邦航空规章 135 部运行进行合格审定。

20. 参见第 8 章。

21. MIDO 在生产批准书和合格审定(生产)、适航审定、生产设施批准书持有人事务、制造委任代表监督、设计批准阶段对航空器合格审定办公室(ACO)支援等方面提供协助。

22. 现场批准是飞行标准司的航空安全监察员对于重大修理或重大改装所进行的维修实施批准。

23. 委任代表是联邦航空管理局主管当局的代表,依照法律授权进行检查测试,和(或)为空勤人员或航空器合格证的颁发进行必要的审查。

24. 参见第 5 章"进口产品的型号合格审定"。

25. 参见第 9 章的 9.6 节。

26. Nicholas Sabatini 是 FAA 负责航空安全的局长助理。

第4章 适航性要求

4.1 要求、规章和标准

在讨论 EASA 规章之前,有必要了解一下欧洲联合航空局(JAA)的适航要求(这些要求是 EASA 规章建立的基础),及其与美国联邦航空管理局(FAA)的关系。即使欧洲联合航空局(JAA)的要求将来被取代,也很有必要从这些要求开始研究,从而保持连续性以理解这些规章的起源。

之前已经提到,作为技术文档发布的**标准**是用来定义设计准则的,我们现在开始讨论**要求**(JAA 术语)或**规章**、**适航标准**(FAA 术语)或合格**审定标准**(EASA 术语):强制性标准。

例如,OSTIV[1](国际滑翔飞行科学与技术组织),公布了一个设计滑翔机和动力滑翔机的"OSTIV 适航标准"。这个文献定义了该组织在这个问题上的观点。然而,在欧洲如果有任何人想申请滑翔机的合格审定,他们一定要遵照 CS 22 部[2]"滑翔机和动力滑翔机"适航法规,因为这才是唯一具有法律意义的滑翔机适航标准,是被欧盟所有成员国采用的标准。这就意味着 OSTIV 标准[3] 仅仅是一个指南或一个有价值的参考(也用作对 CS 22 进一步修订的参考)。

4.2 欧洲联合航空规章和美国联邦航空规章

当 19 世纪 70 年代第一次颁布欧洲联合航空规章时,欧洲各个国家执行着几种不同的航空器合格审定标准。如果我们单纯考虑西方世界,我们引用的最知名的规章,是由 FAA 颁布的美国联邦航空规章(FAR[4])。除了美国之外,FAR 也被很多其他国家采用。例如,英国于 1972 年由民用航空局(CAA)取代了航空注册局(ARB),并采用英国民用航空规章(BCAR);在法国,民航管理局(DGAC)也有自己的规范;在德国,Luftfahrt Bundesamt 有自己的滑翔机规章。这种状况给航空器的出口带来了很多困难。

最终,在 1992 年 1 月 1 日,欧洲联合航空规章(JAR)成为欧盟规章的一部分,在欧盟国家具有法律地位(所有现行的相应规章被立即取代)。现在只有欧洲联合航空规章(JAR)(正如我们所见,JAR 已被 EASA 规章所取代)和美国联邦航空规章(FAR)(或其派生规章)被实际使用。

4.3　与适航性合格审定直接或间接相关的 JAR 和 FAR 清单

4.3.1　JAR 1/FAR 1:定义和缩写

这些法规包含了用于其他 JAR/FAR 规章的术语定义和缩写。JAR 1 中的一部分基于 ICAO 附件中那些定义,另一部分则基于 FAR 1 中的定义。FAR 1 也包含一些行文规则,比如,会用到诸如"应该"、"可以"、"一个人不得"、"包括"等等的措辞。

4.3.2　JAR 11:JAA 规章管理和相关程序

这些法规包含的要求适用于:

(1) 欧洲联合航空局总部对有关 JAR 发展制订的档案的保存。

(2) JAR 的格式与结构。

(3) JAA 正式公布 JAR 前 JAR 的编制及其修订。

(4) JAR 中准予豁免的程序。

(5) 关于专用条件的磋商程序。

(6) 联合咨询通告(ACJ)在被 JAA 公布前的编制。

4.3.3　FAR 11:一般立法程序

这部规章适用于美国联邦航空局依据"管理程序法"(APA),须按公开立法程序颁布、修订和废止的任何规章。此法规规定的要求适用于:

(1) 颁布法规的程序,从"立法建议预告(ANPRM)"到"立法建议通告(NPRM)",再到"最终法规"。

(2) 豁免请求(来自个人或团体)。

(3) 立法请求(来自个人或团体)。

(4) 发布规则的专用条件。

4.3.4　JAR 21:航空器及相关产品和零部件的合格审定程序

见本章相关段落。

4.3.5　FAR 21:产品和零部件的合格审定程序

见本章相关段落。

4.3.6　JAR 22:滑翔机和动力滑翔机[5]

见本章相关段落。

4.3.7　JAR‐VLA:甚轻型飞机[6]

见本章相关段落。

4.3.8　JAR 23:正常类、实用类、特技类和通勤类飞机

见本章相关段落。

4.3.9 FAR 23:正常类、实用类、特技类和通勤类飞机适航标准

见本章相关段落。

4.3.10 JAR 25:大型飞机

见本章相关段落。

4.3.11 FAR 25:运输类飞机适航标准

见本章相关段落。

4.3.11/a FAR 26:运输类飞机的持续适航和安全性改进

为支持运输类飞机的持续适航和安全性改进,这部规章制订了相应要求。这些要求可以包括实施评估、开发设计更改、开发持续适航文件(ICA)的修订以及编制适用于相关人员的必要文件。本部规定的要求为设计更改、持续适航文件修订确立了标准。这些要求被认为是适航的要求。

4.3.12 JAR 26:运行的补充适航要求

这部规章规定了特殊的补充适航要求,要求运营人必须确保运行符合 JAR - OPS 部中关于特殊类型运行的要求。

(1) B 分部涉及商业航空运输(飞机)。

(2) C 分部(保留)涉及通用航空(飞机)。

(3) D 分部(保留)涉及商业航空运输(直升机)。

(4) E 分部(保留)涉及通用航空(直升机)。

4.3.13 JAR 27:小型旋翼航空器

见本章相关段落。

4.3.14 FAR 27:正常类运输旋翼航空器适航标准

见本章相关段落。

4.3.15 JAR 29:大型旋翼航空器

见本章相关段落。

4.3.16 FAR 29:运输类旋翼航空器适航标准

见本章相关段落。

4.3.17 FAR 31:载人自由气球[7] 适航标准

见本章相关段落。

4.3.18 JAR - E:发动机

这部规章基于英国民用航空规章(BCAR)的 C 部,包含对发动机的适航要求。JAR - E 的 B 分部和 C 分部针对活塞式发动机,D 分部和 E 分部针对涡轮发动机。

4.3.19 FAR 33:航空发动机适航标准

这部规章规定了航空发动机型号合格证的颁发以及合格证更改所需满足的适航

标准。C和D分部专用于活塞式航空发动机,E和F分部专用于涡轮航空发动机。

4.3.20　JAR‒APU:辅助动力装置[8]

这部规章基于美国FAA的技术标准规定TSO‒C77a,提供了适航要求以取代JSTO对航空器上使用的涡轮驱动辅助动力装置的要求。

4.3.21　FAR 34:涡轮发动机飞机燃油排放和排气排出物要求[9]

这部规章的条款适用于按照在美国境内使用进行合格审定的规定类别的所有在役航空燃气涡轮发动机。

至于外国的飞机,这部美国联邦航空规章仅适用于那些外国的民用飞机,这些飞机如果它们在美国注册,并且欲实现所预期的运行,则需要按美国联邦航空规章来取得美国标准适航证。

4.3.22　JAR‒P:螺旋桨

这部规章适用于常规设计的螺旋桨。

4.3.23　FAR 35:螺旋桨适航标准

这部规章规定了螺旋桨型号合格证签发,以及这些型号合格证更改的适航标准。

每个按照FAR 21部申请这类合格证或合格证更改的人,均必须表明符合FAR 35部规定的适用要求。

4.3.24　JAR 36:航空器噪声

JAR 34:航空器发动机排放

JAR 36包括五个分部,采用了由ICAO认可的附件16卷Ⅰ"航空器噪声"中的环境保护标准。

JAR 34采用了由ICAO认可的附件16卷Ⅱ"航空器排放"中的环境保护标准。

4.3.25　FAR 36:航空器型号和适航合格审定噪声标准

这部规章规定了颁发以下几种合格证所要求的噪声标准:

(1)亚声速大型运输类飞机和所有类型的亚声速喷气式飞机的型号合格证、型号合格证更改、标准适航证。

(2)除那些设计为农业用途的飞机(由1966年1月1日起生效的FAR 137.3所定义)或那些喷洒FAR 36.1583条款所不适用的灭火材料的飞机之外,小型螺旋桨飞机、通勤类螺旋桨飞机的型号合格证、型号合格证更改、标准适航证和限用类适航证。

(3)协和式飞机的型号合格证、型号合格证更改、标准适航证。

(4)除了那些专用的农业直升机、喷洒灭火材料或携带外部载荷的直升机之外的直升机,其型号合格证和型号合格证的更改。

4.3.26　FAR 39:适航指令

这部规章为FAA适航指令系统提供了法律框架[10]。

4.3.27　FAR 43：维修、预防性维修、重新制造、改装

见第 9 章相关段落。

4.3.28　FAR 45：标识和注册标志

这部规章对下列方面进行了规定：

（1）按照型号合格证或生产许可证要求制造的航空器、航空器发动机螺旋桨的标识。

（2）为在已获得型号合格证的产品上安装而生产的替换件和改装件的标识。

（3）美国注册航空器的国籍和注册标志。

4.3.29　JAR‐TSO：联合技术标准规定

对于颁布联合技术标准规定（JTSO）的要求，可以在 JAR 21 部的 O 分部和 N‐O 分部中找到。这部规章给出了 JTSO 如下清单：

● **索引 1**：在技术上和 FAA 的技术标准规定（TSO）类似的欧洲联合技术标准规定（JTSO）。

● **索引 2**：仅适用于 JAR（不同于 FAA 的 TSO，或不存在 FAA 相应的 TSO）的欧洲联合技术标准规定（JTSO）。

4.3.30　JAR‐OPS 1：商业航空运输（飞机）

这部规章的规定适用于任何以商业航空运输为目的的民用航空器，这类商业航空运输，由任何主要经营场所位于 JAA 成员国范围内的运营商进行，本规章指出的例外情况除外。

4.3.31　JAR‐OPS 3：商业航空运输（直升机）

这部规章的规定适用于任何以商业航空运输为目的的民用直升机，这类商业空中运输，由任何主要经营场所位于 JAA 成员范围内的运营商进行，本规章指出的例外情况除外。

4.3.32　JAR‐MMEL/MEL：主最低设备清单/最低设备清单

见第 5 章的相关段落。

4.3.33　FAR 91：一般运行和飞行规则

除去已指出的情况，这部规章的规定被用于管理航空器在美国境内（包括距美国海岸 3 海里范围内的水域）的运行（按 FAR 101 部管理的系留气球、风筝、无人火箭、无人自由气球，以及按 FAR 103 部管理的超轻型飞行器除外）[11]。

4.3.34　FAR 101：系留气球、风筝、无人火箭和自由气球

这部规章规定了在美国境内运行系留气球、风筝、无人火箭和自由气球的规则，定义了这类航空器的特征和限制（如可用的重量、气体容量、推进剂的数量和质量等）。

4.3.35　FAR 103：超轻型飞行器

这部规章制订了在美国境内运行超轻型飞行器的管理规则。就本部而言，超轻

型飞行器以最大重量(有动力和无动力)、最大速度(有动力)和最大失速速度定义。运行被限于单个乘员,仅用于娱乐或体育目的。

4.3.36　FAR 119:航空承运人和商业运营人的合格审定

这部规章适用于在商业航空中以航空承运人或商业运营人,或兼具两者的身份,使用或打算使用民用航空器的每一个人,或者是在不涉及公共运输[12]的 20 座及以上或商载达到 6 000 磅、在美国注册的民用飞机的运行。本部规章特别规定了航空承运人为获得和持有按 FAR 121,125 或 135 部运行的合格证,必须满足的合格审定要求。

4.3.37　FAR 121:运行要求:国内运行、悬旗运行和补充运行

这部规章(特别地)制订了对下列方面的管理规则:

(1) 国内、悬旗运行和每个持有依据 FAR 119 颁发的航空承运人合格证或运行合格证的人进行的运行。

(2) 按本部实施包括航空器维修、预防性维修和改装工作的合格证持有人雇佣的每个雇员。

4.3.38　FAR 125:座位数不少于 20 或商载不低于 6 000 lb 的飞机及机上人员的管理规则的合格审定和运行

这部规章制订的规定适用于上述在美国注册的民用飞机在不涉及公共运输时的运行。除非要求它们按 FAR 121,129,135 或 137 部运行,以及按本部指出的其他适用情况进行的运行。

4.3.39　FAR 129:外国航空承运人和外国运营人使用美国注册的航空器从事公共运输的运行

这部规章适用于美国境内持有美国运输部民用航空委员会颁发的许可证的每一个外国航空承运人的运行。

4.3.40　FAR 133:旋翼航空器外部负载的运行

这部规章规定了适用于任何人使用的、在美国境内作上述运行的旋翼航空器的适航和运行合格审定规则,本规章定义的例外情况除外。

4.3.41　FAR 135:通勤和视需运行的运行要求及机上人员管理规定

这部规章适用于持有或要求持有依据 FAR 119 及相关条款规定的航空承运人合格证或运行合格证的每个人进行的通勤和视需运行。

4.3.42　bis FAR 136:商业航空旅游[13]和国家公园航空旅游的管理

这部规章适用于利用飞机或直升机,运行或欲运行商业航空旅游的所有人,并且在适用时,也对所有从事商业航空旅游的飞机或直升机上的乘员适用。

对国家公园系统内进行商业航空旅游飞行的各公园,在开发其航空旅游管理规划时,这个分部也阐明了要求。

4.3.43　FAR 137:农用航空器的运行

这部规章适用于美国境内的农用航空器运行,以及用于此类运行的商业和私人农用航空器运营人合格证的颁发。

4.3.44　FAR 145:维修站

这部规章介绍了如何获得维修站的合格证。这部规章同样也包含了维修站必须要遵守的规定,它们涉及适用 FAR 43 部的航空器、机体、航空发动机、螺旋桨、设备或零部件的维修、预防性维修和改装的实施。本部规章也适用于持有或被要求持有按本规章要求颁发的维修站合格证的任何人。

4.3.45　FAR 147:航空维修技师学校

这部规章制订的相关要求,规定了颁发航空维修技师学校合格证及相关技术等级证书的要求,也规定了管理这些合格证、等级证书持有人的一般运行规则。

4.3.46　JAR‐AWO:全天候运行

这部规章对下列方面给出了规定要求:

(1) 自动着陆系统。

(2) 决断高度在 $60\,\mathrm{m}(200\,\mathrm{ft},1\,\mathrm{ft}=3.048\times10^{-1}\,\mathrm{m})$ 到 $30\,\mathrm{m}(100\,\mathrm{ft})$ 之间运行的飞机的适航合格审定——二类运行。

(3) 决断高度小于 $30\,\mathrm{m}(100\,\mathrm{ft})$ 或无决断高度运行的飞机的适航合格审定——三类运行。

(4) 低能见度下起飞的方向导引。

4.3.47　JAR/CS‐VLR:甚轻型旋翼航空器

见本章相关段落。

4.3.48　航空器零部件合格审定的参考文献

(1) 联合技术标准规定项目(JTSO)批准书(JAR 21 部的 O 分部)。

(2) 技术标准规定(FAA AC 20‐110)。

(3) 联合零部件批准书(JPA)授权(JAR 21 部的 P 分部)。

(4) 零部件制造人批准书(PMA)(FAR 21.103)。

(5) 军用和工业规范。

(6) 写入航空器合格审定过程的规范。

注:我们将在第 5 章的"零件和设备的批准"一节中对于这个问题做更为详细的介绍。

4.3.49　一般说明

关于相同产品[14]的适航标准已列于前面的清单,这个清单表明,除了产品型号合格审定标准外,还存在运行标准。这些运行标准包括了与航空器运行相关的、影响其构型的适航要求[15]。

例如,JAR/FAR 23 部的飞机,仅需要安装一个空速指示器、一个高度表和一个磁航向指示器用作飞行和导航仪表,就能够获得型号合格证。然而,为获得适航证(批准飞行的文件),必须根据特殊运营类型(如旅游观光、空中作业)和飞行条件[如目视飞行规则(VFR)、仪表飞行规则(IFR)、夜航等等],按照运行规则的要求安装其他的仪表和设备。

此外,必须考虑到 FAR 34 部和 JAR/FAR 36 部这样的环境标准。对于 FAA和 EASA 而言,满足环境保护要求是型号合格审定的一部分[16]。

JAA 的规定被 JAA 各个成员国所采用,EASA 的规定现被欧盟的成员国所使用,而 FAA 规章在美国[17]使用(加拿大有几乎相同的法规)。

然而,制造商想要把他们的产品卖到大西洋两岸,必须完成双重的合格审定。这带来实际成本的增加,尤其是当标准不同时。许多年来,运输机工业由于 JAR 25部和 FAR 25 部的不对应(虽然有相同的章节编号)而受到了惩罚。JAR 25 部受到源自英国的影响很大,它的体系借助了 BCAR 的 D 部。也正是由于制造商多年来的抱怨,JAA 和 FAA 才得以启动一致化进程。该进程虽进展良好,但尚未最终完成。对 JAR/FAR 23 部飞机的标准、JAR/FAR 27,29 部的旋翼航空器[18]标准,情况则要好些,因为这些 JAR 的要求是在避免出现运输机那种遭遇的共同意愿下与FAA 合作制订的。这些标准现在几乎协调一致。

在后续章节中我们将看到,如何把认可不同管理当局的合格审定所导致的负担最小化。

4.3.50　FAA 航空器适航规章历史背景

图 4.1 来自 Order 8110.4C,给出了 FAA 航空器适航规章的演化进程[19]。

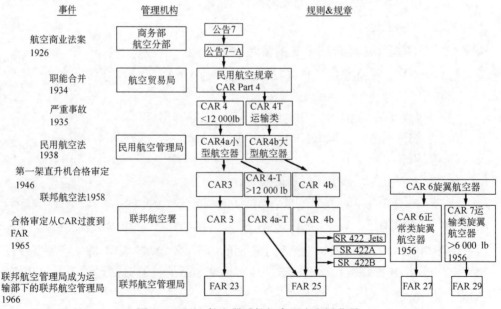

图 4.1　FAA 航空器适航规章历史发展背景

4.4　咨询材料

一些法规可以用不同的方式解释。这就是为什么适航管理当局为相关法规的解释而颁布咨询材料,或在某些情况下,建议适当的程序来实现对这一法规的符合性验证。

FAA 出版咨询通告(AC)作为独立于标准的文件,JAA 和 EASE 则在 JAA/EASA 标准的后面包含了类似的文件。

如果我们来看一下 JAR 的第二部分,这些标准包含了联合咨询通告(ACJ),即"可接受的符合性验证方法和解释"[20]。ACJ 提供了一种方法,但并不是唯一的方法,用于满足要求[21]。ACJ 的编号系统所采用的编号和与之相关的 JAR 章节的编号是相同的。

通过相同的方法,EASA 的合格审定规范(CS)也包含了可接受的符合性验证方法(AMC),具有和 ACJ 同样的含义。

对于 EASA 的实施细则(IR),如 21 部、M 部、145 部等,文件中包含了已颁布的可接受的符合性验证方法(AMC)和指导材料(GM)。

AMC 包括了已经定义的适航规章的含义,而 GM 帮助说明规范或要求的含义。

4.5　EASA 规章

图 4.2 描述了 EASA 规章的组织结构。

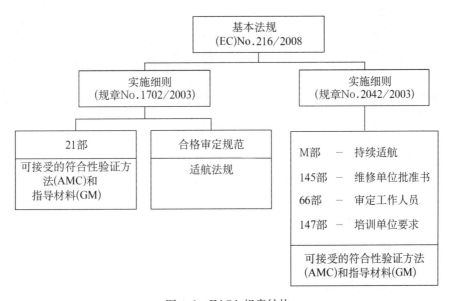

图 4.2　EASA 规章结构

4.5.1　基本规章

基本规章为民用航空的安全和环境可持续性调控确定了共同要求。它赋予欧洲委员会(EC)为规章制订具体实施规则的权力。

所提到的基本规章 EC No. 1592/2002,现在已经被 2008 年 2 月 20 日的规章 EC No. 216/2008 替代。这部规章从必要性的角度开始概述 EASA 的任务:"通过采用共同的安全法规,以及采取措施来保证欧共体内的产品、人员和组织遵守这些规则及环境保护法规,确保民用航空随时始终如一地为欧洲公民提供高水平的保护。"

规章 EC No. 1592/2002 仅对产品的适航和环境相容性规章,在确定了管辖权限后,规章 EC No. 216/2008 管辖范围被扩大到空中运行、飞行机组人员的执照颁发和第三国航空器。

在未来几年内,这个管辖范围还将涉及机场的安全管理和空中交通管制业务。

这个基本规章适用于:

(1) 航空产品、零部件和设备的设计、生产、维修和运行,以及参与此类产品、零部件和设备的设计、生产与维修的人员和单位。

(2) 参与航空器运行的人员和单位。

这部规章的主要目的,是建立和保持欧洲民用航空统一的、高水平的安全性。

其他的目标则列在条款 2 中,包括了环境保护、通用合格审定程序的简化和有效性、货物、人员和服务的自由流动等等。

4.5.2　实施细则

这些实施细则包含了定义为"部"的文件,这些"部"分为两个部分:A 部分详述了航空主体需要满足的要求,而 B 部分则包含了各个国家管理当局要遵守的程序。

实施细则(EC) No. 1702/2003 用于航空器及相关产品、零部件和设备的适航与环境合格审定,以及设计与生产单位的合格审定。它对下述方面规定了要求:

(1) 型号合格证、限用类型号合格证及此类合格证更改的颁发。

(2) 适航证、限用适航证、飞行许可证和批准放行证书的颁发。

(3) 修理设计批准书的颁发。

(4) 表明与环境保护要求的符合性。

(5) 噪声标准合格证的颁发。

(6) 产品、零部件和设备的标识。

(7) 某些零部件和设备的合格审定。

(8) 设计和制造单位的合格审定。

(9) 适航指令的颁布。

该文件的附件是 **21 部"航空器和相关产品、零部件、设备以及设计和生产单位的合格审定"**。

该文件取代了 JAR 21 部,但保留了它的核心内容。对 JAR 文件的修改反映了 EASA 面对各个国家管理当局的新法律地位,这是一次基于 JAA 的合格审定经验而对该文件的全面修订。

实施细则(EC) No. 2042/2003 给出了航空器及航空产品、零部件、设备的持续适航要求,以及这些任务所涉及的单位、个人的批准条件。

这个文件的附件如下:

(1) **附件 1,M 部**:规定了一些保证持续适航的措施,其中包括维修。同时也规定了持续适航管理所涉及人员及单位需要符合的条件。

(2) **附件 2,145 部**:对有资质获颁或延续航空器和部件维修批准书的单位,规定了需要满足的条件。

(3) **附件 3,66 部**:规定了关于飞机和直升机航空器维修执照的颁发、执照的有效性和使用条件的要求。

(4) **附件 4,147 部**:对寻求获得实施第 66 部中规定的培训和考试资质的单位,规定了需要满足的条件。

4.5.3 21,M,145,66 和 147 部的可接受符合性验证方法(AMC)和指导材料(GM)[22]

正如前面所提到的,可接受符合性验证方法(AMC)列举了一种方法,但不是唯一的方法。利用 AMC,适航法规中的规范或实施细则中的要求得以满足。指导材料有助于说明一个规范或要求的含意。

4.5.4 适航法规

所有 EASA 的适航法规都源自 JAR。合格审定规范(CS)改变了 JAR 的命名方式。

现在的适航法规如下:

(1) **CS - Definitions**:**定义**,源于 JAR 1 部。

(2) **CS - 22**:滑翔机和动力滑翔机,来源于 JAR 22 部。

(3) **CS - 23**:正常类、实用类、特技类、通勤类飞机,来源于 JAR 23 部。

(4) **CS - 25**:大型飞机,来源于 JAR 25 部。

(5) **CS - 27**:小型旋翼航空器,来源于 JAR 27 部。

(6) **CS - 29**:大型旋翼航空器,来源于 JAR 29 部。

(7) **CS - VLR**:甚轻型旋翼航空器,来源于 JAR - VLR[23]。

(8) **CS - VLA**:甚轻型飞机,来源于 JAR - VLA。

(9) **CS - E**:发动机,来源于 JAR - E。

(10) **CS - P**:螺旋桨,来源于 JAR - P。

(11) **CS - 34**:航空发动机排放和燃油通气,来源于 JAR 34 部。

(12) **CS - 36**:航空器噪声,来源于 JAR 36 部。

(13) **CS - APU**:辅助动力装置,来源于 JAR - APU。

(14) **CS - ETSO**:欧洲技术标准规定,来源于 JAR - ETSO。

(15) **CS - AWO**:全天候运行,来源于 JAR - AWO。

(16) **AMC - 20**:产品、零部件和设备的通用 **AMC**。

(17) **CS - 31 HB**:热气球(2009 年 2 月 27 日颁布)。

对于航空器零部件的合格审定,可参考如下内容:

(1) 欧洲技术标准规定项目(ETSO)批准书(21 部的 O 分部)。

(2) 写入航空器合格审定过程的规范。

(3) 符合官方认可标准的标准件。

4.6　关于适航标准的一般考虑

在考虑某单一适航标准(至少是与本书打算提供的信息相关的更具有代表性的标准)之前,值得考虑这些适航标准编制的指导思想。

4.6.1　出版

这些标准由负责标准汇编修订事务的工作组制订。在正式出版以前,管理当局(JAA,FAA 或 EASA)提交这些标准进行公开评估,允许对此感兴趣的人员和组织团体对此提出意见。这些阶段的相关工作程序和法规都包括在 JAR 11 部"规章管理和相关程序"和 FAR 11"通用规则制订程序"当中。

EASA 尚无类似标准,但自 2003 年后,EASA 建立了标准制订程序(EASA 管理委员会决议 07/2003 号)。

这个标准制订程序现已被修订,由 2007 年 8 月的 EASA 管理委员会决议(EASA 管理委员会决议 08/2007 号)替代。

4.6.2　专用条件

如同前面所提到的,适航标准并不能预见航空的发展,因此在某些情况下,例如,合格审定对象为非常规航空器或具有特殊性的航空器,JAR/FAR/CS 相关的"适用"适航要求中没有相当的或合适的安全标准。当我们想到一个已成为"绊脚石"的标准可能阻碍航空的发展时,如何解决呢? JAR/FAR 21 部的第 16 节和 EASA 21 部第 21A 和 16B 节提供了一种解决方案,被称为"**专用条件**"。这就是当管理当局认为有必要建立起与现行适用的 JAR/FAR/CS 规章相当的安全水平时,增加的这类安全标准。专用条件按照 JAR/FAR 11 部颁布,而对 EASA,则按"产品合格审定程序"(决议 02/2004)颁布。

让我们再回到"安全水平"这个概念。不管怎样,这里只列举众多合适例子中的一个。例如,曾经为涡轮发动机在 FAR 23 部飞机上的安装颁布过专用条件,因为当时的 FAR 23 部中还没有这类安装的安全标准。因此,我们不难想象 20 世纪 60 年代为"协和"飞机的合格审定而颁布的专用条件条件的数量。

在许多情况下,如果需要专用条件的某项设计特征转变为航空领域里普通的设计,例如"翼梢小翼",(在按照 FAR 11 部和 EASA 的立法程序进行了讨论和评估以后)专用条件经过修正被纳入到 JAR/FAR/CS 标准当中。

4.6.3 适航标准的严格性

"安全水平"这个概念是一件涉及适航标准编制且受到严重关注的事情。管理当局或许会倾向于通过十分严格的标准来确保安全。这样做的直接后果,是使得航空器因为技术或仅因为经济上的原因而难以通过合格审定[24]。这就是为何必须在适航标准当中平衡适航标准的**"可接受性"**(从安全性的角度)和**"可行性"**。

一个法规的实施涉及经费开支。安全性的增加并不总是与法规的严格性成比例。经费开支与安全性提升之间存在着一个平衡点,超过该点而一味地追求安全性的提升,会使得经费开支急剧地增大,如图 4.3 所示,所以突破该平衡点后所制订的规则将不再具有"可行性"。

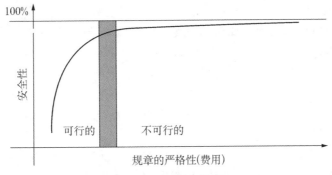

图 4.3 适航性规则

以下的建议可以作为制订适航规章的"黄金"法则:

(1) 经济上合理;

(2) 技术上可行;

(3) 适于特定类型的航空器。

对不同类型的航空器(飞机、旋翼飞行器等),以及同一类型不同类别(重量、乘客数量等)的航空器,制订了各种适航标准。对于尽可能将"相似"航空器进行分组方面的工作,已经开展了一些尝试。忽略区分自由气球和运输机的明显必要性,目前已经对航空器进行了分类。例如在 JAR/FAR 23 部中对正常类、实用类、特技类和通勤类飞机进行了分类,在 JAR/FAR 25 部对大型飞机/运输类飞机进行了分类。我们不必去推测因为运输类飞机应该比其他类型飞机更安全而使得它们的适航标准有所不同。在充分考虑到前面提及的标准的"可行性"前提下,对所有航空器都必须争取最大的安全性。作为一个基本概念,简单的航空器应当遵循简单的适航标准。

这样当然就不容易理解为何一架 19 000 lb 的通勤飞机按 JAR/FAR/CS 23 部

审定，但如果再增加几磅重量，则将按照 JAR/FAR/CS 25 部审定。然而，很清楚的是，分类的产生意味着总要设立一些涉及精确数字的重要参数[25]。设计人员应该能够按照项目可能的发展来选择正确的适航标准。

无论如何都应该了解，适航和医学一样，都不是精密的科学！

4.6.4 单发飞机的失速速度

通过前面文章中"可接受性"、"可行性"以及有关适航"指导思想"的例子，我们现在来看看一架单发飞机是怎样从失速速度的角度被监管的。一架单发飞机，在发动机失效状态下，按照定义只能滑翔。如若这种情况不能在安全性方面来管理控制，那么这一情况应永不发生。实际上，尽管发动机技术已取得巨大的进步，但是发动机"永不"[26]失效的情况不存在。如果任何发动机失效都导致事故，则从安全性而言，目前发动机的失效率应该不合格，因此不可接受。于是需要单发飞机的滑翔和无动力着陆，能够由驾驶技术一般的飞行员完成[27]。显然场外着陆的结果主要受进场速度的影响。然而，由于飞机在降落构型下的最小滑翔进场速度是同样构型下无动力失速速度的函数，因而需要对此速度加以限制。结果，单发飞机着陆构型失速速度（V_{so}）不能高于 61 kn（1 kn = 0.5144 m/s）。对于在一台发动机（单发）不工作情况下，不能达到某一最小爬升率的双发飞机也存在同样的限制条件。

对于所有其他的双发飞机（即使其中一台发动机失效的概率是单发飞机的两倍），一次飞行中双发同时失效的概率被认为几乎为零，因此没有规定失速速度的限制是可以接受的[28]。

有趣的是，根据上述原则，JAR-VLA[29]包括了 45 kn 的着陆构型速度限制，这是因为它允许安装 JAR 22 部中动力滑翔机的发动机，至少在原则上认为这类发动机可靠性要低于 JAR/FAR 23 部飞机所安装的发动机。

同样，在 JAR 22 部中也规定了着陆构型的失速速度限制，这是因为速度比赛中，压舱水质量增加的倾向会导致飞机的翼载荷增加，因此失速速度也会提高。这样会危害着陆时的安全性，例如，需要紧急中断起飞或切断牵引绳时，在这些情况下通常没有足够的时间释放掉压舱水。

4.6.5 适坠性

我们前面提到 61 kn 的失速速度限制。但是，仅仅依靠这一条标准这就能保证安全的无动力着陆么？

当引入这类限制时，它们通常都是对相关条件下所发生事故的分析和经验的产物。无疑它们不是被随意采纳的。然而，这些限制并不能考虑到飞机可能着陆的区域的所有条件（否则在地面非常不平整时将坠毁）。因而必须考虑到坠落的可能性，这无论如何都是必要的，而不是仅仅针对单发飞机。从这个角度而言，适航标准已变得越来越严格。这就是所谓的**适坠性**。

JAR/FAR/CS 23 部包含了对于紧急着陆情况下的适当安全标准。这些标准主要对结构提出了保护乘员的要求，也要求对座椅/约束系统、座椅以及支承座椅的机身结构等进行昂贵的静力、动力试验。

FAR 23 部规定了更多要求。高速单发飞机（涡轮发动机驱动）的设计，在 61 kn 的失速速度限制下严重恶化，为使此类飞机能进行合格审定，这些条例允许以失速速度的增大来"交换"采用更为严格的适坠性条例。这使我们又一次面临可接受性与可行性之间的权衡问题。EASA 在 2008 年 4 月 30 日颁布了建议修正案通告（NPA）No. 2008 - 08[30]，对 CS 23 部进行修订，以便与 FAR 23 部相协调。

适坠性涉及所有类型的航空器。

JAR 22 部的研究组试图避免滑翔机和动力滑翔机这类航空器的动力学试验。这些飞机往往是小批量生产，因此制造商在经济上难以承受动态坠落试验的费用。然而，问题确实存在而且严重，因为对这些飞机而言，场外着陆不仅仅是紧急情况，而是经常意味着坠地。因而，我们不得不承认，这类传统布局的航空器原则上并未对乘员提供适当的保护。

我们可以考虑能够承受几十倍重力加速度 g 值的"救生笼"，但是这并不是解决办法，因为即使笼子没有损坏，但乘员可能仍然要承受持续或致命的伤害。

根据 FAA 的定义，可幸存坠毁是指"在航空器任何主要轴线方向上的加速度均已经超过人体耐受极限的情况下，乘员周围的结构和结构空间，在受撞击期间或之后仍然保持足够完好，物体仍受约束且没有危及乘员，使乘员存活。"（当然，这个定义只涉及了动态效应，没有提及诸如火、烟等其他影响因素）。

OSTIV（国际滑翔飞行科学与技术组织）的滑翔机研制专家组（SDP）研究这个问题已有一段时间了，他们指定了一个适坠性专家组并得到了一个某种程度上类似于 F1 方程式赛车所采用的解决方案。这种方案可以概括为"刚性笼体和吸能机头"，也就是用一个足够强的结构保护乘员安全，同时辅以吸收冲击能量的易屈服的前部。OSTIV 也为座椅设计提供了建议，设计的座椅应具备"吸收能量"[31]的作用。座椅头枕的标准也被采纳，以使在冲击后的回弹阶段能有效地减小冲击。研究还涉及座椅的外形以及安全带的布置形式。事故分析指出脊柱伤害是由于在撞击阶段身体在安全带与座椅之间的滑动造成的，这种情况被定义为"下潜"。此外，事故分析显示，以往的起落架标准并没有针对乘员脊柱受影响的结果而要求提供足够的能量吸收功能，这将不利于对人员脊柱的保护。因此，这些标准被进一步提高。

源于 OSTIV 的 SDP 专家组的标准，在经过相关研究组的评估后，经常被 JAR 22 部采纳。

NPA - 2007 - 12[30]"驾驶舱适坠性"于 2007 年 8 月在 EASA 网站上发布。这个 NPA 根据的是 OSTIV 的 SDP 为改善滑翔机驾驶舱适坠性设计而对 CS - 22 修正案提出的一个建议。CS - 22 随后在 2008 年 10 月 1 日进行了修订。

JAR - VLA 包括了处理"紧急着陆情况"的条款，这些条款自 1990 年首次发布至今尚无更新，或许能根据现在发展的需要而考虑更新。

根据 NPA 2008－11,2009 年 3 月 5 日的修正案规定了正常和坠毁姿态下的快速逃生要求。

对于这一类飞机,也应当尽量避免动态坠落试验,但适坠性标准更新是合理的,这是考虑到已进行的一些研究,例如滑翔机方面的研究。

运输类飞机的适航标准(JAR/FAR/CS－25)以及旋翼航空器的适航标准(JAR/FAR/CS－27 和－29)均含有包括动态坠落试验在内的有关坠落着陆的条款。

4.6.6 防火

每架航空器都有发动机、电气设备以及其他可能引发火灾的部件。首先,航空器上的"防火区",也就是火灾可能发生的地方,位置必须被确定,比如发动机舱。基本上有三种方法可以在火灾中保护乘员:①弃机[32];②被动防护以提供足够的时间着陆;③借助灭火器主动防护。当然,将后两种方法结合使用是可行的。军用航空器通常会携带爆炸物,所以弃机逃逸是最好的方法(除非火势很有限,能够被灭火器扑灭)。主动或被动防护受到时间的限制,因为必须保证有足够的时间让机组判断形势以及紧急跳伞。

这并不意味着防火对军用航空器而言是"可选项"。例如,如果我们研究一下美国军用手册 MIL－HDBK－516B,可以见到它常引用诸如 FAR 和 AC 等的 FAA 文件。该手册制定了用于判定所有载人和无人(军用)航空器的适航性合格审定准则。然而,尽管 FAR 的要求对民用航空器是强制性的,也被认为对军用航空器是有用的适航准则,但它们不一定适用。各类作战任务能够带来依据航空器特殊类型而量身定做的合格审定基础,此外,这种合格审定基础还能被用于如军用规范、联合服务规范指南等的各种文件。

对民用航空器而言,规定了被动防护,以尽可能进行安全紧急着陆。这些是通过对火区的适当隔离来实现的,这样可以保护关键结构和设备,确保着陆需要的时间。虽然不排除灭火器的使用,但这并不是首先考虑的防护方法。

借助手提式或机载灭火器的主动防护,对于某些类别的航空器是有明确规定的(例如运输类和通勤类飞机)。这种防护主要针对座舱、机舱、行李舱或货舱等部位的火灾。

从材料的易燃性和有毒气体释放等角度,适航标准同样规定了机舱内部装饰材料的使用限制。

因为适航要求必须要经过试验证实,因此合格审定标准中给出了这些类试验可接受的程序。为了更明白地说明这些文件,FAR 23 部的附录 F"试验程序"给出了例子,其内容摘录如下[33]。

4.6.6.1 表明自熄材料符合第 23.853,第 23.855 和第 23.1359 条的可接受试验程序

(1)**条件**。试样必须置于 70°F,65°F 和相对湿度 50%～65% 的环境下,直到湿

度达到平衡或放置 24 h。

(2) **试样形态**。除了用于电线、电缆绝缘以及小零件的材料外,其他材料都必须是装机成品零件上截取的部分或用模拟截取部分的试样,例如,使用从板材上切下的试样或成品零件的样品进行试验。试样或许可以从成品零件的任何部位上切取,但成品零件,如夹层板件,不得分解后试验。试件的厚度不得大于在飞机上所使用的最小厚度。但下列情况例外:①厚泡沫零件,如座椅垫,其试样厚度必须为 1/2 in(12.7 mm);②对必须试验的小零件中的材料而言,当表明其与第 23.853(d)(3)(v) 的符合性时,材料试样厚度不得超过 1/8 in(3.2 mm);③为符合第 23.1359(c) 而对电线和电缆绝缘层做试验时,电线和电缆试样的规格必须与飞机上所用的相同。对于织物,经纬两个方向都必须进行试验以确定最危险的易燃条件。当进行上述附录(d)和(e)规定的试验时,试样必须按下列规定夹持在金属框架内,目的是:①在进行上述附录(d)规定的垂直试验时,试样的两条长边和上缘安全固定;②在进行上述附录(e)规定的水平试验时,两条长边和离火焰远的一边安全固定;③试样的暴露区域必须至少 2 in(50.8 mm)宽,12 in(305 mm)长,除非在飞机上实际使用的尺寸比上述尺寸更小;④试样的着焰边缘不得包括试样的抛光或保护边,但必须代表装机材料或零件的实际横截面。进行上述附录(f)规定的试验时,试样的四边都必须安全固定在金属框架内,其暴露区域至少为 8 in×8 in(203 mm×203 mm)。

(3) **垂直试验**。至少必须试验 3 个试样,并取试验结果的平均值。对于织物,最危险的易燃编织方向必须平行于最长的尺寸方向。每个试样必须垂直支承,必须置于本生灯或特利尔煤气灯的火焰中。灯管名义内径为 3/8 in(9.5 mm),火焰高度调到 1.5 in(38.1 mm)。用经校准的热电偶高温计在火焰中心测得的火焰温度不得低于 1550℉(843℃)。

(4) **水平试验**。至少必须试验 3 个试样,并取试验结果的平均值。每个试样必须水平支承。装机时的暴露表面在试验时必须朝下。试件必须置于本生灯或特利尔煤气灯火焰中,灯管名义内径为 3/8 in(9.5 mm)。火焰高度调到约 1.5 in(38.1 mm)。测量最低火焰温度。

(5) **四十五度试验**。至少必须试验 3 个试样,并取试验结果的平均值。试样必须按照与水平面成 45°角的方式支承。装机时的外露表面在试验时必须朝下,并置于本生灯或特利尔煤气灯的火焰中,灯管名义内径为 3/8 in(9.5 mm)。

(6) **六十度试验**。导线(每种品种和规格)必须至少试验 3 个试样。电线或电缆(包括绝缘层)的试样必须按照与水平面成 60°角的方式放置。

(7) **烧毁长度**。烧毁长度是指从试样的起始边缘到因着焰而损坏处的最远距离,它包括部分或完全烧掉、碳化或脆化部分,但不包括熏黑、染色、翘曲或褪色的区域,也不包括由于受热引起的材料收缩或熔化的区域。

4.6.7 安全性评估

让我们仔细看一下轻型飞机的操纵系统:钢索、滑轮以及一些连杆。这些东西常常看得见并且易于检查。对于这样的系统,如果能够根据好的设计准则和适用的适航标准进行设计,按照维修手册进行维修(只要有足够的备用零件),那么在飞机的整个使用寿命期内就不需要为保证操纵系统的安全而进行特别的研究。因而我们能够谈及这样的"从不"失效的系统。如果考虑更为复杂的航空器,其操纵系统依赖于电气或液压系统,甚至如电传操纵系统那样靠电脑而完全排除机械传动,则情况就非常不同了。

显然,上面有关操纵系统的例子可以扩大到航空器的所有系统或设备。

在这种情况下,安全性评估就需要更为细化的规定和工具。因为本书的定位是提供基本信息资料,所以它无法就这些非常具体的论题展开十分详细的讨论。尽管如此,还是值得对一些基本概念进行一些概述。

有关安全性评估的法规包含在不同航空器的适航标准的××.1309 条款[34]之中,而相关咨询材料则分别包括在 ACJ,AC,AMC 和 GM 之中。正如 1309 条款的题目所言,其内容涉及"设备、系统及安装"。

因此,这些条例并不适用于 B,C 和 D 分部[35]的性能、飞行品质以及结构载荷与强度。但是它们适用于需符合 B, C, D 和 E 分部要求的任何系统。

作为一个典型的例子(出自 FAA 咨询通告 AC 23 - 1309 - 1A),23 部第 1309 条款不适用于 23 部第 201 条款的失速特性,但仍然适用于自动推杆器(防失速装置)的安装以满足后面的条款。

这就是说,如果我们去问一个非专业人员(最好是乘客),飞机关键系统应该具备何种可靠性?答案将是立即的:100%的可靠性。然而这样的可靠性是不可能的。举个例子,n 个并联单元(冗余度)组成的系统,当 n 趋向于无穷大时,才能够获得100%的可靠性!

高冗余度系统将会笨重、昂贵和复杂,由此反而使系统发生不可靠冗余。设计这样一个最低冗余度系统(单个部件的可靠性能得到提升)是较为方便的,即便不能达到 100%,也能够保证可靠性处在一种**可接受的安全性水平**。

可接受的安全水平的定义意味着**可接受的事故率**的定义;这不能定义成抽象的主观愿望,而是要建立在可行性基础之上。

未来的可行性可以通过对以往事故率的分析来预测。因此,在对 1970~1980年这 10 年间的(欧美)商业航空事故率[36]进行考察之后,可以发现灾难性的事故比例略低于 1×10^{-6}飞行小时(推断 20 世纪 90 年代的可能的事故率为 0.3×10^{-6})。从这一事故分析中,可以发现 10%的灾难性事故是由系统失效造成的。所以,由系统导致的灾难性事故率数量级为 1×10^{-7}飞行小时。

如果任意假设一架大型商用航空器发生导致灾难性影响的危险(潜在失效条件)可能有 100 多个,则对于每个系统,可接受的灾难性失效概率小于 10^{-9}飞行小时。

这就是运输飞机"无冗余系统灾难性影响的最大概率"[37]的基本概念。

总的目的,是使某特定型号航空器的整个机队在服役期内事实上从不发生灾难性影响。这就意味着(例如),拥有 100 架特定型号航空器的机队,每架航空器每年飞行 3000 飞行小时,预计 30 年可能会发生一次或多次可能导致灾难性后果的各种故障,这已经接近于"实际不发生"[38]的概念,"实际不发生"是一个接近我们已经考虑的那个"永不"发生的情形。

我们必须记住,有些系统在整个飞行过程中始终工作着,而其他一些系统则只在飞行的某个阶段工作(后者能够占到总数的 80%,例如,起落架系统)。因此,对于这类系统,每飞行小时的失效概率应该以这个概率除以特定型号的航空器所估算的平均飞行持续时间来计算。

4.6.7.1　失效状态

失效状态定义为考虑到相关的不利使用条件或环境条件,一个或多个失效直接和间接导致或促成的对航空器及其乘员的影响。这些失效状态可以根据其严重程度分类如下(AMJ 25.1309):

(1) **轻微的**。这种失效状态不会明显降低飞机的安全性,并且不会超出机组人员的处置能力范围。

(2) **重大的**。这种失效状态将会降低飞机的性能或机组人员处理不利使用条件的能力,例如,安全裕度或使用性能的明显降低,机组人员工作负荷的显著增加或使其工作效率削弱,或使乘员不适,包括可能受伤。

(3) **危险的**。这种失效状态可能会降低飞机的性能或机组人员处理不利使用条件的能力并可能达到如下程度:

① 安全裕度或使用性能的显著降低。

② 机组人员身心高度紧张或工作强度增高,以至于难以正确或圆满地完成任务。

③ 对较少量的乘员造成严重或致命的伤害。

(4) **灾难性的**。这种失效状态将阻碍继续安全飞行与着陆。

失效状态的**严重程度**和发生**可能性**之间存在如下的**倒置关系**[39]:

1	轻微的失效	是	可能的
2	严重的失效	是	极小可能的
3	危险的失效	是	不可能的
4	灾难性的失效	是	极不可能的

以上各种可能性根据不同类型的航空器均有其设定的一个最大值,例如,对于大型航空器来说"极不可能的",概率定为 10^{-9},正如我们已见到那样;"不可能的",概率定为 10^{-7};"极小可能的",概率定为 10^{-5},等等。

摘自 CS - 25 部第 2 册的图 4.4 与表 4.1 说明了上述准则。

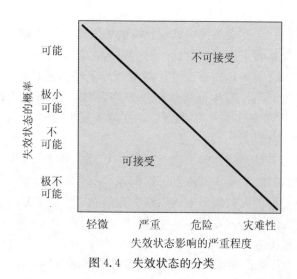

图 4.4　失效状态的分类

表 4.1* 失效状态严重程度与发生概率之间的关系

对飞机的影响	对使用性能和安全性无影响	使用性能和安全裕度轻微减少	使用性能和安全裕度的较大降低	使用性能和安全裕度的大幅下降	一般有机身损失
对乘员的影响（不包括机组人员）	不方便	身体不适	身心高度紧张,包括可能受伤	对少数乘员或机组人员的严重或致命的伤害	多人死亡事故
对机组人员的影响	对机组人员无影响	工作负荷轻微增加	身体不适或工作负荷显著增加	身体高度紧张或过度的工作负荷削弱执行任务的能力	死亡事故或丧失能力
允许的定性概率	无概率要求	<…可能…>	<…极小可能…>	<…不可能…>	极不可能
允许的定量概率:每飞行小时平均概率的数量级	无概率要求	<10^{-3}<•••••••••••>注 1	<10^{-5}<•••••••••>	<10^{-7}<•••••••>	<10^{-9}
失效状态分类	无安全性影响	<…轻微的…>	<…严重的…>	<…危险的…>	灾难性的

注 1:概率数值范围这里只提供一个参考而已。不要求申请人完成定量分析,也不要求通过这样的分析来证实这些数值标准已满足轻微失效状态要求。目前运输类飞机产品只要采用普遍认可的工业惯例,就可以被认为满足这一标准。

* 表 4.1 在原书编成图号(图 4.5),今改。——译注

我们可以通过另外的例子,更好地表达上述图表提及的安全水平。一架航空器可能飞行总时数达 5×10^4 h,一个拥有 200 架航空器(同型号)的大型机队可能累积总飞行时数达 10^7 h。因此,

(1) 在整个机队使用寿命期内,灾难性的失效状态(最坏情况下为 10^{-9})不会出现。

(2) 在整个机队使用寿命期内,危险的失效(最坏情况下为 10^{-7})可能出现一次。

(3) 在单架航空器使用寿命期内,严重失效(最坏情况下为 10^{-5})可能发生一次,而整个机队将出现几次。

(4) 在单架航空器使用寿命期内,轻微的失效可能会发生几次。

对设备、系统和安装的安全评估是飞机设计非常重要(和吸引人)的部分。在设计的最初阶段就开始评估是极为重要的。滞后的评估可能会带来不愉快的意外,导致代价昂贵的设计更改。

正如前面提到的,安全性评估技术是个专业人员考虑的问题。

4.6.8 疲劳强度

为了保持本书提供概括性知识和指导的宗旨,先抛开法规、咨询材料以及供深入研究直接参考用的为数众多的协议,我们能够从总体上看到,适航标准如何应对导致了大量坠机事故(尤其是在过去)的结构疲劳[40]。

适航标准主要考虑两类结构:

(1) **单一载荷路径**结构,即外载荷最终会分布在单一构件上,该构件失效将使结构失去承受外载荷的能力[41]。

(2) **多重载荷路径**结构,这类结构属于冗余结构,当其中个别结构件失效时,外载荷可以安全分布到其他承力构件上[42]。

在第一种情况中,必须保证结构的**安全寿命**,即要求该结构能够承受一定数量的事件,如飞行、着陆或飞行小时数。在此期间,疲劳开裂导致的结构强度低于设计极限的概率应该很小。

第二种情况下,结构必须按照损伤容限准则设计,也就是说,由于疲劳、腐蚀、意外损伤、鸟撞而造成主要结构件失效或部分失效后,不经修理,其剩余强度在规定时间内仍能满足要求[43]。这样的结构被定义为失效安全结构。

对于大型飞机和大型的旋翼航空器,相关适航标准要求它们采用失效安全结构[44],除非是由于在几何结构、检验或良好设计措施方面受到限制而不能实现有效的损伤容限结构。在这些情况下,采用符合安全寿命疲劳评估要求的设计方法。起落架及其附件就是一个典型的不适合用损伤容限设计方法的例子。

《国际飞行》杂志在 2002 年底刊登了美国国家运输安全委员会(NTSB)[45]内部的意见分歧,提出了在失效安全和安全寿命之间做出选择的重要性。问题在于特别可靠的部件是否要求失效安全。

2000 年 1 月一架 MD-83 飞机坠毁,其事故报告给出的结论是:水平安定面被完全卡住,前缘上翘,导致飞机急剧低头,升降舵的控制力无法抵消该低头力矩。经过调查确定,该事故是由于操纵水平安定面俯仰角的螺旋千斤顶缺乏润滑而发生失效而导致。由于螺旋式千斤顶机构是设定和限制水平安定面迎角的唯一部件,它的失效变成了灾难。因此,在 NTSB(美国国家运输安全委员会)一些成员看来,这个机构装置要依据更合理的失效安全标准重新设计。而 NTSB 另外一些成员则认为这个部件是可靠的(改造将涉及 800 多架民用航空器),因为:

(1) 相同的基本机构从 1965 开始就在麦道所有的公司 DC-9,MD-80 和 MD-90 飞机上使用。

(2) 这种事故是在超过一亿飞行小时中的唯一一例。

(3) 这起事故的原因是维修不当(承运人被 FAA 处罚)。

最后,常识获得了胜利,并没有依靠修改该机构装置来解决问题。FAA 发布了适航指令[46](AD 2000-15-15),要求进行检验、检查和试验,以"防止由于水平安定面螺旋千斤顶过度磨损而使其丧失俯仰调整能力,可能会导致飞机可控性降低……"。

该适航指令特别规定,如果螺旋千斤顶的金属零件发生老化、腐蚀、磨损或损坏,需要使用新的或可用的配件进行更换。

"持续适航文件"中的"适航限制"章节必须包括零部件的检查、替换及其他必要的程序,以防止由于结构失效而引起的事故。

对于 JAR/FAR/CS-23 部规定的飞机,可以在安全飞行/失效安全两种基本原则中选择。复合材料机体结构是例外,除了前面已经提到的不能实施的情况,复合材料机体结构必须按照失效安全准则进行设计。

前面关于持续适航的评论也适用于这些航空器。

如同所有旋翼航空器一样,JAR/FAR/CS-27 部的旋翼航空器容易发生特别的疲劳问题,一般采用主要依据限寿件的混合准则(根据事先安排和批准的时间表替换零件)。在"持续适航文件"中一切都必须明确。

对于 JAR/CS-VLA 部的甚轻型飞机和 JAR/CS-22 部的滑翔机,适航标准几乎不包括关于疲劳的资料[47],类似轻型飞机旧的适航标准。其实,当时这些飞机的平均使用时间很少(100~200 飞行小时/年),其疲劳问题并不令人担忧。然而,几年之后,该类飞机在某些活动中频繁使用(例如学校、空中作业、飞机出租),疲劳问题就成为事故原因之一。事故的增多导致 JAR/FAR 23 部中疲劳适航标准被逐步修订。类似的问题也发生在滑翔机上(对甚轻型飞机可能要少些,因为它们"比较年轻"),因此现在滑翔机和甚轻型飞机都需要制造商和适航管理当局进行疲劳评估才能进行合格审定。例如,德国民航局(LBA),很早以前就颁布了滑翔机复合材料机体结构的疲劳评估标准。

关于载荷及载荷谱,给出了用于疲劳评估的如下假设:

(1) **对于旋翼航空器**,一旦失效将导致灾难的飞行结构的任何部分,都应该明确要求进行飞行中测量以验证(或确定)载荷或应力,对被考虑的载荷谱也同样要求。于是这些"关键"结构件的标识至关重要。

(2) **对于大型飞机**,在确定载荷谱时应考虑的主要载荷是飞行载荷(突风和机动载荷)、地面载荷和增压载荷。载荷谱基于来自政府和工业界在载荷历史研究方面的测量统计数据。如果没有足够的合适数据,则根据对该飞机预期使用的保守估计来预测。在评估严重疲劳失效的概率时,要检查设计过程以确定在使用中可能失效的位置。在这种检查中,需要考虑应力分析、静力和疲劳试验、应变计测量和其他相似结构形态试验的结果,以及使用经验。

(3) **对 JAR/FAR/CS‐23 部的飞机**,采用类似于上述的标准。

(4) **对滑翔机或甚轻型飞机**,除了尽量避免出现应力集中区域的一般性设计建议,还需进行疲劳试验,不过出于经济原因,只有确实必要时才进行。如果可能,则参考来自类似结构和使用经验的疲劳测试数据。另一种避免疲劳试验的方法是在设计中,让关键结构的应力水平低于其使用材料的疲劳极限。显然,这需要用静力试验和应变计测量来适当证明。

如果必须进行疲劳测试,相关的技术文献提供了典型载荷谱和载荷重复加载的程序。

除了滑翔机和甚轻型飞机,对结构或单个零件也需要按照适航标准和 ACJ/AC/AMC&GM 中的准则,通过分析和疲劳试验进行疲劳寿命评估。所有分析和试验计划通常都要经过主管当局同意。

大型飞机疲劳试验项目要持续几年,通常不可能在飞机型号合格审定之前完成。因此它在获得型号合格证之前需要至少一年的安全运行证明。此后,为保持型号合格证的有效,必须证实疲劳寿命超过"最老"飞机(原型机)的飞行循环次数/飞行小时数。

4.7　JAR/FAR 21 部

JAR/FAR 21 部各自包含了用于 JAA 和 FAA 合格审定的"航空器及其相关产品和零部件的合格审定程序"。JAR 21 部主要涉及:

(1) 颁发型号合格证及相关合格证更改的程序要求,颁发标准适航证和颁发出口适航批准的程序要求。

(2) 某些零部件和设备的批准程序要求[48]。

(3) 与前述主题相关机构组织的批准程序要求。

(4) 管理前几点规定的任何证书或批准书持有人的规则。

与之类似,FAR 21 部涉及:

(1) 颁发型号合格证及相关合格证更改的程序要求,颁发生产许可证和适航证及出口适航许可的程序要求;

(2) 管理 FAR 21.1 条款(适用范围)(a)(1)段中规定的任何证书持有人的

规则;

(3) 某些材料、零部件、工艺和设备的批准程序要求。

因此,JAR/FAR 21 部是适航标准的上游规则,可以说是用来支配"游戏规则"的。这就为航空器材生产和设计的合格审定确立了主管当局和企业之间的关系。我们将在随后的章节中回到这些问题上来(参见注释 49)。

4.8   EASA 21 部(第一版)

正如我们前面所提到的,这部规章取代了 JAR 21 部,但保留了 JAR 21 部的核心内容。对 JAR 文件的这个更改反映了 EASA 相对于欧盟各国主管当局在法律上的新地位以及按照 JAA 的合格审定经验对规章的全面修订。为了了解这部规章的发展,可以在第一版的 EASA 21 部(2003 年 9 月)和 JAR 21 部修正案 5(2003 年 6 月)之间作一比较[49]。

我们不去尝试对这两个文件进行全面比较,但有必要作一些如下的短评。

4.8.1   型号合格证[50]

EASA 21 部(21A. 184)第 H 分部包含了 JAR 21 部没有的"限用类型号合格证"[51]。

4.8.2   适航证[52]

EASA 21 部第 H 分部(21A. 173)将适航证分为以下几类:

(1) 如果航空器符合依据本部颁发的型号合格证要求,就应该向其颁发适航证。

(2) 限用类适航证颁发给下列航空器:

① 符合依据本部颁发的限用类型号合格证的航空器;

② 已经向局方表明其满足具体合格审定规范,能够保证足够安全性的航空器。

(3) 对于没有满足或尚未表明满足适用合格审定规范的航空器,如果能够在规定条件下进行安全飞行,则可以颁发飞行许可证。

上述(1)中的适航证等效于 JAR 21 部中的标准适航证[53]。

上述(2)中的适航证是随限用类型号合格证而来的,在 JAR 21 部(修正案 5)中没有这种适航证。

上述(3)中的证件具有特殊适航证的特点[54],目前由欧盟各国主管当局颁发,JAR 21 部(修正案 5)没有涉及该类证书。

正如我们在第 8 章将要解释的,特殊适航证(例如现在的 FAR 21 部中所涉及的)是一个相当复杂的问题,欧盟的内部对此还未达成一致。

2006 年,EASA 的 NPA No. 09 - 2006 强调了这个事情,提出了 EASA 21 部的修正案,以便将 EASA 各种用途的飞行许可证(如实验适航证)同 FAR 21 部的特许飞行证以明确区分。

EASA 的 21 部,在 2007 年 3 月 30 日修订后,包括了一个新的 P 分部"飞行许可证"(参见第 8 章)。

4.8.3　环境保护

在 EASA 21 部的 B 分部,包括了关于适用环保要求和合格审定规范的规定。JAR 21 部(修正案 5)没有这些内容。

4.9　航空器适航标准的结构

如果我们回顾一下航空器合格审定的适航标准(JAR/CS‐22,JAR/CS‐VLA,JAR/CS‐VLR,JAR/FAR/CS‐23,‐25,‐27,‐29),我们就会发现具有一个共同的文档结构,有统一整齐的格式。除前言、页码列表等,还有"分部"和"附录"。正如之前所提到的,JAR/CS 也包含咨询材料。每个分部在一个标题下包括几个章节(例如"地面载荷"、"操纵系统"等),有意思的是,在所有上述标准中,涉及相同问题的章节有相同的编号(例如,"重量限制"编号××.25;"材料和工艺"编号××.603 等)。这使得标准之间的转换更容易,并且在需要比较的时候也更方便。

文档结构的细节如下:

(1) **A 分部:总则。**这个分部主要介绍了本标准适用的航空器型号与类别。

(2) **B 分部:飞行。**这个分部主要介绍了为证明性能、操纵性、机动性和稳定性等符合要求而需要进行的飞行试验。需要指出的是,本分部并未完全涵盖合格审定所需的所有飞行试验,其他分部也包含一些必须通过飞行试验验证的要求。

(3) **C 分部:结构。**这个分部包含了飞行及地面载荷评估的要求,以及关于机体、操纵系统、起落架和其他部件的结构设计要求。也提供了适坠性和疲劳要求的相关参数。

(4) **D 分部:设计与构造。**这个分部涉及设计技术、材料、安全系数、操纵系统和起落架设计、需要完成的结构试验、驾驶舱和客舱设计、防火以及颤振要求等等。

(5) **E 分部:动力装置。**这个分部包括了对动力装置的安装和相关系统(如燃油、滑油、排气系统等)的要求。动力装置的控制、附件和防火也在其考虑范围之中。

(6) **G 分部:使用限制和资料。**这个分部规定了为航空器的正确运行而必须可供驾驶员和其他人员使用的全部信息的要求,包括从标识、标牌到飞行手册内容。

(7) **附录。**这部分包含了各种情况,涉及诸如简化设计载荷准则、对材料易燃性评估的试验程序、持续适航文件和其他的信息。

注:

① **航空器类别:**术语"类别"当用于航空器合格审定时,是指基于航空器预期的使用或运行限制的一种编组,如,正常、实用、特技或初级类。

② **航空器级别:**术语"级别"当用于航空器合格审定时,是指在推进、飞行或着陆特征方面具有相似特性的航空器的一个广泛分组,即飞机、旋翼机、滑翔机或气球。

4.10　航空器适航标准的适用范围

正如上面所提到的,航空器适航标准 A 分部定义了具体航空器的类型和类别。我们将对此给予更为详细的讨论。

4.10.1　JAR/CS‐22:滑翔机和动力滑翔机

(1) 滑翔机的最大重量不超过 750 kg。

(2) 要求单发(火花或压缩点火方式)动力滑翔机的设计参数 W/b^2,即重量与翼展平方之比,不超过 3(W 的单位为 kg,b 的单位为 m),最大重量不超过 850 kg。

无动力滑翔机和有动力滑翔机乘员的数量最大不能超过 2 人。

术语"动力滑翔机"包括了那些不能满足 22.65 条规定的最小爬升率的滑翔机和不能满足 22.51 条规定的最大起飞距离的滑翔机,以及因不满足爬升率及起飞距离要求,而被禁止单纯依靠自身动力起飞的滑翔机(因此它们要像滑翔机那样起飞)。这些滑翔机被看作是"自带动力滑翔机",附录 I 中增加了适用于该类飞机的适航要求。

JAR/CS‐22 部中的 H 分部和 J 分部对安装于动力滑翔机上的发动机和螺旋桨规定了标准(当然可以安装根据 JAR 的 E 分部和 P 分部经合格审定的发动机和螺旋桨)。

注:JAR/CS‐22 部中所指的"滑翔机"包括滑翔机和动力滑翔机。JAR 22 部中对于仅适用于动力滑翔机的要求在页边的空白处均注释有字母 P。

滑翔机分类如下:

(1) **实用类**:该类滑翔机用来进行正常的高空翱翔和在型号合格审定期间如需演示而进行的一些特技飞行(在要求中列出)。

(2) **特技类**:特技类滑翔机还可以做比实用类滑翔机更多的特技动作。允许的特技飞行必须在型号合格审定期间确定。

注:动力滑翔机被认为是"有辅助发动机的滑翔机"。这就是为何适航要求对动力滑翔机在动力装置方面的规定相对来说要松一些。此外,与飞机不同,动力滑翔机允许在发动机停车状态下进行飞行(如果可能的话还可以收起发动机),就像无动力滑翔机那样飞行。飞行试验必须在有动力和无动力两种情况下进行,并且如果动力装置可收放,则还要在收起状态下进行试验。

为解释 W/b^2 这个看起来比较怪的参数,我们可以认为,定义这个参数的原因是:当动力滑翔机的首个适航标准出现的时候,一些制造商就想到了生产"伪装"成动力滑翔机的飞机的可能性,其意图在于满足当时比较宽松的动力滑翔机适航要求。显然,对于一架 850 kg 的动力滑翔机,公式 W/b^2 不大于 3 决定了最小翼展为16.8 米,这就使得航空器的外观更像一架滑翔机而不像飞机。

4.10.2　JAR/CS‐VLA:甚轻型飞机

该部包含了不超过两个座位的单发(火花或压缩点火方式)、最大起飞重量不超过 750 kg、着陆状态时失速速度不超过 45 kn(校正空速,CAS)的飞机。只能被批准用于白天目视飞行的规则条件。

注:JAR - VLA 是作为 FAR 23 部的简化版而颁布的(JAR 没有 23 部)。遗憾的是,当其他要求被相关研究小组不停更新的时候,JAR - VLA 从发布之日起就几乎未发生变化。这就是为什么一些偏差和过时的概念依然存在的原因(比如适坠性问题方面)。增加最大起飞重量也将是合理的,因为某种程度上,750 kg 是不够的,特别是在复合材料机体情况下(为避免使用昂贵的碳纤维时)。

美国已采纳了这些要求(见本章注释 6),按照 AC 23 - 11 的附加要求,对 VLA 进行夜间飞行和仪表飞行的合格审定是可能的。在欧洲,这种可能性尚未被批准。

4.10.3　JAR/FAR/CS‑23:正常类、实用类、特技类和通勤类飞机

(1) 正常类、实用类、特技类飞机的座位布局,除了驾驶员座位,乘员座位数不大于 9 座,最大合格审定起飞重量不超过 5 670 kg(12 500 lb)。

(2) 通勤类中的双发螺旋桨飞机的座位布局,除了驾驶员座位,乘员座位数不大于 19 个,最大合格审定起飞重量不超过 8 618 kg(19 000 lb)。

飞机分类如下:

(1) **正常类**:正常类只限于非特技飞行。非特技飞行包括:失速(除了尾冲失速)和一些倾角不超过 60°的简单机动(在要求中列出)。

(2) **实用类**:实用类只限于正常类的运行、尾旋(如果被批准用于特定型号飞机)以及倾角在 60°~90°之间的一些机动(在要求中列出)。

(3) **特技类**:特技类除了表明作为要求的飞行试验结果的那些必要限制之外,没有其他限制。

(4) **通勤类**:通勤类仅限于进行正常的飞行及失速(尾冲失速除外)和倾角小于 60°的转弯。

注:从历史上看,较小的 FAR 23 部飞机是典型的简单和低速飞机,而较大的 FAR 23 部飞机则是较为复杂和高速的飞机。因此,现有基于**重量和发动机类型**标准的方法是有效的。

虽然用现有方法已经持续几十年生产出了安全的飞机,但是技术的进步已经改变了 FAR 23 部的原有假设。新的小型涡轮发动机、复合材料机体和轻量化数字电子设备,使 FAR 23 部飞机能够拥有传统上较大的 FAR 25 部飞机所具备的运行能力和性能。

为应对日益提高的性能和复杂性,FAR 23 部标准的发展已经远远超出它们原有意图。

遗憾的是,当 FAR 23 部标准倾向于更复杂的飞机时,已经使低速、简单的 FAR 23部飞机蒙受了损失。

虽然并非不可能,但对一架简单的双座飞机进行合格审定也是麻烦和昂贵的。与此同时,FAR 23 部没有完全专注于非常复杂的高性能涡轮发动机飞机。

今天,合格审定当局为处理复杂高性能涡轮飞机的合格审定要求而采用专用条件。

这类评论已经引发 FAA 对此进行严肃思考,通过专门的、高素质的团队所组成的机构,对 FAR 23 部的未来变更作出建议。

FAA 最近已经公布"**23 部——小型飞机合格审定程序研究**"(对未来 20 年通用航空的建议)。

团队的首个建议是根据**飞机性能和复杂性**来改编 FAR 23 部,而不是根据现在的重量与推进装置分类。

该研究建议如下:

- **23 部 A 类**:低复杂性,低性能;
- **23 部 B 类**:中等复杂性,中等性能;
- **23 部 C 类**:高复杂性,高性能。

FAA 的文件给出了这些分类的大量细节。

这项研究并不局限于合格审定标准。研究团队的成员们审查了影响通用航空的其他领域,如飞行员训练、运行和维修。该研究提供了各种短期和长期建议。

4.10.4　JAR/CS‑25:大型飞机 & FAR 25:运输类飞机

这些包括:

- 大型涡轮动力飞机(JAA/EASA);
- 运输类飞机(FAA)。

注:没有针对重量、发动机数量和乘员数量的限制。

规定了与飞机的运行条件(如停机坪、地面或水面滑行、起飞、航线飞行和着陆)、环境条件(如高度和温度)、装载条件(如零燃油重量、重心位置和重量分布)等相应的飞机最大重量,以免超过下列限制:

(1) 申请人为特殊情况所选择的最大重量;

(2) 表明符合每个适用结构载荷和飞行要求的最大重量;

(3) 表明符合 FAR 36 部合格审定要求的最大重量。

JAR 25 只考虑涡轮动力飞机。事实上,已经有许多年没有设计采用活塞式发动机的大型飞机了。作为在 JAR 25 之前颁布的源头旧标准,FAR 25 并没有这个限制。实际上,以活塞式发动机为动力的运输飞机仍然在世界某些地方飞行,其型号合格证仍然有效。

4.10.5　JAR/CS‑27:小型旋翼航空器 & FAR 27:正常类旋翼航空器

最大重量不大于 3 175 kg(7 000 lb),并且乘客座位数不大于 9 的旋翼航空器。

如果满足附录 C 中引用的要求,多发旋翼航空器可按 A 类进行型号合格审定。

注:A 类的定义,见 JAR/FAR/CS‑29 的相关注释。

4.10.6　JAR/CS‐29:大型旋翼航空器&FAR 29:运输类旋翼航空器

旋翼航空器类型如下:

(1) 旋翼航空器必须按照 JAR/FAR/CS‐29 的 A 类或 B 类要求进行合格审定。多发旋翼机可以同时按 A 类和 B 类取证,同时满足两类的适用的多种运行限制。

(2) 最大重量大于 9072 kg(20000 lb),并且乘客座位数大于或等于 10 的旋翼航空器必须按 A 类旋翼航空器进行型号合格审定。

(3) 最大重量大于 9072 kg(20000 lb),并且乘客座位数小于或等于 9 的旋翼航空器,如果满足 JAR/FAR/CS‐29 的 C, D, E, F 分部中的 A 类要求,则可按 B 类旋翼航空器进行合格审定。

(4) 最大重量小于 9072 kg(20000 lb),但是乘客座位数大于或等于 10 的旋翼航空器,如果满足 JAR/FAR/CS‐29.67(a)(2), 29.87, 29.1517 和 JAR/FAR/CS‐29 的 C, D, E, F 分部中的 A 类要求,可按照 B 类旋翼航空器进行合格审定。

(5) 最大重量小于 9072 kg(20000 lb),并且乘客座位数小于等于 9 的旋翼航空器可以按 B 类旋翼航空器进行型号合格审定。

注:A 类表示具有 JAR/CS‐27/JAR/CS‐29 规定的发动机和系统隔离特征的多发旋翼航空器,并能够利用基于关键发动机失效概念而预定的起降数据运行,确保有足够的指定地面区域和足够的性能能力,在一台发动机失效状态下,继续安全飞行或安全中断起飞。

B 类表示单发或不满足 A 类标准的多发旋翼航空器。B 类旋翼航空器不能保证在一台发动机失效的情况下能继续安全飞行,只能进行非计划着陆。

4.10.7　FAR 31:载人自由气球

(1) 充气气球通过充入轻于空气的气体获得升力;

(2) 热气球通过受热的空气获得升力。

注:气球没有重量和乘员数的限制。其合格审定最大重量就是符合 FAR 31 部适用要求所规定的最高重量。

4.10.8　JAR/CS‐VLR:甚轻型旋翼航空器

单发(火花或压缩点火)甚轻型旋翼航空器,座位数不大于两个,最大合格审定起飞重量不大于 600 kg。只批准航空此类旋翼航空器按白天目视飞行规则运行。

注:为使当时受意大利有关法律限制、最大重量不超过 450 kg 的超轻型直升机可以进行合格审定,意大利 RAI‐ENAC 于 20 世纪 90 年代颁布了适用于这类旋翼航空器的一个标准(获批于 1996 年 4 月 22 日)。这个最大重量考虑得并不充分,而且,当时这些超轻型旋翼航空器也没有合格审定标准。

RAI‐VLR(这是该标准的标题)作为 JAR‐27 的简化形式颁布,就像 JAR‐VLA 作为 FAR‐23 的简化版颁布那样。RAI‐VLR 现在是一项国家标准,可以进行型号合格审定和颁发标准适航证[55]。然而 RAI 受塞浦路斯协定的限制,意大利设立了一个初级航空器类别,需要特殊的合格审定。

然后,此标准被"提供"给了 JAA,JAA 成立了一个研究小组来评估该文件并确定了最终版本,颁布了 JAR‐VLR。

JAR‐VLR 颁布于 2003 年 9 月,后来被 EASA 采用,成为 CS‐VLR。

4.11　无人机适航标准

这些航空器在国际上被称为无人机(Unmanned Aerial Vehicles,UAV 或 Uninhabited Aerial Vehicles,UAV),也被称为遥控飞行器(Remotely Piloted Vehicles,RPV)和遥控航空器(Remotely Operated Aircraft,ROA)。

近来,已经就采用术语"无人机系统"(Unmanned Aircraft Systems,UAS)[56]达成共识。因此,这一术语现已成为被国际上接受的官方术语。

UAS 被世界各国的武装力量用于战时军事行动已经超过 60 年,过去主要用于战场观察,近来更主要用作战时的一种进攻手段。我们因此可以认为,UAS 已经达到了技术上的成熟,并且将会发展成任何其他种类的航空器。但是,直到目前,UAS 任务只限于战场以及对民机运行开放区之外的限制飞行区域。

今天,已认识到这种机器的巨大潜力。全球工业界要求得到在民用商业航空领域使用它们的机会。这个可能性也是国防工业感兴趣的,因为它们能够达到更好的使用灵活性,例如,转航班情形。

我们已经提到了 UAS 的民用潜力。我们现在考虑这些应用将会是什么样的应用。

作为第一个例子,成千上万的旋翼 UAS 在日本被用于农业用途(向作物喷洒杀虫剂和肥料)。这些机械都在日本制造,能够携带 25～150 kg 的有效载荷。

已初步划定了一些分类。下面列出了 UAS 众多可能应用中的一些例子:

- 林业服务——火灾控制和其他种类的监视;
- 国家气象服务——大气取样、气象学,等等;
- 农业和野生动植物——农业监控、河流以及河口调查、非法排污处理调查、作物喷药、地图测绘、捕捞执法,等等;
- 电力管理——核设施监控、输电线检查,等等;
- 邮政服务——偏远地区的加急包裹递送;
- 海岸警卫队——反毒品监察、非法入境检查、非法捕捞控制、搜救任务,等等;
- 民用航空——用于航空器合格审定的噪声测量;
- 电信——用作电信中继(替代卫星)、本地电视覆盖等。

从这些例子可以清楚地看到,在许多情况下,UAS 用于干"脏活",即危险任务或对机组人员来说时间太长或太单调的任务。

UAS 能够被合法地定义为航空器吗? 答案已经由 ICAO EURNAT 办公处给

出。UAS 是按照 ICAO 的附件 2 定义的航空器。而且芝加哥协定的条款 8 声明如下：

> 任何无人驾驶而能飞行的航空器，未经一缔约国特许并遵照此项特许的条件，不得无人驾驶而在该国领土上空飞行。缔约各国承允对此项无人驾驶的航空器在向民用航空器开放地区内的飞行加以管制，以免危及民用航空器。

因此，现在真正的难题是要开发将 UAS 安全整合到一般空中交通的概念。于是有必要制订与现有空中交通管制规则相一致的规则。

像"有人"驾驶航空器一样，可容易地将上述规则相关的问题分成三个基本部分：

（1）人员执照；

（2）空中交通管理（ATM）；

（3）适航性。

因此，我们回到在第 1 章中讨论的主要安全因素：人、环境和机器。

关于以上主题的研究和讨论已经进行了好多年。在欧洲，有一些研究机构和协会处理这些问题。其中之一是欧洲 UVS 国际（European UVS International），其前身是 EURO UVS，相当于美国的国际无人飞行器系统协会（Association for Unmanned Vehicle System International，AUVSI）。EUROCONTROL 也为这个论坛作出了巨大贡献，尤其在空中交通管理事务方面，而其他的这方面行动则遍布全球。

4.11.1　适航标准

我们不应该被这个标题所误导：本文撰写时（2010 年 6 月），还没有 UAS 的官方适航标准。

在 20 世纪 90 年代，根据本国工业界的要求，意大利 RAI - ENAC 颁布了一个 UAV 适航标准的草案。这个文件在 1999 年 6 月 EURO UVS 年会上发表，引起了对这个问题的广泛讨论。这确实是第一次尝试确定民用 UAS 的若干适航标准。为了避免所有的标准都重新建立，采用 JAR - VLA 标准作为基本标准，将固定翼 UAS 的最大起飞重量调整到 750 kg。

有人可能认为，为了将有人驾驶航空器标准改为 UAS 标准，删除全部与乘员相关的要求，例如驾驶舱和客舱要求便可。但是，情况并不如此简单，因为如果这样做，则我们在前面章节中所讨论的适航的基本原则便没有得到充分利用。

因此，在试图将它们转变为新的标准前，需要专门为 UAS 确立新的基本原则。

在第 2 章开头给出的适航定义，完全适用于 UAS（对这些机器也应该有要求和所允许的限制），假如我们阐明了"安全状况"的含意。换句话说，是什么构成了 UAS 的安全性？这是需要讨论和验证的话题。因为 UAS 属于航空器，因此任何对

UAS 的要求应尽可能与 ICAO 附件 8 前言中所述的相符:"国际适航标准的目的在于定义供主管国家当局使用,用于确定进入或飞经其领土的它国航空器飞行所需适航证的、各国按照公约第 33 条款公认为国际基准的**适航最低水平,从而实现,尤其是对其他航空器、第三者和财产的保护。**"

如果我们细想各种适航标准,可以很清楚地理解他们编写时想到的是对乘员的保护。为了遵守这个标准同样要考虑对地面上的人员和财产的保护。对某些种类的航空器(特技飞机、滑翔机和动力滑翔机)来说,一些紧急情况下甚至可以考虑弃机。(一些情况下,飞行员的存在可以避免或减少地面上的破坏,但是这并不能得到保证,正如各种事故报告所显示的那样。)

另一方面,当考虑到空中事故时,正确地确定如何避免地面上的破坏总是困难的。解决这个问题的最合理的方法就是努力避免事故的发生。

从上面的考虑中,我们可以合乎逻辑地设想,我们需要从完全不同的角度,对按定义没有乘员的 UAS 标准进行研究。

如果我们从通用的、但是基本的保护人员的安全原则出发,我们可以规定,UAS 标准的目的应该是避免在 UAS 活动范围内对人员(和财产)造成的任何伤害。这意味着只有一件事:**避免飞行中碰撞和不受控撞地。**

这个可以通过应用我们已经在本章提到的系统安全评估,以及飞行、结构强度等的标准来实现。可以从当前的有人航空器标准中获得。这也导致了一个额外的在 UAS 和有人航空器上同样适用的参数:**任务效能**。对此可以根据近一个世纪的经验,吸收现行的标准和可能适用于 UAS 的一切来获得。

在 UAS 安全评估方面,很明显,UAS **失效状态的严重性**和有人航空器是非常不同的。

例如,对有人航空器,**灾难性的失效状态**是可能妨碍继续安全飞行和着陆的失效状态。对 UAV 而言,如果该航空器有"飞行终止系统(FTS)"(例如使用降落伞)能够将机器带回地面,那么这个情况未必完全是灾难性的。相反,FTS 失效却可以变成灾难性的,这里有众多的案例支持这一观点。

这仅仅是一个例子,因为不能肯定如此描述的 FTS 在未来的要求中是否将被认为是可接受的。

当前用于少数有人航空器或超轻型航空器的降落伞回收,通常只是从"无危害"[57]角度而言,才被认为是可接受的。因此,为确保"继续安全飞行和着陆"而设计航空系统的要求,并不能应对 FAR/JAR/CS 的××.1309 条款。

于是有可能,当带有降落伞的 FTS 仅被甚轻型 UAS(LUAS)接受时(也出于经济原因),其他更复杂的 UAS 将要求采用更为复杂的、可为正常着陆提供自动飞行导引的 FTS。

我们可以推断,重新制订源于××.1309 条款的标准必须解决对失效状态严重性和发生概率的判定。但是就 CS - VLA 而言,例如,我们看到 1309 条款只有少量的适用要求[58]。因此,针对基于 CS - VLA 的 UAS 标准,我们不得不提供一些不同内容。

此外,防撞系统或类似装置的安装应该是强制性的。当然 VLA 上并没有安装。

避免飞行中碰撞的风险(即目前所谓的**感觉和规避**)是亟待解决的将 UAS 集成到民用(非隔离)空域最具挑战性的问题之一。

UAS 标准的另一个特殊性是它应该和航空器基站(AVS)(即地面导引站)的要求相结合,这些要求必须被视为飞行资料的组成部分并应当与其一致。

作为结论,我们根据迄今为止的分析可以证明,为了制定 UAS 适航标准,必须克服许多困难。这些困难不仅和 UAS 技术有关(这些技术已经存在并且仍在发展),而且也关系到相关适航理念的建立,关系到针对不同 UAS 类别和使用类型(也需定义)将它们正确转换成颁布的标准。

4.11.1.1　适航标准的基本准则

在上一节中我们已提到,UAS 标准可以从现有载人航空器的合适标准中发展产生。

正如我们将在第 8 章(第 8.6 节)中见到的,航空器的型号合格证可以根据其拟进行的运行种类独立地获得。

实际上,基本适航标准,如 FAR/JAR/CS 23, 25, 27 等,并不直接与航空器飞行的用途关联。这意味着航空器必须满足特殊运营类型要求的额外适航要求。

这就是通常在民用航空器上所发生的情况。

很多时候军用航空器所采用的另一种原则是,为每种已经用不同准则确定了特征、性能、任务类型等的特定类型航空器,制订适航审定基础。

考虑到它们有相同的具体飞行安全(SOF)系统要求,美国军用手册 MIL - HDBK - 516B 为所有载人和无人航空器规定了相同的适航性合格审定准则。

因此,为确保建立安全运行和维修设计的最低水平,这些类型的系统有一些具体的准则。

对于 UAS,文件唯一确定的是,鉴于这是一个无人系统,涉及机组人员损失的飞行安全风险可能不适用。当然,对载人航空器,必须考虑涉及人员的飞行安全风险以及设备、财产的损失和(或)环境的破坏。

不管怎样,所有这些都可以被采用。民用航空器必须满足规定的精确标准(虽然必要时采用专用条件),而对于军用航空器,为满足特殊类型的军事任务,可以参考 FAR,也可以参考许多其他的军用规范,定制合格审定基础,即如之前所提到的那样。

这个**"安全性目标方法"**,正如它通常定义的那样,能够用于军用航空器。国家既是这类航空器的用户,又要为型号相对有限的这类航空器的安全性负责。

没有合理的、国际承认的适航基础,这样的一种方法对民用航空器显然是不可行的。对民用航空器必须制订不同的适航标准,即使是对运行种类不同的相同类型航空器。此外,这些标准由于不符合 ICAO 附件 8 而终结。

总之,利用类似于载人航空器所用的"常规方法"原则来构建民用 UAS 适航标准,这个主张是合乎逻辑的。

当然,如果这些标准源于现有标准,那么为了与不同类别和级别的载人航空器进行对比,首先必须为 UAS 的分级建立适用的准则。

合格审定的常规方法准则与安全性目标方法准则之间的对比,已在 EASA 的 A-NPA 16-2005[30]中进行了讨论。这个 A-NPA 根据的是作为该文件附录的 JAA/EUROCONTROL 联合 UAV 特别工作组报告。

该 A-NPA 作为制订 UAS 合格审定政策的第一步,能够真正地被看作在正确方向上迈出的一步。

在不同的议题中,诸如 UAS 分级、设计单位批准、环境、安全性分析、适航证等等,"探测和规避"问题被认为是一个由负责空中航行服务的管理局规定的运行问题。对此问题,A-NPA 确定了重要原则。因此,在这些原则基础上,应能够形成那些用作相关设备合格审定运行规则的附加要求。

因此,如果不考虑探测和规避——进入非隔离空域通常被认为是不可饶恕的,那么适航性合格审定将仅包含物理上的,或通过与空中交通主管部门的合适协议在隔离空域的运行限制。

实际上,有关防撞用途的探测和规避是最难以解决的问题。导致此事困难的根本问题在于(恰当)声明 UAS 飞行中碰撞的风险不应高于相应载人航空器飞行中碰撞的风险。因此,规章标准必须不低于当前用于可比照载人航空器的要求。

此外,ATC 必须不陷入对 UAS 或载人航空器采用不同规则的状态。

对这些限制的技术实现是一件需要用 10~15 年时间来判定的事情。也因为这个原因,A-NPA 倾向于制订一套"基本"适航规章。就像载人航空器一样,这种定位是正确的选择。

许多适航管理当局已经基于逐案合格审定的准则,为 UAS 的特殊用途颁发了特殊适航证。然而,UAS 应用的发展,犹如载人航空器而言,要求一套可能需要在国际层面协调的基本适航规章。

再回来看 EASA 的 A-NPA,相关评论反馈文件(CRD-16-2005)已于 2007 年 12 月出版。EASA 收到了来自各管理当局、单位和个人的许多评论。这些评论表明了各方对 A-NPA 中主要选项的高度认同。

因此,2009 年 8 月,EASA 颁布了《政策声明:无人机系统适航性合格审定》。

该政策代表了在制订复杂民用 UAS 规章方面的第一步,它被认为是一个临时解决方案,帮助 UAS 合格审定程序的认可和标准化。在具备了更多的经验后,它将在适当时候由 EASA 21 部的 AMC 和 GM 取代。

这一政策的总体目标是,在支持 EASA 建立与保持欧洲一致的、高水平的民用航空安全这一主要目标的前提下,推动接受 UAS 的民用适航申请。

由于这种航空器上没有人员,因此其**适航目标**主要定位于对地面人员和财产的保护。与相应类别的有人航空器相比,民用 UAS 不应增加地面人员或财产的风险。

依赖于 ATC/ATM 分隔程序和规定的"探测和规避"准则的其他空域用户,对他们的保护已经超出适航范畴。但是,仍存在验证所设计设备及无人航空器性能是否能满足这类准则的适航职能。

在适用的情况下,UAS 必须遵守基本规章第 6 条规定的环境保护基本要求。

如下所列是其目录:

1. 引言
2. UAS 定义
3. 政策范围
4. 政策目标
5. UAS 型号合格审定程序
6. 符合 21 部 B 分部的具体指南
7. 关于专用条件的指南
   7.1 应急回收能力
   7.2 命令和控制链路
   7.3 自主性水平
   7.4 人机界面
   7.5 控制站
   7.6 运营类型相关原因
   7.7 系统安全性评估
8. 其他事项
   8.1 适航证
   8.2 噪声合格证
   8.3 飞行许可证
   8.4 持续适航
   8.5 "探测和规避"
   8.6 安保
附录 1:选择适用适航规则的方法
附录 2:定制选定适航规则的方法

4.11.2 技术发展现状

在回顾 UAS 适航标准的一开始,已经说明了"本文撰写时(2010 年 6 月),还没有 UAS 的官方适航标准"。

当2002年底撰写《适航》(*Aeronavigabilità*)一文时,强调了:

在任何情况下,只有当FAA和JAA(以及后来的EASA)这样的适航管理当局面临这些需要决定的问题时,我们才需讨论这些要求。

那么,为什么现在提出这些问题呢?

答案是,即使没有获得共同的、被批准的规则,但在过去的八年里做了大量的工作。

最近几年,不仅仅是前面提及的相关主管当局,还有大量的政府部门、军事当局、国际组织和利益相关团体都已经在这个UAS新领域开展工作。

UVS国际出版的《2008/2009和2009/2010全球展望》介绍了全球UAS的总体现状。

由于受本书的局限,无法对这种形势给予详尽总结。为了对当前这些主要工作能有个总体了解,这里仅提供部分资料。

在欧洲:

● **EASA** 已经和ICAO, FAA, EVROCONTROL, EVROCAE[59], NATO, 欧洲防务局等建立了联系,以在有关UAS的行动方面开展合作。EASA总干事, Patrick Goudou, 已经宣布EASA对UAS有兴趣,表达了合作制订UAS规章综合框架的意愿。我们已经强调了EASA A-NPA 16-2005及随后的《政策声明:无人航空器系统适航性合格审定》的重要性。

● **EUROCONTROL**, 从一开始便引领了欧洲空域内有关UAS的空中交通管理工作。2002年作为JAA和EUROCONTROL合作的第一步,成立了一个UAV工作队。2004年5月,为制订民用UAV规章,他们公布了一个名为"欧洲民用无人航空器规章设想"的最终报告,报告涉及安全性、安保、适航(含持续适航)、运行批准、维修和执照颁发方面的内容。为UAS加入非隔离空域的整合进程, EUROCONTROL并不是孤立地开展工作,而是与各成员国以及国际的民用与军事机构一起,合作开展这方面的工作。EUROCONTROL的使命是统一协调欧洲的空中航行服务,为民用和军事用户创建统一的、符合要求的空中交通管理体系。为此,2008年,EASA为UAS空中交通管理整合工作方面的协作,产生了"EUROCONTROL UAS空中交通管理整合行动"。

● **EUROCAE** (欧洲民用航空设备组织)[59] 与诸如ICAO, EASA, EVROCONTROL, 欧洲国家管理局, FAA, 航空无线电技术委员会(RTCA), 主要的航空工业和其他组织合作,研究机载和地面系统。在EUROCONTROL, NATO和JAA的早期工作之后, 2006年4月, EUROCAE创办WG-73。

与欧洲UAS专家组类似, WG-73将和EASA一起工作,在适航准则和专用条件的制订方面,补充EASA A-NPA-16的《无人航空器合格审定政策》。WG-73

与其他团体合作,主要目的是为 UAS 在非隔离空域的运行,提出标准和指南。WG-73 被认为是在补充的适航标准和(或)专用条件方面协助 EASA 的欧洲 UAS 专家组。

● **ASTRAEA**[60]代表机载评估与鉴定的自主系统技术。这个计划试图研究、发展和验证必要的技术、系统、设施和程序,以促进和实现 UAS 的安全、常规和无限制使用。ASTRAEA 计划分为一系列项目,由各个私营部门的合作伙伴管理。项目对应三个不同专题。

(1) 规章框架。ASTRAEA 被专门设计用来考察有人和无人环境的差异。通常,这个差异在两种确定的潮流中存在:技术和运行。当应用于无人飞行时,为顾及这个差异,规章项目基本上着眼于:什么可能是现有规章的一个可以被接受的解释。

(2) 技术。ASTRAEA 正在发展的技术将妥善解决诸如地面运行和人机交互、通信和空中交通管制、UAS 操作、航线选择、防撞等等问题。

(3) 演示。这是该计划的关键部分。针对各单项技术和集成系统的实验和演示正在进行。在第一阶段,允许 UAS 在空域内安全运行的技术系统、流程和设施已经仔细检查过。第一阶段之后的 ASTRAEA,现在正准备转入第二阶段。该阶段的目标是考察 2012 年实施 UAS 在非隔离空域内商业运行的可行性。

● **民用航空局(CAA)**。2008 年 4 月,CAA 已经出版了 CAP 722"英国空域无人机系统(UAS)运行指南"的第三版(2009 年 4 月 14 日修订)。

指南意在帮助那些参与 UAS 研制的团体确定合格审定路线,并确保所有 UAS 运行人满足要求的标准和做法。

总之,这个文件的目的是突出必须满足的安全性要求。这些安全性要求在英国 UAS 允许运行之前,用适航和运行标准的形式满足。目前当超出目视控制范围时,UAS 的飞行被限制在隔离空域内,而最终目标是制订一个规章框架,用于在整个英国空域内实现 UAS 活动与载人航空器运行的完全整合。

CAP 722 显然适用于英国境内的 UAS 运行。然而,在形成新的国际 UAS 要求时,可以讨论和考虑这个文件所包括的标准。

欧洲之外:

● **ICAO**。2006 年 5 月 ICAO 在蒙特利尔举行了关于 UAV 的首次探索性会议。会议目的在于确定 ICAO 在 UAV 规章制订工作上的潜在作用。此次会议之后,ICAO 又和 EUROCAE 举行了一次会议。在 2007 年 1 月还有一次 ICAO 的非正式会议。这些会议最终使 ICAO 决定成立一个 ICAO 的 UAS 研究组。

这个 UAS 研究组(UASSG)的作用是帮助 ICAO 秘书处在规章研究方面制订一个框架,在 ICAO 内部,指导"标准和推荐做法"的编制过程,以及支持在非隔离空域和机场方面对 UAS 的安全、可靠和高效的整合。

有 16 个缔约国和 8 个国际组织已经为这个研究组提名了专家。

我们必须记住，ICAO 通过协调全世界所有民用航空的程序和术语，扮演着国际角色。主要的任务是颁布 UAS 的规则，就如同对待其他航空器那样。

至于优先次序，首要的事情之一是确定可以普遍有效的术语，以此作为载人航空器现有术语的修订版。一个术语的优先清单已经被 UASSG 确定，并将对其进行扩充。

另一个非常重要的任务是对民航公约 18 个附件进行修订，以便能对 UAS 适用。实际解决方案应该避免对 UAS 商业用途的过度限制。

UASSG 将发行"ICAO 无人机系统通告"。该通告在 2010 年年初供使用，它包括了丰富的背景资料，可用于有意愿制定规章框架的国家。

● **FAA**。为处理日益增长的民用市场和满足民用运营商能够像运行其他航空器那样使用 UAS 的期望，FAA 正在制订新的政策、程序和批准流程。在首都华盛顿的 FAA 总部，一个来自 FAA 各部门的专家小组正在就指南开展工作。FAA 将逐步提升 UAS 的空域准入级别，而不是在初始阶段就加以过分限制。

发展和实现这一新的 UAS 指南需要长期努力。在目前，它仍是一个"进行中的工作"。

眼下 FAA 正在审查来自若干制造商的合格审定请求。FAA 已经连续颁布了许多"实验"类适航证，用于研究和开发、制造商机组培训或 UAS 市场调查[61]。

2008 年 4 月，FAA 成立了航空立法委员会（Aviation Rulemaking Committee，ARC），为允许小型 UAS（sUAS）在国家空域系统（National Airspace System，NAS）内的运行提供建议。一年后，就最大重量为 25 kg 的不同类别的小型 UAS，小型 UAS 航空立法委员会向 FAA 提出了一套详尽的建议。如果这些建议被采纳，则满足重量限制的小型 UAS 将能够依照 FAA 的规范，在美国境内运行。

因为小型 UAS 具有许多方面的应用，所以小型 UAS 航空立法委员会的杰出工作被认为向前迈出了很好的一步。

● **RTCA**。航空无线电技术委员会（RTCA）是一个私营的非盈利协会，为通信、导航、监测和空中交通管理系统等方面的问题，提出基于共识的建议。RTCA 行使联邦咨询委员会（Federal Advisory Committee）的职责。它的建议被 FAA 作为其政策、计划和管理决策的基础，也被私营部门作为其研发、投资和其他商业决策的依据。

许多联邦机构和商业运营人，当前正运营或正谋求在国家空域系统中运行 UAS 的授权。2004 年成立的 RTCA 的特别委员会 SC-203，旨在提出推荐的、在 NAS 内安全整合 UAS 所需的 UAS 航空系统最低性能标准（Minimum Aviation System Performance Standards，MASPS）。特别委员会 SC-203 的职权范围包括：① UAS 系统级的 MASPS；② UAS 控制和通信的 MASPS；③ UAS 探测和规避的 MASPS。

为发布最初的指南文件和定性意见，2007 年 3 月出版了文件"无人机系统的指导材料和意见"。

自 2009 年 2 月起,特别委员会 SC - 203 和 EUROCAE 的工作组 WG - 73 合作,开展了 UAS 初步安全性评估的试点项目。

● **民用航空安全局(CASA)**。澳大利亚的这个管理当局,为了将所有管理无人驾驶航空活动的法规并入一个立法机构,颁布了民用航空安全规章的 101 部。这部规章规定了无人驾驶航空器(包括航空模型)的运行要求。这些法规要求,运行发射质量大于 150 kg 的大型 UAV,必须持有颁发的实验适航证或限用类适航证。

2006 年 6 月的 AC 21 - 43(0)"大型无人驾驶航空器(UAV)的实验适航证"为寻求大型 UAV 实验适航证的申请人提供了指南。这里所说的大型 UAV 是指发射重量不低于 150 kg 的飞机。根据这个在空域内整合 UAS 倡议的总结性清单,我们能够断定,虽然距离做到 UAS 在非隔离空域的全面融合还十分遥远,但是大量 UAS 从事民用运行已是事实,即便是在管理当局试图逐案解决的全部限制条件下。尽管在非隔离空域内的融合将经历许多年才能变成现实,但是部分管理局试图保证 UAS 受限制运行的倡议,将使国际社会取得只有通过实践经验才能获得的认识。

这将形成一套 UAS 团体已经长期等待的、国际协调后的基本适航规章。

4.11.2.1 轻型 UAS(LUAS)

在欧洲,无人航空器被分为由不同局方管制的两个大组:

最大起飞质量大于 150 kg 的无人航空器。这些系统由 EASA 监管;

最大起飞质量小于 150 kg 的无人航空器,通常被称为**轻型**无人航空器。

无人机系统

这些系统由国家民用航空当局监管。

欧洲委员会能源和运输总局(现称为交通和运输总局),2009 年 10 月 8 日在比利时的布鲁塞尔组织了一个 LUAS 的听证会。这是欧洲委员会组织的首次 UAS 听证会。

该听证会的报告已经于 2010 年 4 月 1 日出版发行,并且引用这个文件第一部分的部分选段也是有趣的。

听证会的主要目的是:

● 理解当前欧洲 LUAS 工业基础和当前 LUAS 在欧洲的应用。

● 确定在欧洲的潜在障碍和最佳做法。

● 与欧洲 LUAS 共同体直接交换观点和评估欧洲委员会未来在 LUAS 加入后的潜在作用。

基于 LUAS 有效使用的当前应用

听证会显示 LUAS 在欧洲已经拥有大量的政府和民间用途。

LUAS 的使用对民间安全保卫行动具有重要意义,尤其是对建筑物火灾的灭火支援、火灾后调查、高速公路交通碰撞的监控、化学烟尘释放的监控、冻湖上失踪人员(热信号)的搜寻等。UAS 极大地改善了当局提前干预的处境意识。这种意识,在遇到诸如倒塌的建筑物(地震导致)、化学烟尘、洪水等等的危险情况时,将是极为重要的。

LUAS 也被广泛用于野生动物的监测和自然观测,展示了在气象领域的卓越支援能力(比气球更具机动能力)。下列应用也在听证会上得到强调:大气和气候研究、土地监测(植被、动物种群、水文测量、海水浸入)以及海洋监测(海洋状态、海藻、海冰和冰山)。

LUAS 为普通国民带来的潜在好处和利益

LUAS 为当局提供了以前使用载人航空器所无法获得的新的可能性。它们由于没有机载人员,也无需机载人员现场实际参与,因而使得民用雇员在枯燥、肮脏、危险环境中面临的自然风险得以限制。

LUAS 便于运输、部署相对简单、易于发射和回收,并且在耐用性、模块性、静音性、真正的自主性以及高可控性等方面,显示了真正的优势。

当航空器不携带飞行人员时,它们在环境保护、噪声消减、降低油耗和 CO_2 排放方面,将带来新的潜力。

LUAS 呈现了高度的机动性和反应能力,在支援户内或户外行动方面为管理当局提供了快速响应能力。LUAS 比任何为类似的使用和部署行动而研发的载人航空系统简单,并且运行成本低、对资源的占用更少。

LUAS 可以进行长时间监测,也可以通过融合来自多个机载传感器(光电、红外、无线电等)的数据实现模块化以及在极端条件下运行。

LUAS 的使用群体非常大,使得这些系统能够被大量的客户群用于各种类型的任务。它们也为公共团体和私人团体提供了业务经营的可能性,从而为这些部门创造新的商业机会。

目前 LUAS 的大多数非军事应用,都在视距范围内及 150 米以下高度,也即处于载人航空器使用的空域之外,因而能够迅速实现现有 LUAS 技术的大量应用。

LUAS 目前的发展障碍

在欧洲,对无人航空器的纳入尚未有统一的规则和标准。

正如已经所看到的,最小起飞质量**小于 150 kg** 的 LUAS,其合格审定和运行要求由欧洲各个国家航空当局(National Aviation Authorities, NAA)负责。

因为任务的复杂性,只有极少数国家制订了特别的立法和合格审定程序,因此各国家的 LUAS 有关规章目前尚未能够统一。

ICAO 已经投身于涉及无人航空器纳入的工作,但是 ICAO 规则的制订,不经过很长一段时间是无法预见的。此外,ICAO 似乎没有认为自己在 LUAS 领域有职权。

通用的合格审定流程和标准:

工业界的绝对需要

在欧洲,尚未制订统一的 LUAS 适航技术法规,也没有型号批准/合格审定流程。150 kg 以下的 UAS 包括类型、性能、尺寸和重量相差悬殊的航空器。

因此,根据它们内在相关的风险水平,要求有管理规章和流程,对它们的这些特性应具有适应性。

LUAS 共同体需要一个在欧洲所有国家适用的单一合格审定流程。这一合格审定流程应向各国家管理当局提供一套可在各国统一使用的安全规则和一套使得运行分隔最小的规则。

在许多国家,因为没有合适的 UAS 合格审定框架,几乎是不可能批准 UAS 运营人的空中作业执照。这影响到了基于政府和商业用途而利用 LUAS 从事专业工作的开展。

总结和建议

这个首次的听证会是一个真正成功和富有成果的演练。LUAS 共同体已经向欧洲委员会提供了对 LUAS 现状的大量正面评价,以使委员会更好地理解他们对 LUAS 的要求,以及答应确定在欧洲空域引入 LUAS 所需要的行动方针。

这个听证会证明,LUAS 已被大量的政府当局使用,尤其是用于警察机关、海关、边境管制、灭火、自然灾害和搜救任务。

一旦出台法律框架,一种全新的航空作业服务业将迅速成长。

非军事用途的 LUAS 运行,目前主要在视距范围和不超过地面 150 m 高度的范围内实施。这种情况下,LUAS 的运行环境不会和载人航空器发生冲突。这要求制订 LUAS 的专门规章,且这些专门规章应比载人航空器现有的或质量大于 150 kg 的无人航空器所要求的要简单。

一套用于欧洲的单一规章,将有益于创造一个开放和公平的欧洲市场。

对欧洲范围内 LUAS 的合格审定和运行,有必要统一要求和限制,并且也有必要和诸如 FAA、加拿大运输部、澳大利亚民用航空安全局(CASA)等等的许多非欧盟监管机构统一要求。

注释

1. 国际滑翔飞行科学与技术组织(Organisation Scientifique et Technique International du Vol à Voile, OSTIV)是一个与国际航空协会(Federation Aéronautique Internationale, FAI)有关联的独立组织。这个组织的目标是促进滑翔机飞行和设计科学技术的国际协调。

2. 参见 4.5.4 小节。

3. 在 JAR-22 颁布以前,这被一些国家采纳作为国家要求。

4. FAA 规章的正确命名应该是 CFR Part ××(例如,Part 11)。为了方便实用和清楚地看到 JAA 和 EASA 要求的不同,我们使用"FAR ××(例如,FAR 11)"命名。

5. 在美国，FAA 采用 JAR 22 作为滑翔机和动力滑翔机合格审定的可接受的标准。

6. FAA 不存在与之相当的标准。在美国，FAA 采用这些准则作为其轻型飞机的合格审定要求。采纳的 JAR-VLA 可接受标准在 AC 21.17-2A 中。FAA 也在 AC 23-11 中颁布了附加规则，批准这类飞机的 IFR 和夜间飞行。

7. JAA 没有颁布对自由气球的要求。

8. FAA 关于 APU 合格审定的规则没有包含在技术标准规定（TSO）C77B 中。

9. 废气排放是指从航空发动机的排气口排放到大气中的物质。燃料通风排放是指在所有正常的地面运行和飞行运行期间从航空器燃气涡轮发动机泄出的原始状态燃料，不包含尾气中的碳氢化合物。

10. 美国联邦航空管理局的适航指令是合法的可实施法规，可适用于下列产品：航空器、航空发动机、螺旋桨和设备。

11. 尽管这部法规实质上是可实施的，但需要考虑设备、仪表的适航性和合格审定要求。同样适用于其他有效的规章，如 FAR 121，125，129，133，135；JAR-OPS 和 JAR-AWO。

12. 参见第 8 章，8.6.2.1 节定义。

13. 商业航空旅游是指为获取报酬或租金而使用飞机或直升机实施的观光飞行。

14. 根据 JAR 和 FAR，产品包含航空器、航空发动机和螺旋桨。

15. 显然，JAR 和 FAR 的运行标准与在该国家注册的航空器有关，视该国家将哪些标准作为合法运行法规。

16. 参见第 5 章。

17. 许多的国家采用 FAA 规章作为本国规章的基础。

18. 术语"旋翼航空器"并不限于直升机，还包括旋翼机（虽然不常见）。

19. 民用航空规章（CAR）。20 世纪 40，50 和 60 年代，在民用航空局首次对航空器进行合格审定时，民用航空规章（CAR）是最初合格审定基础的一部分。因此，对于机龄较长的航空器，也还需要民用航空规章（CAR）作为参考，或者对这些航空器设计的小改，需要将民用航空规章（CAR）作为标准。

20. JAR 11 部定义 ACJ 作为"附随文本，包含了说明解释材料或者是可接受符合性验证方法，提供指导，以阐明对要求的使用"。

21. 这就意味着设计者（或更好地被称为"申请人"，即如正常定义那样）能够选择其他的符合性验证方法，但是需要使管理当局相信选择的有效性。

22. 参见本章的"咨询材料"这一节。

23. 参见本章"JAR-VLR"这一节。2002 年底，它仍然处在 NPA（Notice of Proposed Amendment）状态。

24. 对于适航标准的限制倾向，将使航空器合格审定成为不可能。

25. 这个同样适用于拳手的分级或征税等级。

26. 我们随后会看到飞行安全评估中"永不"的含义。

27. 作为一个基本概念，航空器必须能够在所有预见情况下由驾驶技能平均（用于该航空器级别）的机组人员管理，没有必要由驾驶技能非常熟练的机组人员管理。

28. 我们很容易理解在民用市场上单台喷气发动机飞机的缺乏，因为它们的性能通常不符合上述的失速速度限制。在提到适坠性的时候，我们将会再次谈到这个问题。

29. 正如我们所看到的，适航标准包含了最大起飞重量为 750 kg 的飞机。

30. A-NPA：建议修正案预告（Advanced Notice of Proposed Amendment）。这个文件用于就未来可能的 NPA，向具有利害关系的团体寻求早期的建议。

31. 这个条例看起来很琐碎，但是又有多少人知道泡沫橡胶垫子有危险？ 这种垫子实际上能够返回所吸收冲击能量的大部分。

32. 如果单单发生了火灾,可以考虑放弃的民用航空器类型仅限于滑翔机、有动力滑翔机、特技飞机。当飞行中发生相撞(特别是滑翔机在上升气流中飞行)和发生结构过载危险时,以及特技飞行发生紧急情况时,这是有必要的。适用的适航标准为这类紧急情况提供了合适的法规。

33. JAR 和 EASA 标准包括了相同的程序。

34. JAR 22 部并不包含这一条款,JAR - VLA 只是为了减小这类失效的危害而提供了这类失效的一般征候。它与相关航空器(通常)简单的系统一致。

35. 参见本章的"航空器结构适航标准"。

36. 多重危险事故,通常会导致损失航空器。

37. 对其他类型航空器的事故分析会得出不同的值。比如,JAR 23 部单发情况,失事概率为 10^{-6}。

38. 每年总小时数有 3×10^5。30 年则有 9×10^6,接近 10^7,这能够暗示一个灾难性的事故(在考虑航空器全部系统的情况下)。

39. 结果危险性较小之处,它们被允许发生的频率就较高。

40. 例子:20 世纪 50 年代的彗星号坠毁,是由于机身增压舱引起的疲劳所导致。

41. 例子:机身和机翼由单一的结构件连接。这样的方案在轻型飞机上很常见。

42. 例子:由若干结构件形成的多元翼身连接。这样的方案是用于大型飞机的典型方案。

43. 仅大型飞机考虑鸟撞,对其他类型的航空器,鸟撞属于专用条件。

44. 旋翼航空器结构包含了旋翼、发动机之间的旋翼驱动系统、旋翼桨毂、控制装置、机身、固定与活动的操纵面、发动机和传动装置、起落架和它们相关的主要附件。

45. NTSB:美国国家运输安全委员会,处理航空器事故,在完成调查研究后颁布建议。

46. 适航指令:管理当局发布的文件,用于强制实施行动(更改、检查等)。

47. JAR - VLA 提供一些简化标准,但这些是必须被仔细考虑的。

48. 设备含义是指用于或打算用于航空器飞行操纵或控制、被安装或附加于航空器,但不属机体、发动机或螺旋桨的任何仪表、机械装置、装备、零件、仪器、附件或配件,包括通信设备。JAR 21 部通常放在一起归为"零部件和设备",也包括了机身、发动机、螺旋桨的零部件。

49. 随着 2003 年 9 月 EASA 的成立,以及 EASA 实施细则(IRs)、合格审定规范(CS)、可接受符合性验证方法(AMC)及指导材料(GM)的正式通过,联合航空局委员会(Joint Aviation Authorities Committee)决定,JAA 未来将通过结合参考 EASA 的 IR,AMC 和 CS,出版适航 JAR 的修正案。这类出版物将具有参考相关 EASA 文件的 JAA 封面文字,以及 JAA 同意的任何差异。

2004 年 11 月的 **JAR 21 部修正案 6**,通过参考以上所提及的实施细则(IRs)进行了修改。它被注明日期为 2007 年 2 月的 **JAR 21 部修正案 7** 所替代。于是有了涉及 JAR 21 部修正案 7 适用范围的条款 1,内容如下:

(1) 本规章按照基本规章的条款 5(4) 和 6(3),对产品、零部件和设备的通用技术要求、适航与环境合格审定的管理程序作出规定:

① 型号合格证、限用型号合格证、补充型号合格证,以及这些合格证更改的颁发;

② 适航证、限用适航证、飞行许可证和批准放行证书的颁发;

③ 修理设计批准书的颁发;

④ 环境保护要求的符合性演示证明;

⑤ 噪声合格证的颁发;

⑥ 产品、零部件和设备的标识;

⑦ 某些零部件和设备的合格审定;

⑧ 设计和生产单位的合格审定;

⑨ 适航指令的颁发。

50. 参见第 5 章,"型号合格证"。

51. 参见第 8 章,"限用适航证",对限用类型号合格证进行定义和解释。

52. 参见第 8 章。

53. 参见第 8 章,"标准适航证"。

54. 参见第 8 章,"特殊适航证"。

55. 参见第 8 章。

56. 正如 4.11.1 节所解释的,航空器基站(AVS,也即地面站),和飞行器一起,应当被作为一个特殊系统考虑。术语 UAS 能更好地传递这个概念。

57. "无风险":参见第 5 章的 5.2 小节。

58. JAR‐VLA,用于简单的飞机和两个乘员的安全性。相同重量的无人机从系统上来看是一台复杂的机器。我们也不得不考虑可能坠落的大型航空器上三四百人的生命。

59. 欧洲民航设备组织(European Organization for Civil Aviation Equipment,EUROCAE)是一个成立于 1963 年的非盈利组织。它为解决航空运输中电子设备的技术问题提供了一个欧洲论坛。EUROCAE 专门研究(空中和地面系统设备)航空标准化,以及设备在依照航空设备和系统规章使用时所要求的相关文件。

60. ASTRAEA 的半数资助由公营机构提供,其余部分来自英国的公司财团。英国一流大学中有六个是 ASTRAEA 计划的合作伙伴,它们参加了 UAS 相关项目。

61. FAA 于 2008 年 3 月颁布了 FAA Order 8130.34"无人机系统的适航性合格审定",以建立颁发实验类特殊适航证的程序。这类特殊适航证,被用于研究开发、市场调查或 UAS 运行人员培训等(参见第 8 章 8.5.2.5 小节)。

我们在这里通报部分基本原则:

适航证授权运营人使用规定的空域。该证包括了针对每种运行的特殊规定。例如,该证件包括了仅在 VFR 和白天条件下运行的要求。

它要求与适当的空中交通管制设施及 UAS 相协调,拥有能够在明确定义模式下运行的应答机。

为确保这类航空器不妨碍其他的航空器,地面观测员或伴随的跟踪航空器必须和 UAS 保持可视接触。

当不再能够保持航空器安全运行,或如果即将危及人员或财产安全的任何时候,必须启动终止飞行的功能。

当失去联系时,无人航空器必须提供一种自动回收方法,以确保空降行动可预测,以及确保无人航空器保留在飞行试验区域内。同时应立即向用于跟踪的航空器或观测员、所有其他 UAS 控制站和适当的 ATC 设施传达失去联系的情况和预计的航空器响应。

第 5 章　型号合格审定

5.1　航空器、发动机和螺旋桨的型号合格审定

5.1.1　型号合格证

型号合格证,是适航管理部门声明申请人已经证明了型号设计与所有适用要求相符合而颁发的一种文件。对航空器运营的授权并不是由型号合格证给出,而必须由适航证[1] 给出。

5.1.2　型号设计

产品的型号设计[2] 必须按照 EASA 21 部(21A.31 条款)和 FAR 21 部(31 条款)充分明确。它由下面几部分组成[3] :

(1) 图纸和技术规范,以及图纸和技术规范的清单。这些都是定义产品构型和设计特征,表明符合适用的型号合格审定基础和环境保护要求所必需的。

(2) 保证产品的制造符合性所需要的材料、工艺、制造方法以及产品装配的资料。

(3) 依据适用的适航法规,持续适航[4] 文件中经批准的适航性限制部分。

(4) 通过对比法,确定同一型号后续产品的适航性、噪声特性、燃油通风和排气排放(若适用)所必需的任何其他资料。

换言之,型号设计不仅"冻结"产品的构型,而且也限定了生产方法。正如我们将会看到的,对型号设计的所有偏离都是必须经过批准的"更改"。这将保证批生产产品,在飞行安全性方面不亚于由型号设计确定的原型机。

5.1.3　环境保护

对型号合格审定,EASA 21 部和 FAR 21 部都包含了适用的环境保护要求和合格审定规范,而在 JAR 21 部中不包含这些内容(直到修正案 5 才有)。

根据芝加哥公约附件 16,环境保护包括噪声和排放要求(防止有意的燃油通气排泄、涡喷与涡扇发动机的排气排放)。

EASA 21 部的 I 分部,包括了关于噪声合格证颁发的指令。FAA 的合格审定[5]

里面不包括这些文件。

环境保护要求对航空器设计产生影响的一个例子,就是**超声速喷气公务机**(**SSBJ**)。超声速运输机(SST)随着"协和号"的退役而结束。目前,大的飞机制造公司不太可能生产新的超声速运输机,而是在努力为更高效、更经济的运输机寻找市场。波音和空客在两个仍处于合格审定阶段的新机型 B787 及 A350 之间的竞争就是一个例子。

然而,超声速飞机对于商用喷气飞机市场来说依然具有吸引力。就一些和超声速喷气公务机相关的创意和想法,2004 年 10 月的《飞行国际》提出了"时间就是金钱……"

在(民用)超声速飞机运营中最棘手的一个问题是如何说服管理者和立法委员去改变禁止陆上超声速飞行的规则。很显然,被迫在陆地上空进行亚声速飞行的超声速喷气公务机是不值得运行的。另一方面,改变这一规则的唯一办法就是将音爆降低到地面人员所能接受的水平。

宁静超声速运输(QSST)的想法由来已久。提出这个概念的先驱之一是湾流公司的创始人 Allen Paulson。他一直追逐着超声速喷气公务机的梦想,直到 2000 年他去世。凭借父亲的遗产,他的儿子雇佣了著名的臭鼬工厂[6],为减小音爆,采用一种创新的飞机结构外形来设计超声速喷气公务机。

在美国,也已经完成了其他一些降低音爆的研究和探索。NASA 当然也参与到了这些研究之中。

如果关于低噪声技术的研究有成效,那么将制造一些原型机,这将增加数百万美元的花费。

不管怎样,《飞行国际》谨慎乐观的结论还是值得一读的:

> ……现在比近代任何时候,都更有可能使超声速喷气公务机在今后 10 年内变成现实。如果超声速喷气公务机开始运行,那么,较大的航空器(可能是一种替代协和号的 50 座跨大西洋喷气机,也可能是 300 座的跨太平洋的客机)飞上天空就只是个时间问题。

在 2010 年,仍有一些处在研发阶段的超声速喷气公务机,在能够实现真正的宁静超声速运输之前,一个可能的妥协办法,是生产一种在陆地上空以亚声速飞行而在水域上空超声速飞行的航空器。这一解决方案不需要为了在陆地上空超声速飞行而修改规章。

5.1.3.1　适用环保要求的指定

对 EASA 21 部,适用的噪声和排放要求被包含在 ICAO 的附件 16 中。对于各种类别的飞机和直升机,这些要求的适用范围有所不同。

FAR 21 部通常提及的,是《适用的航空器噪声、燃油通气和排气排放要求》。

从该书的第 3 章,可以援引如下内容:

——FAR 36 部:噪声标准。

——FAR 34 部:涡轮发动机驱动飞机的燃油通气和排气排放要求。

注:根据 FAR 34 部:

排气排放是指从航空器或航空器发动机排气口向大气中排放物质。

燃油通气排放是指在所有正常的地面运行和飞行运行期间从航空器燃气涡轮发动机排泄出的原始状态燃油,不含尾气中的碳氢化合物。

5.1.3.2　未来展望

当前航空器排放的 CO_2 占全球燃烧石油燃料释放 CO_2 总量的比例,估计在 $2\%\sim3\%$。

参考第 3 章中 ICAO 的附件 16,我们已经讨论了 CO_2 及其他的航空器排放物对环境的影响。

航空器排放和全球排放相比似乎并不重要,但我们必须考虑到由于预测未来航空旅行的急剧增长而导致的航空器数量的急速增加(航空器航班数量预计到 2020 年将是现在的 2 倍,而到 2030 年将达到现在的 3 倍)。

急剧降低排放的必要性迫使我们需要降低所使用的燃料数量。

燃油的消耗除了依赖于发动机效率外,还与飞行需要的推力相关。在巡航速度下,推力(T)应等于总的阻力(D),升力(L)等于总重量(W)。

$T = W \times D/L$;于是,T 与重量成正比,与升阻比 L/D 成反比。

可以通过使用新材料、更合理的结构和客舱设计等降低航空器的空机重量。

升阻比的提高需要靠航空器的空气动力设计,例如可以通过增大翼展(在不增加过多重量的情况下);通过翼梢小翼降低诱导阻力;通过机体或其他非升力部件的良好设计降低寄生阻力;减少蒙皮的摩擦等等方式来获得更高的升阻比。良好的气动设计对降低波阻也相当重要,因为波阻是在高亚声速时会遇到的一个问题。

这一切当然不是新的。在最近的几十年里,航线客机从这个意义上而言,已经获得了真正的进步。但是航空旅行的快速增长、对气候变化关注的增加以及油料价格的急剧上涨已经使得所有利益相关者相信,为面对这个新挑战,需研究替代性的解决方案。

在有关这个问题的众多计划中,我们可以举出**洁净天空计划**。

洁净天空计划由欧洲委员会建议,目的是为了社会大众利益,通过降低噪声和气体排放物以及改善航空器的燃油经济性,创建一个完全创新的民用航空运输系统。洁净天空计划将体现出在欧洲层面上研究融资的新途径,汇集公共和私人资金,将涉及行业和非营利性科研机构。

洁净天空计划为建立一个具有创新和竞争力的航空运输系统,开发用于下一代航空器的先进技术。通过全尺寸演示样机的研制,洁净天空计划将对各个单项技术在机队层面上实施全面评估,从而确保其研究成果的尽早利用。这个行动涵盖了航空运输系统的所有主要飞行阶段,也涉及了由航空技术讲坛——欧洲航空研究咨询委员会(ACARE)[7]编制的航空战略研究备忘录中所确定的相关基础技术。

5.1.4　设计单位

至今,我们已经讨论了适航管理当局和他们承担的义务。现在我们将讨论设计者的观点[8],也就是,当型号合格证颁发时会成为**型号合格证持有人**(TCH)并被称为**申请人**的"人"。不用说,设计和对适用要求的符合性验证,需要建立一个能胜任这类项目工作的技术机构。它的技术人员规模可以从几个人到几百人。

JAR 21 部第 21.13 条款指出,申请人必须持有(或者已经申请)适当[9]的设计单位批准书(DOA)。在 JAR 21 部的 JA 分部中,包含了关于 **JAA 设计单位批准书**(JAA DOA)的要求。

类似地,EASA 21 部在第 21A.14 条款中声明"申请型号合格证或限用型号合格证的任何组织,应当凭借其持有局方按 21 部 J 分部颁发的**设计单位批准书**(DOA),来证明自身的能力。"

如果产品是下列中的一种,那么作为证明其能力的一个可选程序,申请人可以寻求局方的同意,启动符合 21 部的具体设计措施、资源和工作顺序:

(1) 轻型飞机或旋翼航空器,滑翔机或动力滑翔机,气球或热气飞艇。

(2) 满足下列要素的小型飞机:

① 单发、自然进气活塞式发动机,最大起飞功率(MTOP)不超过 250 hp(1 hp＝1 马力＝745.7 W);

② 常规布局;

③ 常规材料和结构;

④ 在目视飞行规则、外表结冰条件下飞行;

⑤ 座位(包括驾驶员在内)最多 4 个,最大起飞质量不大于 3 000 lb(1 361 kg);

⑥ 非增压座舱;

⑦ 非助力操纵;

⑧ 基本特技飞行过载(加速度) 不大于＋6g/−3g;

⑨ 单台活塞发动机;

⑩ 按适用的动力滑翔机适航法规进行型号合格审定的发动机或者螺旋桨;

⑪ 固定或可变桨距螺旋桨。

替代程序是指一些可接受方法。利用这些方法,可以在上述情况的型号合格审定、根据补充型号合格证(STC)对型号设计大改的批准和重大修理设计的批准方面,用来证明设计能力。

这一概念是 J 分部 DOA 所要求程序在具体项目范围内的贯彻,以确保申请人将完成局方所预期的相关工作,而无需 J 分部中规定的对单位本身的要求。这些替代程序的建立可以看做是 J 分部 DOA 的开始阶段。允许在后续的阶段,根据申请人的判断,通过补充缺少的组成部分,实现完整的 J 分部 DOA。

作为 DOA 的一种替代,程序手册必须针对具体项目考虑到 21 部的要求,陈述具体的设计做法、资源和相关的工作顺序。

EASA 有一个内部的工作流程叫做"设计单位批准书的替代程序(ADOAP)",它描述了局方在申请人没有设计单位批准书(DOA)情况下,如何在内部对申请人的替代程序进行调查。

对于采用 DOA 替代程序证明自身能力的设计单位,与它们相关的 EASA 决议,已在 EASA 的官方出版物上公布。

FAA 有不同的方法。FAR 21 部没有提到正式的设计单位批准书。在这一章里,我们进一步详细讨论 FAA 型号合格审定程序。

5.1.5　设计单位批准书(DOA)——JAA 和 EASA

我们已经提到,在 JAR 21 部的 JA 分部[10] 和 EASA 21 部的 J 分部中,包括了获得这一批准书的要求。有必要介绍一下 DOA[11] 的主要特点。

设计单位的主要职责任务是:

(1) 设计;

(2) 证明对适用要求的符合性;

(3) 独立检查符合性声明;

(4) 提供持续适航项目;

(5) 检查合伙人/转包商完成的工作;

(6) 独立监控上述职能;

(7) 向适航当局提供符合性文件;

(8) 允许适航管理当局为检查关于符合性声明的有效性而进行的任何检查、飞行试验和地面试验。

在一般的设计单位内,至关重要的就是一个叫**设计保证系统(DAS)**的制度。它的作用在于控制和监管申请书所涵盖的产品的设计和设计更改。它包含了为获得型号合格证、更改批准书和持续适航维修而进行的所有工作。

特别地,设计保证系统应具备相应的组织结构,以进行如下工作(图 5.1):

(1) 控制设计;

(2) 表明与适用的合格审定标准和环境要求的符合性;

(3) 表明与防护要求的符合性;

(4) 独立检查这些符合性;

(5) 同局方保持联系;

(6) 对设计单位进行持续的评估;

(7) 监督转包商。

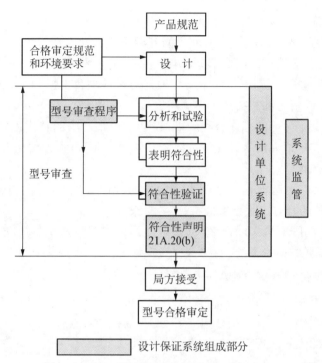

图 5.1　设计、设计保证和型号审查之间的关系

所有这些职能都需要通过以下的工作来完成:

● 全体**合格审定验证工程师**(CVE)负责检查和签署符合适用要求的所有文件。CVE 可以和编制这些符合性文件的个人协同工作,但是不会直接参与他们的编写工作(这是为了保证 CVE 的独立检查)。

● **系统监管**,它的任务是保证设计保证系统正确地履行职责,并提出纠正和预防措施来保证工作持续高效。通常这些工作通过目标审计来进行。系统监管可以认为是申请人质量保证系统的职能体现。负责系统监管的人员始终向**设计单位的负责人**汇报情况。

设计单位内特殊的地方,就是适航办公室。它的主要工作就是保证设计单位和适航管理当局就型号合格审定涉及的所有方面保持联络。实际上,适航办公室在设计单位内执行真正的协调行动。此外,它发布和更新 DOA 手册。这个手册是该单位的基础文件,它包含了对该单位的说明、合格审定的对象、人员工作职责以及涉及设计的活动、试验和其他方面的所有程序。

JAR 21 部(第 21.20 条)和 EASA 21 部(第 21A.20 条)要求,申请人在型号审查结束最后,必须声明已经符合所有适用要求。**符合性声明**必须由设计单位负责人签字。

从法律角度来看,适航管理当局在经过必要的调查、飞行和地面试验,检查符合性声明的有效性之后,通过型号合格证来发布符合性声明。

　　DOA 的一个重要特征就是第 21. A 263 条赋予的权利。它表明了,对适用要求的符合性文件可能无需进一步验证即可被局方接受[12]。而且,经过规定的审查后,在其被批准的条款中,设计单位可以获得:

　　(1) 飞行许可证所需飞行条件的批准;

　　(2) 型号合格证或者型号设计大更改的批准;

　　(3) 补充型号合格证;

　　(4) ETSO 批准书;

　　(5) 主要的设计批准。

　　在获批条款范围内和依据设计保证系统相关程序,DOA 持有人应有权:

　　(1) 把对型号设计更改和修理分成大和小两类(在这一章里我们将进一步讨论)。

　　(2) 批准型号设计小改[13]和小修。

　　(3) 发布信息资料或说明,其中包含如下声明:"本文件的技术内容依据 DOA……的授权业经批准"[14]。

　　(4) 批准对航空器飞行手册文件的更改,颁布的这些更改包含如下声明:"航空器飞行手册(AFM)的 No. ××修订版　参考. yyy,依据 DOA……的授权批准"。

　　(5) 批准其持有型号合格证或补充型号合格证产品的大修设计[15]。

　　(6) 按照 21A. 710(a)(2),批准可以颁发飞行许可证的条件[21A. 263(c)(6)][17]。

　　① 除了如下航空器的初始飞行:

　　航空器新型号;

　　其改进属于(或将被归入)重要大改或 STC 之列的被改装航空器;

　　其飞行和(或)驾驶特性可能已发生重大改变的航空器。

　　② 为 21A. 701(a)(15)中的目的而颁发的飞行许可证除外[16]。

　　(7) 依照 21A. 711(b)[17]颁发航空器的飞行许可证。这些航空器已经被设计或改型,并且当时设计单位本身正在按其 DOA 控制该航空器的构型,以及正在证明该航空器与为飞行而经批准的设计状态的制造符合性[21A. 263(c)(7)]。

　　DOA 持有人具有下列义务:

　　① 保持手册符合设计保证系统;

　　② 确保该手册作为本单位内部的基本工作文件;

　　③ 确定产品或其更改或修理的设计,当适用时应满足适用要求并且没有不安全特征;

　　④ 除了基于 21A. 263 规定的权利批准的小改或小修,向局方提供确认证明符合③款的声明和相关文件;

　　⑤ 向局方提供有关 21A. 3(b)所要求行动(即向局方报告)的资料或说明;

　　⑥ 在适用的情况下,根据 21A. 263(c)(6)的权利,确定能够颁发飞行许可证的

条件;

⑦ 在适用的情况下,根据 21A.263(c)(7)的权利,在向航空器颁发飞行许可证(EASA Form 20)前,确定对 21A.711(b)[17]和(d)[18]的符合性。

可以认为,设计单位批准书对申请人和适航管理局之间的关系起到了重要的改善作用[19]。很多适航管理当局对设计和航空材料进行监督已有很长一段时间,这种情况可以被称为"对控制的控制"。所有航空器都需要经过检验,并且还要经过飞行中检查[20]。从人力资源的角度看,这种监管是昂贵的,仅在企业为弥补机构不足时才有合理性。"对控制的控制"是一种本质上缺乏条理的行为,因为为了使之有效率,监管应该包含其他级别的控制("对控制的控制"的控制,也就是说,谁监督监管人?),直至安全性得到保证[21]。这种系统的不可能性和糟糕的效率是明显的。

因此,申请人必须承担全部的安全责任,而不是抱着幻想"如果有差错的话适航管理当局会纠正的"。

但适航管理当局真正感兴趣的是什么地方呢? 局方通过诸如 DOA(或生产单位批准——POA)这样的合格审定流程,把企业提升到一个不需要管理局监管而自觉做到安全设计、制造产品的状态。所以,管理局的职责就从对产品的控制转变为对组织的控制。这一点通过对产品的审核[22]和对组织系统的审核[23]来保证。

此外,DOA 的权利使得管理当局的介入更为有效,因为管理当局能选择性地集中力量去检查和审批。这对管理局的技术人员来说也有好处,因为他们可以时刻关注着航空材料和试验,这是培训和更新的一个必不可少的先决条件。

从某种意义上来说,DOA 的权利就是适航管理当局的权利。

遗憾的是,用来替代 DOA 的备选程序并不提供以上的权利。鼓励小型单位也去策划 DOA 应是合理的,即使 DOA 对他们正常经营的产品而言只是备选项目。JAR 21 部的 JA 分部和 EASA 21 部的 J 分部现在所编入的内容,显然是针对大/中型单位的,让小型单位考虑采用这些要求具有相当的难度。很长一段时间以来,JAA 一直在讨论出版咨询材料的可能性,以期在不曲解基本原则的情况下,能使小型单位的 DOA 合格审定变得较容易。这对安全性和管理当局的效率都将是一个改进。

5.1.6 型号设计更改

前面我们已经见到,对型号设计的所有偏离都是必须经局方批准(以直接或间接方式)的"更改"。因为这些偏离涉及的范围很大,例如,能够从对图纸的一个简单更正,延伸到为把飞机改成货机而对机身开口进行大舱门改造,所以 JAR/FAR 21部和 EASA 21 部考虑两类更改:

(1) **小改**,即对飞机的质量、平衡、结构强度、可靠性、使用特性(噪声、燃油通气、排气排放)[24]或其他涉及产品适航性的特性没有"明显影响"的那些更改。

（2）**大改**，即所有其他更改。

FAR 21 部有同样的分类，只是措词有些不同，并有不同类型航空器的**声学更改**定义。

对更改的分类很重要，它使得局方在批准阶段的介入程度有所差异（我们也将看到它对建立合格审定基础的重要性）。我们已经讨论到，拥有 DOA 的单位不经过局方的直接确认，就可以批准小改。即使没有 DOA，适航管理当局对这类小改的态度也不会太过苛刻。然而，对更改的分类是个棘手的问题，因为，当更改不能像前述的例子那样，被明确划分为小改或大改时，小改定义中所提及的"明显影响"会导致一定程度的不确定性。这就是为什么设计单位必须要有经过批准的分类程序，以及为什么只有具备 DOA 的设计单位，才能被允许不经管理当局的进一步验证，即可进行这种分类的原因。

不管怎样，型号设计小改：

（1）对于 EASA，由 EASA 自己，或由获得适当批准的设计单位按照 EASA 认可程序批准；

（2）对于 FAA，应按照局方接受的方法批准。

EASA 21 部的 GM 21A.91 提供了对大改（相对于 21A.91 条款所定义的小改）的分类指南。此外，为了方便分类，它还为每个专业提供了一些大改的例子，包括结构、座舱安全性、飞行、系统、螺旋桨、发动机、旋翼和传动系统、环境，以及动力装置。

图 5.2 列出了一个关于更改的分类流程框图。

我们想知道，如果不另外申请型号合格证，对一个经合格审定的型号设计能做多少更改。作为例子：单发飞机改为双发，是否可以作为对原有型号合格证的更改？在 JAR 21 部的第 21.19 条款（JAR 21 部修正案 5，方法源于已被修订的 FAR 21 部）给出了否定的答案。这一条款还列出了其他一些需要申请新的型号合格证的更改，如下：

对**航空器**，如果提出的更改是下面的两种情况，需要申请新型号合格证：

（1）发动机或旋翼数目的更改[25]。

（2）采用原理不同工作的发动机或旋翼[26]。

对**发动机**，如果对发动机的工作原理提出更改，则需要申请新的型号合格证。

对**螺旋桨**，如果更改的是桨叶数目或变距原理，则需要申请新的型号合格证。

这一条款也规定了如下的一般性原则："当适航管理当局发现在设计、功率、推力、或重量上的更改太大，而导致需要对其与适用要求的符合性进行实质上全面的调查时，提议更改产品的任何人必须申请新的型号合格证"。这个一般性原则也可以在 EASA 的 21A.19 条款和 FAR 21 部第 21.19 条款中找到，只是措辞上稍有不同。

条款中已不再列出必须申请新 TC 的特殊情况。这使得局方有机会可以更好地进行逐案评估。

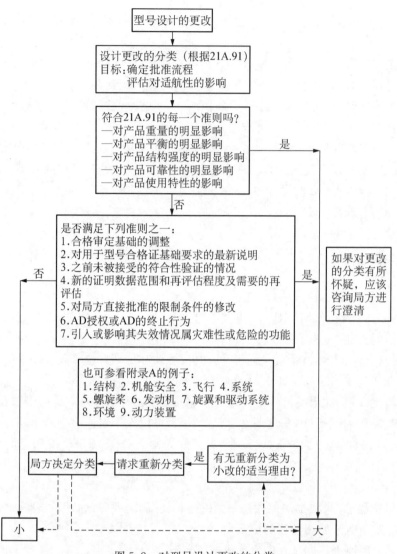

图5.2 对型号设计更改的分类

5.1.7 型号合格审定基础的选定[27]:衍生原型机

在航空器的使用寿命期内,通常会由于各种原因进行许多小改或大改(经局方批准后)。

也会发生型号合格证持有人在型号合格审定后,(通常是商业原因)需要用所谓的衍生型航空器[28]来区分型号设计。

这些更改可以是不同的最大起飞重量,或发动机型号的替换,或者是不同的机身长度以容纳较多(或较少)的乘客——此类的事例大量存在。

更改的引入或衍生原型机的设计往往要在(基本型)型号合格审定数年之后才

能实现,而在这一段时间内适用要求可能已经发生实质上的改变。不管怎样,首先要做的是,确定对产品的更改是否影响到型号合格证的申请,或是否需要申请新的型号合格证。

上面已经提及,FAR/EASA 的第 21.19/21A.19 条款规定了什么情况需要申请新的型号合格证。然而,把最终决定权留给适航管理当局的那些一般性用语常常导致局方和申请方之间的争论。实际上,申请人乐意从基本型号开始(继续修改),因为如果需要申请新的型号合格证,他们就不得不从头开始,而且要满足最新的合格审定基础。

一般的原则(例外情况在 FAR 21 部中给出),对型号设计更改的合格审定,应该满足的是更改申请之日的适用要求。

也有可能采用下列较早的修正案(与更改批准书申请之日已有的现行要求相比)[29]。

FAR 21 部的 21.101 条款和 EASA 21 部的 21A.101 条款引入了局方认为是**非重大**更改的概念。

只要满足下列条件之一,就可看作是**重大**更改。

(1) 不再保持总体布局或构造原理。

(2) 被更改产品合格审定所依据的假设不再有效。

在引入这些条件之后,前面提到的 101 条款指出,申请人可以针对下列任一情形,表明更改的产品符合较早的修正案:

(1) 局方认为不是重大更改的更改。

(2) 局方认为此更改不影响各区域、系统、部件、装置或设备。

(3) 对影响各个区域、系统、部件、装置或设备的更改,局方认为,它们对申请之日适用规章的符合性,不会对被更改产品的安全性水平起到显著作用,或不实用。

此外,对一架最大起飞重量不超过 2722 kg(6000 lb)的航空器(非旋翼航空器),或者最大起飞重量不超过 1361 kg(3000 lb)的非涡轮旋翼航空器来说,可以证明被更改的产品满足型号合格证中所引用的规章要求。然而,如果局方认为某个区域内的更改是重大更改,他们可以指定符合型号合格证里所引用规章的修正案,或者是符合局方认为与之直接相关的规则,除非他们也发现满足这些修正案或规章,对产品的安全性水平不会产生实质影响,或不切合实际。

在前面所提及条款的最新规定中,对通用航空器型号设计更改批准的要求不再那么苛刻。

对一个新的型号合格审定可能采用较早规章要求的情况,就是现在所谓的"免责权"。

关于被更改产品的合格审定基础,显然是采用与基本产品型号合格审定相同的标准,如果局方认为,在更改申请之日有效的规章,由于产品设计的新颖或独特的设计特性而无法为提议的更改提供足够的标准,那么申请人就必须满足**专用条件**和这些专用条件的修正案，从而提供与申请更改之日现行有效的规章相当的安全水平。

在这一点上，引入**实质性更改**的概念也很重要[30]。实质性更改要求申请新的型号合格证。

5.1.8 咨询材料

就像至今我们已经阐述的，对型号合格审定基础进行定义是件复杂的事情，涉及许多不同的情况，并需要经验和常识。例如，我们可以认为，对型号设计一系列的逐步更改，由于累积效应而变成实质性更改。因此也许有必要针对具体的个案来仔细检查有关产品家族的"历史"。

FAR 21 部和 EASA 21 部都定义了基本准则，但如果没有相应的咨询材料，那么按统一的基础使用这些准则将是不可能的。经过几年的讨论之后，EASA 的 GM 21A 和 FAA 的 AC 21.101-1 提供了咨询材料。它为确定产品型号合格审定基础给出了指导意见，也为判别申请人的设计更改是否需要申请新的型号合格证提供了指导。

GM/AC 解释了 21A.19 条款和 21A.101 条款中的规范以及它们的应用。

对评估经型号合格审定产品所作的更改是"**重大的**"还是"**非重大的**"，GM/AC 也提供了指导。这些文件对确定一个更改是"**实质性的**"还是"**重大的**"，也同样提供了指导。

GM/AC 对航空器、发动机和螺旋桨型号设计的所有大改都适用。

小改被认为对适航性没有明显的影响，因此被定为非重大的更改。

这些文件也适用于对最大重量不超过 6 000 lb 的航空器或最大重量不超过 3 000 lb 的非涡轮旋翼航空器所做的所有重大的更改。

GM/AC 有很多例子，使疑难条款的实际应用变得容易。GM/AC 还讨论了诸如"使用经历"的影响等这类比较难用的条款，以证明没有必要引入最新的修正案。

这些文件的另一个可贵特征，是把所有的产品（大型和小型飞机、旋翼航空器、发动机等等）都考虑在内了。

图 5.3 引自 GM（FAA 的 AC 包括了极为类似的图），表示对被更改产品确定型号合格审定基础的流程。

5.1.9 补充型号合格证

我们已经指出产品的更改设计是由型号合格证持有人来完成的。然而，在 JAR/FAR 21/EASA 21 部的 E 分部中给出了另外一种可能情况：申请人提出的对产品的任何大改，如果尚未达到需要申请新的型号合格证的程度，就应该向局方申请补充型号合格证。

仅举众多可能例子中的一两个。设计单位（非 TCH）可以设计一个农业播种系统，将其安装在经型号合格审定的航空器上。同样，客机也可以被改为货运飞机。

任何申请 JAR/EASA 补充型号合格证（STC）的单位都应该通过持有设计单位批准书（DOA），或者放宽一些要求，通过其他一些必要程序，规定符合有关要求的具

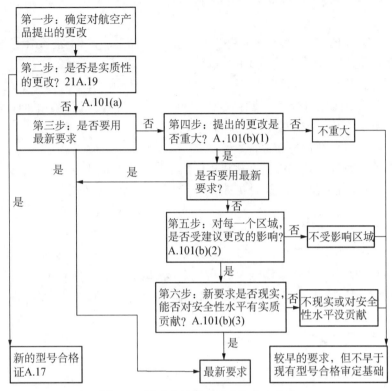

图 5.3　更改产品的型号合格审定基础

体设计做法、资源和工作顺序证明其能力。

EASA GM 21A.112B 提供指南,以便确定何种情况下其他程序可以被接受。

对于 FAA STC 的申请,正如我们在讲到产品型号合格审定时已经提及的,没有设计单位的正式批准书。

某些管理 JAA/EASA 补充型号合格证(STC)的要求,在 FAA 类似规章中是没有的。这些要求的一个特点,就是要求证明申请人已经拥有了更改设计所需的所有型号设计资料,不管是基于申请人自身资源还是通过与型号合格证持有人签订的协议。

对上述最后一种情况,型号合格证持有人(TCH)不应该对以上提及的资料设置技术障碍,应该和补充型号合格证(STC)持有人合作,确保对被更改产品的持续适航履行所有义务。

因为 STC 是对型号设计大改的批准,所以我们在这一章里就型号设计更改所讨论的内容是完全适用的。

产品(航空器、发动机和螺旋桨)补充型号合格证(STC)的合格审定过程与型号合格审定的过程相似。

然而,鉴于这个过程的特殊性,当 FAA 颁布 AC 21-40A"获取补充型号合格证的申请指南"时,EASA 颁布了一个内部的工作程序"补充型号合格审定程序(STCP)"。

依照 EASA 的 STC 生产的零部件和设备应按照 21A. 804 条款给予清晰永久的标识,并且标识中应包含字符 EPA(欧洲零部件批准书)。

在实际使用 STC 时,根据 FAR 21. 120 条款,允许他人使用 STC 更改航空器、发动机、螺旋桨或设备的 STC 持有人,必须向其提供 FAA 所接受的书面许可。

FAA 认为 STC 持有人具有如下权利:

(1) 对航空器,获得适航证;

(2) 对其他产品,获得在经合格审定的航空器上安装的批准;

(3) 对 STC 批准的型号设计更改,获得该更改的生产许可证。

5.2　零部件和设备批准

安装在经合格审定产品(航空器、发动机和螺旋桨)上的所有零部件和设备都必须经过批准。据 JAR/FAR/EASA 21 部的 K 分部,只能以下列方式满足有关要求:

(1) 如适用,按 JAR/FAR/EASA 21 部 O 分部的 **JTSO/TSO/ETSO 批准书**程序;

(2) 结合将被安装零部件产品(或其更改)的型号合格审定程序;

(3) **标准件**[31],和官方承认的标准一致;

(4) 如适用(并且是 JAA 合格审定)依照 JAR 21 部 P 分部的**联合零部件批准书授权(JPA auth.)**程序;

(5) 如适用(并且是 FAA 合格审定)依照 FAR 21. 303 的**零部件制造人批准书(PMA)**;

(6) 按照 FAR 21. 303(a)(2)"所有人或运营人为维修或更改其自身产品而生产的零部件";

(7) 以局方(FAA)批准的任何其他方式。

根据 EASA 的 21A. 307 条款,零部件和设备安装的放行:

任何零部件或设备(标准件除外)均不得在已获型号合格证的产品上安装,除非它是:①附有证明适航性的批准放行证书(Authorized Release Certificate)(EASA表格 1)[32];②按 Q 分部标记。

JAR 的 21. 307 条款与之相似,援引批准放行证书(JAA Form 1)。

FAA 指定了批准放行证书,即 FAA 的表格 8130 - 3[32],用于适航批准、出口批准、确定原型产品/零件的制造符合性等。

现在我们准备更为详尽地论述这个概念(下面的粗体数字(**1**)～(**7**)和上面的数字(1)～(7)对应)。

(**1**) JAR/FAR 21 部/EASA 21 部的 O 分部,为颁布联合技术标准规定项目(JTSO)批准书/FAA 技术标准规定项目(TSO)批准书/欧洲技术标准规定项目

(ETSO)批准书,规定了程序上的要求,以使零部件(在 O 分部中定义为"物品")都有 JTSO/TSO/ETSO 的相应标记。

技术资料文件必须根据适用的 JTSO/TSO/ETSO 编制。

此外,需颁布一个**设计和性能声明**(Declaration of Design and Performance, DDP),其中应包含:产品型号设计的定义信息,产品的额定性能,根据相关的试验报告以及适当的维修、翻修和修理手册证明申请人已经满足相关 JTSO/TSO/ETSO 的符合性声明。

依据 JTSO/TSO/ETSO 批准书生产的物品,原则上可以被接受安装在航空器上。然而,参与的管理当局,依据安装该物品的航空器所适用的型号合格审定规章(如 JAR/FAR/CS‐25),可对该物品提出一些其他的技术要求,并查实与产品特性的兼容性[33]。

ETSO 批准书的申请人应利用如下手段表明其能力:

① **生产方面**,通过持有生产单位批准书(POA)[34]或符合 F 分部的程序[35]。

② **设计方面**,对辅助动力装置(APU),通过持有设计单位批准书(DOA);对所有其他产品,通过一些必要程序规定符合有关要求的具体设计做法、资源和工作顺序[36]。

对 FAA 的 TSO 批准书:

① **生产方面**,需要一个满足 FAR 21.143 要求的质量控制组织。

② **设计方面**,并不要求具备本章"设计单位"一节中提到的正式设计单位批准书。

规章 **JAR‐TSO** 包含了广泛公认的、全面详细的航空要求,用于通过表明符合 JAR 21 部的要求来获得联合技术标准规定项目(JTSO)批准书。在 B 分部中有两个索引:

● 索引 1 列出了和 FAA TSO 技术上相似的所有 JTSO。

● 索引 2 列出了仅仅适用于 JAR 的所有 JTSO。例如:

① 共同认可的对 FAA TSO 偏离,或

② 对特殊申请,当 FAA 没有相应的 TSO 时。

规章 **CS‐ETSO** 包含了产品应符合的技术要求,以便能够依照 21 部 O 分部获得欧洲技术标准规定项目(ETSO)批准书。这些技术条件包含在各自的 ETSO 中,也是这部法规的一部分。CS‐ETSO 的 B 分部也包含有 JAR‐TSO 中所包括的这两个索引。

AC 20‐110L"航空技术标准规定索引"规定了 FAA 用来产生和颁布 TSO 的公共程序。而且,该 AC 提供了 FAA TSO 的索引。这些 TSO 包含了用于民用航空器的具体材料、零件、工艺和设备的最低性能标准。

(2)JTSO/TSO/ETSO 产品仅仅是安装在航空器上的产品的一部分。有时候正像前面所说的,它们对同样的航空器并不兼容。因此必须获得为计划进行合格审

定的产品或为更改批准而专门设计的零部件和设备的批准书。这些用于计划进行合格审定的产品或其更改批准的零部件和设备的生产（以及设计）也可由外部的机构来实现，但是申请人要独立地对这些项目的适航性负责。

鉴定程序一般和 JTSO/TSO/ETSO 批准书相似。在这种情况下，必须公布一份技术说明书和一份设计和性能声明。根据装备的关键程度（它们的失效结果）对它们实施分类，并且管理当局的介入程度通常根据这个分类来确定。

如果对产品零部件适用，那么鉴定程序也必须考虑与相应 JAR/FAR/CS 的××.1309 条款的符合性。记住这一点也许是有用的，也即，当 JTSO/TSO/ETSO 零部件和设备可被安装在任意产品上（除了我们前面已讨论的情况）时，和相关产品型号合格审定过程一起被批准的零部件和设备，只能被安装在相同型号的产品上。

这一点上可能会有一个误解：如果可行，是否强制申请人安装 JTSO/TSO/ETSO 产品？

这也是申请人和管理当局之间经常发生争论的原因，尤其是对通用航空小型飞机的合格审定。必须清楚，只要遵守前面提到的规则，就不存在这种强制要求。当申请人想要安装源自汽车或其他未经合格审定产品（如超轻型飞行器）时，申请人和管理当局之间的争论就会更突出。为什么不行呢？每一个人都可以证实他（或她）自己汽车上的设备和诸多附件的可靠性（经常被证实可以可靠地使用许多年）。

然而，将来自汽车经销商柜台的零件直接转移到航空器上是不可能的。这时候需要执行一个类似上面提及的，涉及产品知识，与航空器运营条件、安装相容性（比如环境和电磁兼容性）的鉴定程序。也需要一个认可程序（一般来说设备供应商不能颁发合格证）。总之，合格的设备应该有自己的件号，以免与等效商用产品的自动互换。

相比安装一个 JTSO/TSO/ETSO 产品而言，所有这些其他的做法都耗费时间和资金。JTSO/TSO/ETSO 产品的唯一缺点在于它通常比较昂贵，它的成本也许是同等汽车商品或者超轻型飞行器设备的若干倍。因此，必须要做出一个选择。考虑到批量生产中获得的积累，对非 JTSO/TSO/ETSO 设备的投资是有利润的。批生产带来较低销售价位，从而占据更有利的市场地位。

然而，如果对是否能批量生产不能确定的话，或者因为一个型号合格证而紧急需要，采用安装 JTSO/TSO/ETSO 产品也许会更为方便。

另外一个关于"轻型"航空的争论根源，在于假定申请人 A 打算在自己的飞机上安装申请人 B 已经采用的未经合格审定的设备。上面讨论所提及的零部件是随产品一起进行合格审定、只对该产品有效的设备；申请人 A 不具备申请人 B 拥有的该设备的知识，不知道对该设备可能已经做过的更改和验收程序。在这种情况下，申请人 A 就必须像申请人 B 那样，为他自己产品所采用的设备进行鉴定。

当然，常识在合格审定工作中也应占优势。按一般的观点，有许多非关键的零件（占大多数的零件），管理当局是可以根据以往的经验和技术评估等来接受简化的鉴定程序的。

前面我们已经提到,用于经合格审定产品(航空器、发动机和螺旋桨)的所有零部件和设备都必须得到批准。然而,一个经常出现的情况,即对航空器适航性无特别要求的设备,我们必须考虑其安装。这些设备是:

(1) 娱乐设备;

(2) 生活设施;

(3) 空中作业设施;

(4) 实验装置;

(5) 用于辅助信息的仪表[37]。

在这些情况下,采用了无风险准则,目的就是保证上面提到的设备本身是没有危险的,并且保证此设备在航空器上的存在也不会危害到航空器系统的性能和功能,以及航空器的适航性。必须明白,从适航性的观点看,上面的准则并不能为这些设备的正确功能及标称性能提供保证,可将其定义为"容许的"。

如果该设备是无线电发射源,申请人有责任获得相关批准书。

(**3**) 这种情况适用于符合标准化规范,如军用标准、汽车工程师学会(SAE)标准、电子工业协会(EIA)标准、美国国家标准协会(ANSI)标准、美国航空航天工业协会(AIA - NAS)标准,或符合由零件或产品制造商颁布,并被管理当局接受的、不同于标准化规范的规范的零部件。上面提到的规范已变成产品型号设计或其更改的组成部分。

(**4**) JAR 21 部的 P 分部规定了颁发安装在经合格审定产品上的替换件和改装件(仅允许小改)的联合零部件批准书授权(JPA auth.)的程序性要求。这些零部件由型号合格证持证人之外的人员所生产。这些人员拥有或者已经申请了适当的生产单位批准(POA)。作为 JPA 授权的结果,这些零部件可以用 JPA 标记来识别。

JAR 21 部的 P 分部不适用于 EASA 21 部。

根据 EASA 21A. 804(a)(3)部,除了 ETSO 产品以外,按照那些经批准,但不属于相关产品型号合格证持有人的设计资料生产的所有零部件和设备,需要用字母 EPA(European Part Approval)来作为标记。

这种方法不同于 JPA 的标识方法。JPA 标识涉及的是按照属于型号合格证持有人的设计数据所生产的零部件和设备[38]。

(**5**) FAA 为零部件制造人批准书(PMA)给出了程序上的规定,这和 JPA 类似。这些替换件对运营人机队的维修尤为重要。实际上,这些零部件要比原装件便宜。

① 对于这些零部件的设计,申请人必须提交必要的试验报告和计算结果,以证明这些零部件满足联邦航空规章中那些安装这些零部件的产品所适用的条款,除非申请人证明了这些零部件的设计跟型号合格证所涵盖零部件的设计一样。如果这些零部件的设计来自于专利使用权转让协定,则须提供这个协定的凭证。

② 对于这些零部件的生产，每个零部件制造人批准书的持有人，都应该建立和维持一个制造检验系统，以保证每一个完工的零部件都符合设计数据，以及保证在适用经型号合格产品上安装的安全。

（6）有一种可能性，就是美国的所有人或运营人不得不生产他们自己的零部件。这主要涉及老龄航空器和"孤儿"航空器（无人知道谁拥有其型号合格证），因为很难找到它们的替换件。1993 年 8 月的 FAA 备忘录解释了所有人或运营人生产的零部件如何能够成为 FAA 批准的零部件：

● 被认做所有人生产的零部件（Owner-Produced Part），不必由航空器的所有人独自生产；

● 若要被认可为所有人生产的零部件，航空器的所有人必须采用下列五种方式中至少一种，参与零部件的制造：

① 所有人向制造商提供零部件设计或性能数据。

② 所有人向制造商提供零部件制造材料。

③ 所有人向制造商提供制造工艺或装配方法。

④ 所有人向制造商提供零部件质量控制程序。

⑤ 所有人亲自监督新零部件的制造。

关键之处是航空器的所有人必须参与零部件的制造，并且如果所有人生产零部件具备获批零部件的所有特征，它只安装于所有人的航空器且不用于出售，那么它将被认可为 FAA 批准的零部件。

经批准的零部件的特征如下：

① 零部件必须妥善设计。妥善设计的零部件是指该零部件的设计获得了 FAA 的批准。

② 生产的零部件必须符合设计。妥善生产的零部件是指零部件符合 FAA 批准的设计。

③ 零部件的生产应当有严格的档案记录。有严格档案记录的零部件提供事实证据，证明零部件是按照 FAA 批准书生产的，并且对零部件的生产情况存有记录。

④ 零部件必须妥善维修。妥善维修的零部件是指零部件依照 FAR 43 部制定的规定进行维修。

（7）"以局方其他任何批准的方式"是 FAA 对上面所列方法之外的材料、零部件、工艺或设备批准的通用陈述。

5.3　主最低设备清单/最低设备清单

这个概念不是由型号合格审定标准直接得出的，而是从一些诸如 **JAR‐OPS 1/EU OPS 1**（商业空中运输——飞机）、**JAR‐OPS 3**（商业空中运输——直升机）[39] 以及 **FAR 91** 部这样的运行标准中得出的。

5.3.1　主最低设备清单

主最低设备清单（MMEL）是（由管理当局批准）适用于航空器型号的总清单。

当保持适用标准所预期的安全性水平时,基于内在的设计冗余度,和(或)规定的运行维修程序、条件和限制,按照持续适航的适用程序,利用该清单来确定那些可以暂时不工作的仪表、设备产品及功能。

这意味着,涉及航空器适航,但未被包括在清单里的所有系统,自然被要求是必须工作的。而像厨房设备和旅客便利设施那样的非安全相关设备,则不需要列入清单。

MMEL 包括了零部件航空器进行合格审定的运营类型。

在 MMEL 批准过程中,某些 MMEL 项目需要向适航管理当局指出的运行和维修程序的支持。

很明显,主设备清单的建立绝对会涉及第 4 章所讨论的安全性评估准则,因此必须**由型号合格证持有人编制**。

5.3.2　最低设备清单

最低设备清单(MEL)是为航空器的运行所提供的,在规定的条件下、飞行开始后不参与工作的特定仪表、设备产品或功能的清单。这份清单是运营人根据管理当局批准的程序,在考虑了相关运行和维修条件后为自己的航空器而制订的。

MEL 是基于局方批准的 MMEL 制订的(并没有减少限制)。

FAR 91 部给出了没有被包括在 MEL 中的仪表和设备标准。

在不具备获批准的 MEL 情况下,FAR 91 也提供了携有不工作仪表和设备进行运行的标准。

在任何情况下(根据 FAR 21.197),如果带有不工作仪表或设备的航空器被认为能够为特殊用途安全飞行(例如交付或出口航空器、测试新生产航空器的生产飞行),则可以依据**特许飞行证**[40]运行。

5.4　进口产品的型号合格审定

进口产品的合格审定一般由进口国的管理当局,通过评估在出口国所完成的型号合格审定来实施。评估的目的是为了确保进口产品的安全性水平与进口国类似产品适用法律、规章和要求所提供的安全性水平相当。这一评估的结果就是型号合格证的**认可**。

接着,TCH 和出口国管理当局准备与不同的进口管理当局进行单独谈判。事情可能会因为不同国家的不同要求而变得相当复杂。

当 JAA 成员国采用了相同的 JAR 之后,这个事情在欧洲就得到了简化。

此外,为颁发通用型号合格证的 JAA 联合合格审定和认可(现在是 EASA 合格审定和认可),进一步简化了问题。因此,各个成员国管理当局为了颁发适航证,仅需检查单一航空器是否符合本国的运行要求[41]。

为了简化 TC 认可过程,国与国之间已经建立**双边协议**[42]。这些协议基于双方在技术能力上的高度互信和对出口当局在协议范围内实施航空器合格审定职能和管理规章能力的高度互信。双边协议并非贸易协定，而是一个技术协议，它能够提供"进口国应对出口国航空主管当局作出的合格审定，给予同等法律效力的待遇，就像是（进口国）自己的航空主管机关，依照其本国适用法律、规章和要求所作出的合格审定那样"[43]。然而，由于这些法律、规章和要求有可能是不相同的，因此，这个协议允许进口国规定**补充技术条件**，这些条件的提出是出于"进口国认为有必要确保这些产品的安全性水平，达到该进口国对其国内类似产品适用的现行有效的法律、规章所要求的同等安全性水平。"[44]。

　　JAR 21 部的 N 分部对 JAA 成员国进口产品、零部件和设备的合格审定，规定了程序上的要求。当大改是由 JAA 国家之外的、不持有型号合格证的人所设计时，对依据补充型号合格证（STC）程序进行的这类大改，该分部也规定了批准程序上的要求。至于美国所关注的类似程序，已经被包括在 FAR 21 部的第 24,29 条款以及 N 分部中。此外，FAA 的 AC 21-23B 提供了有关这个问题的丰富咨询材料。

5.4.1　EASA 型号合格审定

　　至于 EASA. N 分部"不适用"。但是，在 EASA 的内部工作程序"型号合格审定程序"文件中给出了指导标准。型号合格审定的两种情况如下所述。

　　（1）与设计国有双边（认可）协议情况下的型号合格审定。

　　如果欧共体和第三方国家之间，依照规章（EC）No. 216/2008 的第 12 条款签有正式承认的协议，那么这个包括了相关实施程序的协议，可以补充、更改或替代常规的 EASA 合格审定程序。

　　在这种情况下，EASA 合格审定可以被称为**认可**，并且假定了出口产品应满足一个具有相同置信度的安全性水平。这一安全性水平应与通常对 EASA 成员国设计制造的可比产品所要求的安全性水平相当。

　　注：只要欧共体没有缔结自己的双边（认可）协议，按照基本规章的第 12 条款，欧盟成员国和第三国之间的现有双边（认可）协议，包括它们的适航实施程序（IPA），可以用于非欧盟型号合格证的认可。这包括型号认可原则/型号认可后原则（TVP/PTVP），就如同和 FAA 之间的协议那样。

　　（2）与设计国有工作协议情况下的型号合格审定。

　　当 EASA 和第三国的主管当局之间，按照基本规章的第 27 条款，签有工作协议时，应该适用正常的 EASA 合格审定程序。

　　然而，基于工作协议，EASA 可以使用已证明具有同样独立检查功能的外国合格审定系统，查明对 EASA 合格审定基础的符合性。

5.4.1.1　PMA 件的认可

　　2007 年 7 月的 EASA 执行董事决议，是一个关于认可美国依据 FAA 的 PMA 系统设计的零部件的决议。此处给出一个综合介绍。

　　鉴于：

　　● 基本规章要求 EASA 颁发证件，批准零部件和设备设计，以及它们在受基本规章监管的产品上的安装。

● 基本规章认可，在没有欧共体缔结的协议时，EASA 利用成员国和第三国之间现有协议来颁发合格证的可能性。

● 若干成员国已经和美国缔结了双边协议。协议涉及合格审定结果的互认，特别是在某些条件下 PMA 件的批准。

● 当在上述提及协议中所规定的条件获得满足时，EASA 必须签发证件，批准那些零部件的设计。提前批准满足全部协议规定条件的零件设计是一种更加有效的措施，因此，限制局方直接介入需要具体关注的情况。

批准某些 PMA 件设计的决策

EASA 据此对依据 FAA 的 PMA 系统设计的零部件，向受 FAA 监管的单位颁发批准书，只要

● 该 PMA 件不是"关键性"。"本 PMA 件不是关键件"的申明应写在 FAA 表格 8130 - 3 的第 13 栏内；

● PMA 零件符合设计资料。这些设计资料，是根据许可协议，依据 FAA 的 FAR 21. 303(c)(4)，从 FAA 设计批准书持有人处获得的。"零件的生产依照来自 FAA 设计批准书持有人的许可协议"的申明应当写在 FAA 表格 8130 - 3 的第 13 栏内；

● PMA 持有人能够表明零部件已经通过设计更改方式或来自局方的 STC 获得一个明确批准，或表明这个批准是由欧盟成员国的任一国家航空管理当局在 2003 年 9 月 28 日之前批准的。本授权的引用应写在 FAA 表格 8130 - 3 的第 13 栏内。

5.4.2　FAA 型号合格审定

参考上述提及的 AC 21 - 23B，我们提供一些涉及 FAA 技术上介入认可进口（至美国）产品及其内部更改方面的情况。必须意识到这些介入的重要性，因为这关系到欧洲向美国的出口。这些介入活动包括：

（1）使 FAA 熟悉相关产品的总体设计、性能和运行特点，目的是确定美国合格审定基础的所需范围，并且在产品进入美国注册登记使用后，FAA 履行合格审定后的责任。

（2）通过确定美国的适航和环境标准，为所申请产品确定美国的型号合格审定基础和产品符合性验证方法。这些适航和环境标准也适用于在美国生产的相似产品。

（3）理解出口国局方在其产品国内合格审定时所用的适航性合格审定系统（包括适航和环境标准、政策以及合格审定的实施）。这将包括对出口国局方在原型机制造符合性检查、试验和飞行大纲方面参与程度的认识。

（4）出口国局方在其产品国内合格审定时所用适航和环境标准、政策和实施，与美国的型号合格审定基础或设计要求、合格审定政策及实施之间的比较。

（5）定义和解释任何用于满足 FAA 合格审定的附加技术条件，使之与适用的

美国适航和环境标准相当。

（6）与出口国局方之间保持充分联络和技术对话，确保在 FAA 和出口国局方之间，使那些可能影响产品在美国进行合格审定的技术疑问和争议得以尽早识别和解决。

（7）对合格审定项目进行有效的管理，使 FAA 资源在该项目上的使用成本最低。

5.4.2.1　合格审定基础[45]

适用的**美国适航标准**[46]是指那些在申请美国 TC 之日现行有效的标准，同时，适用的**美国环境标准**是指那些在美国型号合格审定[47]之日现行有效的标准。

确定 FAA 合格审定基础的另一种方法是对出口国局方的合格审定基础给出**附加技术条件**（ATC）。这些附加技术条件考虑以下方面：

（1）美国和出口国的基本适航和环境标准的差异。

（2）因豁免[48]而与出口国局方的适航或环境标准的不一致，或出口国局方认可的等效安全结论[49]。

（3）因产品新颖或不寻常设计特征，而由 FAA 颁布的专用条件。出口国局方并未要求对这些产品采用等效方法。

（4）由出口国局方提出的强制适航措施（例如适航指令），以纠正在 FAA 批准申请前的运行中出现的不安全状态。

（5）由 FAA 确定的备选条件，以帮助最终的美国运营商符合美国现行的运行或维修要求。

图 5.4 说明了如何确定美国的型号合格审定基础。

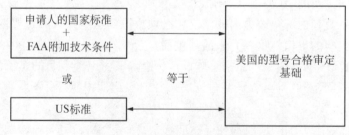

图 5.4　美国的型号合格审定基础

在第二个选项中，如果符合性结论对美国标准适用，那么 FAA 不再提出附加技术条件。

对于上面相关议题所引发问题的识别和讨论，在问题纪要（类似于 JAA CRI[50]）中介绍，并且要求出口国局方有实质性参与。

如上所述，也如 AC 21 - 23B 所描述的，TC 的认可是一个相当复杂的过程，有时比原始型号合格审定更困难。当然，如果全体人员知晓双边协议的基本原则，则当进出口双方的管理当局拥有了足够经验时，这一过程就能够得以简化。

由于认可团队不清楚到底要验证什么(或不必验证什么),所以在 FAA/JAA 早些年的认可中出现了一些问题,招致了大西洋两岸关于制造方面的抱怨。这个情况促使 FAA 和 JAA(也包括后来的加拿大航空管理局)讨论并最终提出了一个"FAA/JAA 认可程序"。这是一本手册,用于解释认可过程、确定组织程序,确定认可小组审查的性质以及小组与出口国局方的关系。此外,在欧洲和美国都为认可小组成员组织了培训课程。

5.5　型号合格证的转让

有时由于各种原因,如企业的出售或者破产、出售合格证型号设计等,需要将型号合格证从一个 TC 持有人转让给另一个人。

这种转让在程序上的要求由 JAR/FAR 的条款 21.47 和 EASA 的条款 21A.47 规定。根据 JAA 和 EASA 要求,新的 TC 持有人必须能够:

(1) 承担 21.44/21A.44 中规定的责任。

(2) 证明有能力获得适合的设计单位批准书,或者拥有局方对替代程序的同意许可[51]。

根据 JAR 21 部和 EASA 21 部,新的型号合格证持有人(TCH)具备经批准的设计单位,是型号合格证转让的先决条件。

FAA 的方法不同。根据 FAR21.47:

> 型号合格证可以转让给他人或利用许可协议供第三方使用。证书出让人应当在其证书转让或者在许可协议签署生效或终止后 30 天内书面通知有关的航空器合格审定办公室。通知书必须写明证书承让人或权益受让人的姓名和地址、转让日期;对于许可协议,还应当写明受让人的权限范围。

这可以解释为不依赖新 TCH 单位而转让 TC 证的可能性。实际上,一种可能性就是与 TC 有关的航空器不再存在,在这种情况下,设计单位的存在就与其无关了。当然,当新的 TCH 根据转让的 TC 开始生产航空器,或者自己为一系列按同一 TC 进行型号合格审定的航空器承担持续适航责任时,局方将会介入。

值得注意的是,对于生产和持续适航来说,必须保持或者恢复对型号设计正确管理的条件。然而,需要澄清的是如果新的 TCH 没有生产部门,那么转让也是有可能的。这种情况下,TCH 的职责必须限制在管理持续适航的范畴,这对已取得 TC 和已运行 TC 所涵盖的航空器型号而言,是至关重要的职责。

因此,适航管理当局不得不应对各种情况。我们将讨论如下的一些例子:

(1) TC 持有人是一个具有生产部门的企业。该企业被出售并更改了公司名称(法人名称),但是未改变实际的组织。这种情况最容易得到解决,因为除了一些不可避免的繁文缛节(FAA 生产许可证或非 EASA 的单位批准书是不可转让的)之外,一切都没有改变。

(2) 将 TC 转让给想要继续生产(或重新开始生产)的其他企业。这种情况下,适航管理当局除了要对 TC 持有人的责任能力作评估(21.44 条),还必须根据 JAR/FAR 21 部或 EASA 21 部的 F 或 G 分部,处置它的生产部门[52]。如果新企业没有获得扩大到新产品生产的生产单位批准书(POA),那很可能就要从 JAR/FAR 21 部/EASA 21 部 F 分部的程序开始了。管理当局的任务比较复杂,因为需要在全新的环境中保证对经合格审定的型号设计的制造符合性,它可能由新的生产方法而受益,但可能要求进行一些必须得到批准的型号设计更改。可以确定的是,局方对于生产的首架航空器的合格审定,将不会满足于为批生产航空器指定的常规验证;需要为航空器型号合格审定进行反复的地面试验并对合格审定试飞进行抽查。所有这些都是为了从安全的角度来确保新的批生产航空器优于此前的航空器。

(3) TC 转让给不具备自身生产手段的企业。这在本章的开始就已经给予了讨论,我们提到了这个企业的任务将被限制在对持续适航的管理方面。在下一点,我们将看到这个 TC 转让是多么的重要,即使航空器生产以暂时或明确的方式被中断。

(4) TC 持有人消失或者不再能够履行他或她的职责。这并不罕见,特别是对于小型航空企业来说,严重的问题也许源自遗留下来被称为"孤儿"的相关航空器。在这种情况下,一般而言有以下两种可能:

(a) 适航管理当局代替 TC 持有人履行相关持续适航的职责。这种情况很可能出现在通用航空的小型航空器上,它们一般要求参与的工作较少。这也允许进口国的适航管理当局履行义务。这些国家保留着受关注型号的航空器。

(b) 适航管理局不想承担 TC 持有人的责任。在这种情况下,型号合格证可能被暂停,直到有新的 TCH 申请,或者在最糟的情况下,型号合格证被撤销。很明显,TC 暂停或者撤销会导致相似的后果。这些结果涉及为尚在运行的有关型号航空器颁发的适航证。

注:依据 EASA 要求,在下列情况下,航空器成为孤儿航空器:

(1) 持有 TC 的法人已不复存在。根据法律,TC 自动失效,因为没有人遵守 TC 持有人的职责[21A. 51(a)(1)和 21A. 44]。

(2) TC 持有人不再履行其监管义务。一个典型情况是,当 TC 持有人失去其 DOA 时,或在 2005 年 9 月 28 日前没有符合条款 21. A. 14,将导致 TC 的失效 [21A. 51(a)(1)]。

(3) TC 持有人放弃 TC。这也将是 TC 失效[21A. 51(a)(2)]。

根据现有的 21 部,不能给孤儿航空器颁发适航证。适航证要求 TC 持有人承担对设计持续监管的职责。因此,它们只有在拥有限用适航证或飞行许可证的情况下继续运行。这些文件只能根据 EASA 批准的设计来颁发。

5.6　持续适航文件

　　飞行安全性始于航空器的设计。这意味着不仅是结构、系统、飞行性能、飞行品质等要符合适用要求,而且也需要为航空器的维修以及在其使用寿命期内的修理提供指导。

　　JAR/FAR 21/EASA 21 部用不同的措词,表达了同样的意思。它们有如下的要求。

5.6.1　持续适航文件条款

　　设计批准书,包括航空器、航空发动机或者螺旋桨的型号合格证或者补充型号合格证的持有人应提供至少一套完整的持续适航文件,该文件与适用要求保持一致。对每个型号的航空器、航空发动机或螺旋桨的所有人来说,在其产品交付或颁发相关航空器的第一份标准适航证之时,取其较晚者,都应该使那些文件可供本规章要求符合该文件任何条款的任何其他人使用。此外,持续适航文件的更改应该可供本规章要求符合该文件任何内容的任何人使用。

　　上述提及的适用要求是指相关的合格审定标准,FAR/JAR/CS‐23,‐25,‐27,‐29,‐33,‐35 部,等等。

　　例如,FAR 23 部有如下的要求(**23.1529 持续适航文件**)[53]:"申请人必须根据本部**附录 G** 编制局方可接受的持续适航文件。如果有计划保证在交付第一架飞机之前或者在颁发标准适航证之前完成这些文件,无论出现其中哪一种情况,这些文件在型号合格审定时可以是不完备的"。

　　为完成例证,我们摘录了附录 G 的内容。这个附录规定了制订 23.1529 要求的持续适航文件的要求。

　　总则:每架飞机的持续适航文件必须包括每台发动机和螺旋桨(以下称为产品)的持续适航文件、本章所要求设备的持续适航文件以及所需的涉及这些设备及产品与飞机接口的任何资料。如果装机设备或产品的制造商未提供持续适航文件,则飞机持续适航文件必须包括上述对飞机持续适航必不可少的资料。

　　格式:必须根据所提供资料的数量将持续适航文件编成一本或多本手册。

　　内容:手册的内容必须用英文编写。持续适航文件必须包含下列手册或条款(视适用而定)以及下列资料。

　　(1)飞机维修手册或章节。

　　① 介绍性资料,包括在维修和预防性维修范围内对飞机特点和数据的必要说明。

　　② 飞机及其系统和安装(包括发动机、螺旋桨和设备)的说明。

　　③ 飞机部件和系统如何控制和工作的基本控制和使用资料,包括适用的任何特殊程序和限制。

　　④ 包含下列细节的保养资料:保养点、油箱和流体容器的容量、所用流体的类

型、各系统所采用的压力、检查和保养口盖的位置、润滑点位置、所用的润滑剂、保养所需的设备、牵引说明和限制、系留、顶起和调水平的资料。

（2）维修说明。

① 飞机的每一部分及其发动机、辅助动力装置、螺旋桨、附件、仪表和设备的定期维修资料。该资料提供上述各项需要清洗、检查、调整、试验和润滑工作的推荐间隔周期，并提供检查的等级、适用的磨损容限和在这些间隔周期内推荐进行的工作。推荐的翻修周期，以及本文件适航限制条款所需的交叉参考也必须列入。此外，申请人必须提交一份包含飞机持续适航所需检查频度和范围的检查大纲。

② 说明可能发生的故障，如何判别这些故障，以及对这些故障采取补救措施所需的检查排故资料。

③ 有关拆卸与更换产品、零件的顺序和方法，以及应采取的必要防范措施的说明资料。

④ 其他通用程序说明，包括在地面运行期间的系统测试、对称检查、称重和确定重心、顶起和支撑以及存放限制的相关程序。

⑤ 结构检查口盖图和无检查口盖时为获得检查通路所需的资料。

⑥ 在规定要作特种检查（包括 X 射线和超声检验）的部位进行特种检查的详细资料。

⑦ 检查后，对结构进行防护处理所需的资料。

⑧ 关于结构紧固件的所有资料，如标识、报废建议和拧紧力矩。

⑨ 所需专用工具清单。

（3）适航限制章节。

持续适航文件必须包含标题为"适航限制"的章节，该章节应单独编排并与文件的其他部分明显地区分开。该章节必须规定型号合格审定所要求的强制更换时间、结构检查间隔和有关的结构检查程序。如持续适航文件由多个子文件组成，则本节要求的章节必须编在主要手册中。

5.7　修理

5.7.1　介绍

受损伤的航空器必须修理。修理意味着排除损伤和/或恢复产品、零部件或设备的适航状态。

采用更换零部件或设备的办法来排除损伤，因不涉及设计工作，所以不需要局方批准（按 JAR 21/EASA 21 部的 M 分部）。

由于修理通常会涉及构型的改变，它被看成是型号设计的更改，因此必须经过批准。

由于有些损伤类型可以预见，所以这些损伤的修理可以预先研究。由型号合格证持有人向航空器运营商提供的手册和其他持续适航文件（例如制造商结构修理手册），包含了开展修理和批准的有用资料。

当这些资料被明确认定和批准后，它们可以被运营商使用，而不需要进一步批准即可用于解决预计的正常使用中的问题，只要它们被严格按照自身的研制用途使用。

当然，不能预见的损伤必须按逐案批准的原则进行批准。

5.7.2　JAR 21/EASA 21 部的 M 分部

JAR 21/EASA 21 部的 M 分部（修理），规定了对产品、零部件和设备所作修理进行批准的程序性要求。下面给出这些要求的简要小结。

5.7.2.1　修理的分类

修理可以是"大修"或者"小修"。分类必须与型号设计更改所适用的标准保持一致（见本章"型号设计更改"部分）。

特别是根据 EASA GM 21A. 435，如果修理需要大范围的静态、疲劳和损伤容限方面的强度论证和/或测试，或者需要特殊的方法、技术或做法，则这样的修理为大修。

此外，为确保航空器仍然符合所有相关要求而需要对最初合格审定的证明数据重新进行评定和评估的修理，也被视为大修。

影响较小、要求最少或不需对最初合格审定的证明数据进行评估就能够确保航空器仍然符合所有相关要求的修理，则被认为是小修。

5.7.2.2　能力的证明

大修设计批准书的申请人应该以持有局方颁发的设计单位批准书来证明其能力。

放宽一些要求，申请人可以寻求局方的同意，使用符合 M 分部要求的程序来作为验证其能力的一种替代程序。

5.7.2.3　修理设计

申请人应该：

（1）表明符合并入 TC 或 STC 中的型号合格审定基础和环境保护要求。当适用时，可给那些要求增加任何修正案或专用条件。这些修正案或专用条件是局方认为建立一种等效于型号合格审定基础确立的安全性水平所必需的。

（2）当局方要求时，提交所有必要的证明资料。

（3）声明对上述要求的符合性。

（4）如果申请人不是 TC 或 STC 持有人，对 TC 基础的符合性可以通过利用自身资源或适用时与 TC 或 STC 持有人作出适当安排来处理。

5.7.2.4　修理设计批准书的颁发

当声明且表明修理设计满足适用条件时，则其应由以下机构批准：

（1）局方；

（2）适当的按局方同意程序经批准的单位，该单位也是 TC 或 STC 持有人；

（3）仅对于小修，按局方同意程序适当的经批准的设计单位。

5.7.2.5　修理的实施

修理可以由恰当批准的维修机构,或者依据 21 部 G 分部[54]的权利所批准的生产机构实施。

5.7.2.6　持续适航文件

修理批准书的持有人,应该为需要修理航空器的每个运营人,提供至少一套完整的因修理设计造成的持续适航文件更改。包括根据适用要求编制的说明性资料和完成说明。

修理手册由型号合格证持有人为航空器运营人提供。修理手册包含了有助于修理的批准及开展的资料。

当这些资料被明确认定和批准后,可以被运营人使用。只要它们严格按照所制定的用途使用,则无需进一步批准即可用于解决预期的正常使用中的问题。

当然,无法预见的损伤必须要逐案批准。

图 5.5 和图 5.6,摘自 EASA 21 部的 AMC 和 GM。虽然初看上去有些复杂,但根据产品设计国是属于欧盟成员国还是非欧盟成员国这两种情况,分别给出了产品修理过程批准的一个清晰概念。

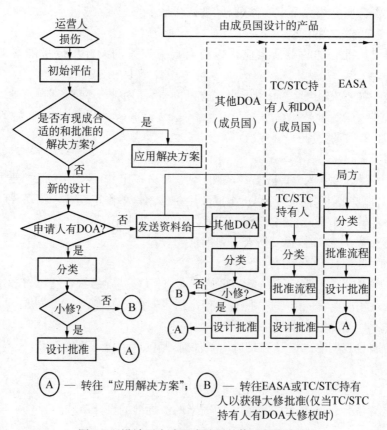

图 5.5　设计国为欧盟成员国的修理批准流程

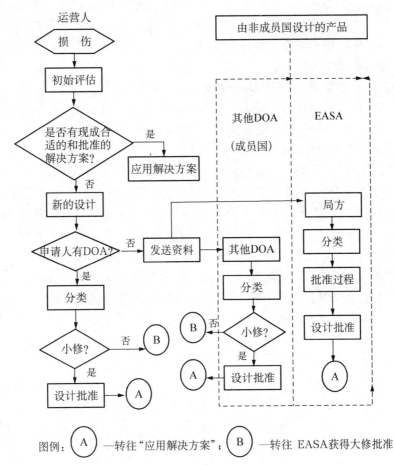

图例：（A）—转往"应用解决方案"；（B）—转往 EASA获得大修批准

图 5.6　设计国为非欧盟成员国的修理批准流程

5.7.2.7　一般说明

我们会问，为什么大修需要在相关产品说明中附加持续适航文件？

答案就是，大修能改变现有的维修工作和检查间隔。例如，主要结构的修理可能需要更多的检查。对发动机静止零部件的修理甚至会影响关键旋转零件的寿命极限。持有检查授权证书或有权批准产品重新投入使用的人，有权决定是否因现有产品进行了大修而需要对其持续适航文件作出更改。

5.7.3　FAA 的修理

FAR 21 部没有专门关于修理的分部。

FAR 1 部中大改定义为没有被列在航空器、航空发动机或螺旋桨技术条件中的，可能会明显影响重量、平衡、结构强度、性能、动力装置工作、飞行特性或影响适航性的其他品质，或者是不能按照常规做法，或者不能通过基本的操作就能够完成改装。

FAR 1 部中大修定义为，如果操作不当，可能会明显影响重量、平衡、结构强度、性能、动力装置工作、飞行特性或影响适航性的其他品质，或者是不能按照常规做法或者通过基本的操作就能够完成的修理。

小修为大修之外的修理。

FAR 43 部（维修、预防性维修、重新制造和改装）对拥有美国适航证的任何航空器、境外注册的依据 FAR 121 部或 135 部条款从事公共运输或邮政运输的民用航空器，以及这些航空器的机体、航空发动机、螺旋桨、设备和零部件，规定了维修、预防性维修、重新制造和改装的管理条例。

我们将通报摘自 FAR 43 部的附录 A：大改、大修和预防性维修。

（1）**机体的大修。**对机体下列部件进行的修理，以及下列类型的修理，包括主结构件的加强、加固、拼接和制造，均属于机身的大修。而通过铆接或焊接来对其主结构件进行的更换也属于机身的大修。包括：①翼盒梁；②硬壳式或半硬壳式机翼或控制面；③机翼长桁或弦构件；④翼梁；⑤翼梁缘条；⑥桁架式梁构件；⑦梁的薄腹板；⑧船壳机身或浮筒的龙骨和舭缘线；⑨用做覆盖机翼或尾翼面缘条的波纹板抗压构件；⑩主翼肋和抗压部件；⑪机翼或尾翼面支撑杆；⑫发动机架；⑬机身纵梁；⑭侧面桁架、水平桁架或隔框；⑮主要的座椅支撑支架；⑯起落架支柱；⑰轮轴；⑱机轮；⑲滑橇和滑橇支座；⑳操纵系统的部件，如驾驶杆、脚蹬、轴、托架或喇叭；㉑涉及代料的修理；㉒采用金属或胶合板压合蒙皮修理受损区域，在任何方向上的长度超过 6 英寸的修理；㉓通过增加缝合对蒙皮某些部分进行的修理；㉔蒙皮的搭接；㉕三个或三个以上相邻的机翼或控制面的肋，或机翼前缘和这些相邻肋之间的控制面的修理；㉖涉及区域大于两个相邻肋所要求面积的织物蒙皮的修理；㉗更换在机翼、机身、水平尾翼和控制面等织物蒙皮部件上的织物；㉘可移动的或整体的燃油箱和滑油箱的修理，包括换底。

（2）**动力装置的大修。**对发动机下列部件和类型的修理，即为动力装置的大修。①从安装有增压器的活塞发动机上，分离或拆卸曲轴箱或曲轴；②从没有安装螺旋桨减速正齿轮传动装置的活塞发动机上，分离或拆卸曲轴箱或曲轴；③利用焊接、电镀、金属喷涂或其他方法，对发动机结构部件进行特殊修理。

（3）**螺旋桨的大修。**下述的修理类型为螺旋桨的大修。①修理或矫直钢制桨叶；②修理或加工钢制桨毂；③缩短桨叶；④木制螺旋桨重新修磨桨尖；⑤更换定距木质螺旋桨的外层；⑥定距木质螺旋桨毂内拉长螺孔的修理；⑦木质桨叶的镶嵌工作；⑧复合材料桨叶的维修；⑨桨叶尖端织物的更换；⑩塑性覆盖层的更换；⑪螺旋桨调速器的修理；⑫可变距螺旋桨的大修；⑬深凹痕、切口、伤痕、刻痕等的修理，铝制桨叶的矫直；⑭桨叶内部构件的修理或更换。

（4）**设备的大修。**对设备进行下列类型的修理，即为设备的大修。①仪表的校准和修理；②无线电设备的校准；③电气配件磁场线圈的重绕；④完全拆解复合式液压动力阀；⑤压力型汽化器及压力型燃油泵、润滑油泵和液压泵的翻修。

　　FAR 145(**修理站**)规定了颁发机体、动力装置、螺旋桨或设备维修和改装设施修理站合格证和相关等级的要求,也规定了此类合格证与等级持有人的一般运行规则。

　　总之,我们可以看到 FAA 规定了关于改装与修理大体一致的规则。范围更大一点,是在维修框架内规定的,第 9 章讨论了这个问题。

注释

　　1. 参见第 8 章。

　　2. 产品指飞机、发动机和螺旋桨。

　　3. 这段文字是 EASA 第 21 部分的。FAR21 部与其措词略有不同,但是意思是一致的。JAR 也与此类似,与环境保护要求无关。

　　4. 持续适航。定义为产品在其整个使用寿命期内的适航性。因此相关的信息描述了产品和它的特征、营运信息和维修指令等。

　　5. 噪声合格审定是型号合格证的一部分。

　　6. 参见第 6 章,"原型机及试验件的制作"。

　　7. 欧洲航空研究咨询委员会(ACARE)建议了航空航天制造的若干挑战性目标,这其中包括,对 2020 年起投入使用的航空器,相比于它们在 2000 年的同类型航空器,减少 50% 的 CO_2 排放、80% 的 NO_x 排放和 50% 的噪声公害。

　　8. 我们不说"制造商的观点"是因为制造商和设计者是不同的"主体"(在法律上)。

　　9. 这对设计是足够的,是合格审定的目标。

　　10. JAR 21 部也包含 JB 分部,是零部件和设备设计单位的 DOA。如果认为批准书有助于型号合格证或补充型号合格证的申请人或持有人在表明对适用要求符合性方面是适当的,局方接受这样的申请。根据上述提及的申请人或持证人颁发 JB 的 DOA。但 JB 的 DOA 没有特权。

　　11. 在 21 部的 AMC&GM 中有详细解释。

　　12. 设计单位应允许局方审查任何报告和进行任何检查、实施或目击任何飞行和地面试验,以便于局方检查申请人提交的符合性声明的真实性。

　　13. 那就是没有局方的直接干预。

　　14. 他们必须包含一个参考 DOA 权利的声明。

　　15. 见本章"补充型号合格证(STC)"部分。

　　16. 这用于在私人非复杂航空器或适航证(或限用适航证)不适用的型号上的非商业飞行活动。

　　17. 被适当批准的设计单位在其权限内,可以颁发飞行许可证,只要飞行条件的批准是根据:**21A. 710 飞行条件的批准**(可参见第 8 章的图 8.1 和 8.2)。

　　(1) 当飞行条件的批准涉及设计安全性时,飞行条件应由下列机构批准:

　　① EASA 局方;

　　② 根据 21A. 263(c)(6)的权限,由经适当批准的设计单位。

　　(2) 当飞行条件的批准不涉及到设计安全性时,飞行条件的批准机构应是主管当局,或可以颁发飞行许可证的经适当批准的单位。

　　(3) 在批准飞行条件之前,必须让 EASA 局方、主管当局或经批准的单位,能够对航空器具备在规定条件和限制下安全飞行的能力满意。出于上述目的,EASA 局方或主管当局可以进行或要求申请人进行必要的检查或试验。

对于 **21A. 708**，**飞行条件包括**：

（1）申请飞行许可证的构型。

（2）航空器安全运行所需的任何条件和限制，包括：

① 对航线或空域，或这两者提出的飞行要求的条件或限制；

② 对驾驶航空器的飞行机组人员提出的条件或限制；

③ 对载运非机组人员的相关限制；

④ 需要满足的使用限制、具体程序或技术条件；

⑤ 具体的试飞大纲（如果适用）；

⑥ 具体持续适航协议，包括将被实施的维修说明和制度。

（3）证实航空器具备在附款（b）的条件或限制下安全飞行的能力。

（4）控制航空器构型使其保持在规定条件内的方法。

18. 21A. 711(d)："飞行许可证应当规定依据 21A. 710 批准的任何条件和限制"[17]。

19. 我们一般将使用"局方"这个术语；当然，机构也是意指局方。

20. 在美国，这个问题很早就已经通过不同组织形式解决了。在通用航空危机面前，每年有数以千计的飞机问世，以致 FAA 无法采用"传统的"监督来处理。

21. 这是与控制的安全性评估相似的事宜。

22. 产品审核：对单独试验或试验件进行的检查，以确保正确地实现对适用要求符合性的证明。

23. 系统审核：对申请人组织、人员和程序实施检查，以保证和适用要求的符合性。

24. 仅 EASA 21 部内的噪声、燃油通气和排气排放。

25. 通常，指数量上的增加。不过，在一些情况下，在相同的 TC 中已经接受数量上的减少（例如三发航空器转变成双发航空器）。

26. 例子是往复式活塞发动机被喷气发动机替代，并且喷气旋翼取代了机械传动旋翼。

27. JAR/FAR 21 部和 EASA 21A 部的 17 和 101 条规定了适用的适航法规，以及按情况，适用于拟进行合格审定的产品的专用条件、等效安全性结论以及豁免。

28. 其中一个例子：空客 A340 - 200，300，500 和 600 系列飞机。

29. 早期的修正案可以不早于列入型号合格证供参考的相应规章。

30. 实质性更改：设计更改的程度足以要求对适用要求的符合性进行充分完整的调查，因此，按照 JAR/FAR 21. 19 或 EASA 21A. 19 要求一个新的 TC。

31. 标准件。制造的零件完全遵照规定的、政府或工业界接受的包括设计、制造和统一标识要求的规范。规范必须包括生产零件和保持零件一致性所需要的所有资料，并且必须公布以使任何人员可以制造这些零件。规范的例子包括但不仅限于，NAS、空军-海军航空标准（AN）、汽车工程师协会（SAE）、SAE 航空标准和军用标准（MS）。

32. 用于进口用途的证件，也可用于国内和欧共体内，作为制造商向用户交付零部件的正式证件。EASA 21 部的附录 I 包括的复印件和填写说明文件。NPA 2007 - 13 正在征求建议中，用于引入新的指令，以使得同其他的批准放行证书更好地统一，如 FAA 表格 8130 - 3、加拿大运输部表格 24 - 0078 及其他的表格。FAA 指令 8130 - 21E 规定了批准放行证书，FAA 表格 8130 - 3、适航批准标签的填写和使用程序。

33. 一个简单的例子：如果高度表的限制在 30 000 ft，它就不能被安装在一架最大实用升限为 50 000 ft 的航空器上。

34. 参见第 7 章。

35. 参见第 7 章，"没有生产单位批准书的生产"。

36. JAR 21 在这一点上更通用。

37. 飞机运行不需要的资料。

38. EASA 145 部批准的组织只能制造自用的、符合经批准设计资料的零部件(条款 145 42(c))。如果这些资料来自 TC 持有人,条款 21A. 804(a)(3)将不适用并且那些零部件不需要 EPA 标记。如果数据来自 STC 持有人,小改批准书的持有人或者维修批准指令,那么零部件将必须按适用资料的规定进行标识,应包含 EPA 标记。

39. JAR - OPS 2(通用航空)还没有颁布。

40. 飞行许可证可以按 EASA 21 部的 P 分部颁发。

41. 参见第 4 章的 4.3.48 节。

42. 例如,FAA 双边航空安全协议(BASA)和本来的适航实施程序(IPA),即用来替换旧的双边适航协议(BAA)。

43. FAA 的 AC 21 - 23B。

44. 见注释 43。

45. 参见第 6 章的 6.2.5 和 6.5.7 节。

46. 除非是双边协议的国家,否则,向出口国管理局的申请日期可以被接受。

47. 这是一个非常严格的要求,因为这些标准可能会在最后一刻被修订。

48. "豁免"意味着对特殊要求的不符合性被局方正式接受。

49. 等效安全性结论:任何不能符合的适航规定,可以通过提供等效安全性水平的要素来弥补。

50. 参见第 6 章的 6.2.5.3 节"合格审定评审项目"。

51. 参见本章"设计单位"部分。

52. 参见第 7 章"生产单位"。

53. 其他的航空器标准在相应章节上有相同编号。JAR/CS - 23 有等效的要求。

54. 参见第 7 章,"生产单位"中 7.2.2.2 节。

第6章　型号合格审定过程

6.1　JAA联合合格审定和国家合格审定

本节写于2000年末,主要目的是从历史角度看问题,因为EASA已引进了一些新的程序。

然而,值得关注的是JAA这么多年是如何运作的,这将在6.1、6.1.1以及6.1.2节中介绍。

在前面的章节里,介绍了JAA如何利用联合型号合格审定来简化成员国之间航空产品的交易。JAA不是司法主体,不能签发型号合格证,只能在程序的最后提供"建议",使各个成员国不需要进一步的验证便可签发型号合格证。因此,国家当局在根据相关国家有效的运行规则进行符合性评估后,以此为基础签发适航证。

联合合格审定实际上是根据两个程序进行的。

6.1.1　JAA多国程序

本程序用于"高端"产品的型号合格审定。不需要列出所有此类产品,例如大型航空器、通勤类航空器和涡轮发动机等[1]。来自不同国家当局的专家组(如结构、飞行试验和系统)共同进行此类产品的合格审定。总之,国家当局为每类合格审定推荐一些专家;根据这些专家的经历对其进行评估(需要其简历),然后JAA评估并批准专家组的成立。负责协调专家组工作的项目主管以相同的方式任命。

6.1.2　JAA本国程序

本程序用于"低端"产品的型号合格审定。例如甚轻型飞机、滑翔机/动力滑翔机和某些JAR 23部的单发飞机等[2]。通常此类产品的型号合格审定需要较小规模团队以及不太复杂的管理。因此,由JAA批准为**主要合格审定管理当局**(PCA)的国家适航管理当局(可能是申请人所在国家的适航管理局)进行这种合格审定过程。这些是在JAA委员会评估完国家管理当局的合适性后进行的。JAA合格审定处监控PCA的工作,其在型号合格审定过程结束时,为国家型号合格审定提供通常的建议。

　　仍然值得考虑的是申请人不一定要实施联合审定。考虑到 JAA 的法律地位，各国的合格审定仍然可行。当然，在这种状况下，型号合格证只在适航管理当局所在国有效，因此型号合格证必须经过每个产品的进口国认可（联合合格审定之前也有同样的程序）。

　　在过去的几年中，有一些申请人选择单国合格审定的例子。初看似乎缺乏认识，但实际上是技术和经济方面的综合考虑。特别是多国形式的 JAA 合格审定比单国合格审定复杂得多，并且要耗费更长的时间。此外，因为没有"联合"的收费系统，从管理当局的收费角度来看也是不均衡的。例如，以英语为主的合格审定组要比以法语为主的合格审定组收费高。综合所有这些考虑，如果一个企业对欧洲市场没有兴趣，而仅关注于本国和（可能还有）美国市场（无论联合合格审定还是单国合格审定都需要 FAA 确认），那么选择单国合格审定要更方便一些。

　　伴随着 EASA 的建立，制订了新的规则，单国合格审定将被取消[3]。

6.2　EASA 型号合格审定程序

　　虽然 EASA 和 FAA 关于型号合格审定程序的基本理念大致相同，但型号合格审定过程仍有各自的特点，有必要对 FAA 的过程单独说明。

　　在对待这个主题时，应记住同样的基本理念也适用于型号合格证的更改、补充型号合格证的批准和欧洲技术标准规定项目的批准[4]。

　　下面的信息基于 EASA 的"型号合格审定程序（C. P008 - 02）"，这是目前欧洲的适用文件。

6.2.1　申请

　　EASA 型号合格证（EASA 表格 30）的申请书应送到 EASA 的申请与采购业务部，并依照 EASA 21 部 A 分部的 21A. 15 条款制作。

6.2.2　技术调查任务的属性

　　EASA 局方充分评估资质并接受申请后，负责合格审定的主管将决定技术调查是进一步在内部进行，还是由 NAA 来完成[5]。

　　当申请在内部进一步处理时，由 EASA 产品合格审定部利用 EASA 工作人员和/或 NAA 借调人员实施技术调查。当 EASA 局方和 NAA 借调人员之间存在提供服务的框架服务合同时，可以邀请 EASA 产品合格审定部选定的个别 NAA 工作人员在局方的直接技术管理下参加某项具体的技术任务。

　　EASA 局方可以将技术调查任务指派给具备承担这个任务资质的，并且和 EASA 局方存在适当法律协议的 EASA 会员国的 NAA。

　　所有合格审定任务，不管是在内部还是由 NAA 实施，应当依照 EASA 型号合格审定程序的规定执行。

　　对于产品型号合格审定任务，可能出现下列情况。

6.2.2.1　欧盟产品

（1）假如 EASA 局方自己不实施产品型号合格审定任务，该任务应分配给设计国的 NAA 实施。

（2）由于某些原因，如资质范围不充分、无能力或不愿意按照 EASA 程序或在分配的时间内提供服务等，导致无法将合格审定任务分配给设计国的 NAA 实施，这时可以考虑在 EASA 内部实施合格审定任务，或者可以将该合格审定任务交由具备合格资格的其他 NAA 实施。这个其他 NAA 的选择应考虑其对此任务的独特经验和能力，也就是说，该 NAA 已经具备了所需的在产品某一特殊领域、范围或种类方面的专门知识和技能，并且有资质在这些领域实施任务。

6.2.2.2　非欧盟产品

由外国组织机构设计的进口产品，如果 EASA 局方自己不实施型号合格审定任务，欧盟成员国的 NAA 可以按照"6.2.2.1（B）欧盟产品"小节中列出的标准，分配型号合格审定任务。

6.2.3　合格审定小组

6.2.3.1　总则

航空产品型号合格审定的审查流程由项目合格审定主管（PCM）领导的专家小组实施。PCM 向 EASA 的合格审定主管负责。

6.2.3.2　合格审定小组的确定

如果负责的 EASA 合格审定主管认为有必要，为建立合适的合格审定小组，申请人将组织初期的通报会全面熟悉项目。这个通报会将在一个交通便捷和经济划算的地点举行。首次通报会的出席人员一般至少包括一名 EASA 合格审定处的代表和 PCM（如果已经任命）。

随着对项目的全面熟悉，负责的 EASA 产品合格审定主管和产品合格审定部的主任专家、环境保护合格审定分部主管和任命的 PCM，从 EASA 和/或来自于 EASA 有适当合同安排的各个国家航空当局（NAA）工作人员之中，选择合格审定小组成员。

合格审定小组的组成和规模可以变动，这取决于需要进行型号合格审定的产品。如果证明审查范围不需要一个小组，那么一个人就可以实施审查。

对螺旋桨的合格审定小组可以只由一名专家组成，然而如果是新的大型运输航空器可能需要下述更多学科领域的专家：

飞行（包括性能）、人为因素、结构、液压机械系统、电气系统、航空电子系统、电源装置、传动、客舱安全、环境控制系统、电子控制和软件、噪声和环境保护。

对于衍生型号或大改或大修的合格审定，在不影响合格审定小组针对项目属性和复杂性所进行的规模调整的情况下，应该尽可能由涉及相关产品及其持续适航的初始合格审定的审定小组进行。

在无需申请人直接开支的情况下，接受培训的人员可以参与审查。

6.2.4　欧盟产品的型号合格审定

EASA 的型号合格审定过程一般可分为下列阶段：

- 阶段 I——技术熟悉和型号合格审定基础的制订。
- 阶段 II——合格审定项目协议。
- 阶段 III——符合性确定。
- 阶段 IV——最终报告和型号合格证签发。

注：下列所说明的型号合格审定阶段来自实际和已经试验的合格审定程序和技术细节，未必说明上述 EASA 型号合格审定程序的内容。

6.2.4.1　阶段 I——技术熟悉和建立型号合格审定基础

这个阶段的目标是向专家组提供项目的技术资料，以便定义和同意初始 EASA 型号合格审定基础。

型号合格审定基础通常根据申请当日有效的适用 CS 规章制订，如果有必要，包括专用条件[6]。专用条件不需要在合格审定过程开始时就全部签发，因为其也可能在合格审定过程由更好的设计理念形成。第 5 章阐述了在型号合格证更改和型号合格证认可的情况下，建立合格审定基础会变得有些复杂。

6.2.4.2　阶段 II——合格审定项目协议

这个阶段的目标是定义和同意所提出的对审定基础中每一条款的符合性验证方法，确认审查组的介入程度。

当确定了审查组的介入程度后，应充分利用申请人的设计单位批准书（DOA）权利[7]，特别是关于不需要进一步验证就可接受的符合性文件的协议。

为具体说明这个情况，下面定义了有关这个阶段的技术术语。

（1）**职权范围（ToRs）**。局方项目审定主管制订的相关合格审定基础的所有段落和小段清单，并标明了负责符合同一要求的专家。可能由不同的专家负责同一段落（例如，一名系统专家、一名结构专家和一名飞行手册专家）。每名专家都必须做好其本职工作，并且需要相互协作来确保整个的符合性。

（2）**符合性验证方法（MoC）的定义**。MoC 是表明对要求的符合性验证方法的分类。例如，可以通过飞行试验、静力试验和/或验证报告表明符合某项要求。在 JAA 的程序中定义了这些 MoC，下面是一些例子。

MC2：计算/分析。关于载荷、强度、性能、飞行品质或其他特性的评估报告。

MC3：安全性评估。阐述安全性分析思路和方法、安全性评估计划（软件）、系统安全性评估、区域安全性评估及其他的文件。

MC6：飞行试验。关于写入"飞行试验大纲"并由试飞机组执行的飞行试验报告。

MC7：检查。制造符合性检查以验证材料、零部件、工艺和加工过程符合型号设计。航空器检查以验证对要求的符合性，这种符合性无法仅根据对技术资料的评估便可充分确定。

定义 MoC 是合格审定过程中一个非常重要的阶段,因为它奠定了拟进行工作的基础。为此,局方的审定小组和申请人必须对其在细节上充分达成一致,以保证良好的相互理解。

(3) **符合性检查单(CCL)**。申请人必须编制与每项适用合格审定要求的符合性记录。基于上述 MoC,这个记录必须引用表明对适用要求符合性所必需的文件,并采用**符合性记录单**(Compliance Record Sheet,CRS)的形式。随着表明符合性过程的推进,当一段"关闭"时,其 CRS 将进入 CCL,包含能挑出已进行符合性证明的所有参考信息(相关报告的标识、名称和版本、页码及对其他文件的引用)。

在型号合格审定过程中,CCL 是一份重要文件,它实际上能追溯到即便是多年前的符合性文档。因此,一旦因事故、事故征候或其他原因引发争论,它便是型号合格证后阶段批准更改的依据。

6.2.4.3　阶段Ⅲ——符合性确定

这个阶段的目标是证明符合合格审定基础并接受符合性的证明。

一旦确定并同意了 MoC,申请人必须向局方提供试验和计算结果以表明符合合格审定基础,这通常通过文档和报告实现。报告必须准确引用本质要求,如果符合不同的 MoC,不仅仅要引用段落,还要引用 MoC 关注的段落。

在符合性检查单中,每个提及的文档必须包含申请人声明(全部或部分)符合适用要求的陈述。

现在,描述这一关键阶段的一些工作。

(1) **原型机和试验件试验**。前面提到过,证明符合性不但经常需要在原型机上进行试验,而且还需要对航空器的单个零部件进行试验[8]。

显而易见但又应当牢记的是,原型机或单独零部件试验都必须代表型号设计。为此,要求对于任何合格审定试验,申请人都须提前提交对型号设计的制造符合性声明,或者若存在偏离,则声明这些偏离不影响拟进行的试验。

举一个明显的例子,在客舱布局偏离型号设计时,或者带有与飞行操纵无关的无效系统评估飞机的失速特性,都不会受到这些异常特征的影响。而对于襟翼和操纵面有关的未申请的更改,结果应该不同。

因此,在合格审定过程中,制订正确的原型机和试验件的构型控制至关重要。还必须检查型号设计更改对已有试验和文档所带来的影响。对上述试验与文档整合是必需的,最糟的情况是需要重写。

(2) **合格审定评审项目(CRI)**。CRI 是一个文档,记录使得某科目关闭的每一步骤,特别如下列情况:

① 记录定义型号合格审定基础内容所遵循的程序(CRI A-1);

② 制订和管理专用条件;

③ 管理新的政策,例如特殊的 MoC/解释说明;

④ 管理豁免[9] 或等效安全结论[10];

⑤ 处理合格审定小组和申请人之间存在争议的问题。

局方的项目审定主管(PCM)在其报告的"结论"陈述中,将在某个时候局方高层集中作出决定后,提供有关如何解决这些问题的决策文件。

局方项目审定主管在其报告的"结论"陈述中,将记录为解决某一问题达成的决议(有时须经局方较高层同意)。

(3) **行动项目(AI)**。行动项目的目标是管理不需要 CRI,但是需要申请人或审定小组特别注意的项目的进展情况。行动项目可以在下列情况下开始:

① 评审选定科目的符合性证明是否合适;

② 必要时跟踪一个"关闭"的 CRI[11];

③ 管理衔接合格审定和飞行运行的事项;

④ 认为有必要的任何其他情况。

必要时,AI 将定义拟检查的特性、相关要求、使用的解释、活动、承担的责任和结束的依据。

6.2.4.4　阶段Ⅳ——最终报告和签发型号合格证

这个阶段的目标是建立项目的最终报告,记录型号审查的详细资料并基于负责的合格审定主管对最终报告的批准,签发 EASA 型号合格证。

(1) **符合性声明**。在完成合格审定计划后,申请人应提供符合性声明,即声明拟通过型号合格审定的产品的型号设计符合型号合格审定基础。

审定组成员就申请人符合性声明中涉及的相关专业,向项目合格审定主管发表满意性声明。

当项目合格审定主管收齐来自 EASA 合格审定小组所有必要的满意性声明后,将会向负责的 EASA 合格审定主管发表符合性声明,确认产品型号设计符合型号合格审定基础。

(2) **最终合格审定报告**。项目合格审定主管和合格审定小组,将一起完成和提交给负责的 EASA 合格审定主管一份报告,其记录了型号审查过程所依据的型号设计、审查过的重要科目、审查的详细情况、已讨论过的 CRI、遵守的过程和关于对型号合格审定基础的符合性结论[12]。

如果还有一些尚未结束的工作,即所谓的**型号合格证后项目**,需要一并发布其表列清单,来确保这不是推迟型号合格证签发所需的一些符合性证明的借口。

(3) **型号合格证**。在最终报告批准之后,负责的 EASA 合格审定主管将为签发型号合格证而在 EASA 内采取必要的步骤。

型号**合格证数据单**[13]将成为 EASA 型号合格证的组成部分。

下面将更详细的描述这最后的阶段。

通常,将举行型号合格审定委员会(Type Certificate Board,TCB)最终会议[14],其目的如下所述。

（1）**签认**：

① 行动项目的结束；

② 合格审定评审项目的完成；

③ 符合性记录单/符合性检查单的批准；

④ 局方飞行试验结果。

（2）**批准**：

① 航空器飞行手册和适航性限制部分；

② 合格审定维修要求；

③ 型号设计的定义；

④ 型号合格证后项目；

⑤ 型号合格证数据单（TCDS）的草稿。

（3）**签署**：申请人的符合性声明和审定组的符合性声明。

6.2.4.5　管理当局的介入

第 5 章提到，如果申请人获得了设计单位批准书（DOA），基于 DOA 的权利，局方的介入程度是可以调整的。

当然，局方必须特别参与合格审定过程的一些阶段，即所谓"初始阶段"：熟悉、合格审定基础确定、符合性记录单的批准。还必须管理合格审定评审项目，而且，局方可以与申请人安排选择应该检查的报告和应该目击的试验。

在飞行试验的情况下，局方通常雇佣自己的飞行人员并根据申请人的试飞报告执行飞行试验程序。

毫无疑问，由于受到各种因素的影响，例如，设计的复杂性，特别是设计单位在以前型号合格审定中表现出来的经验的影响，不可能建立局方介入程度的规则。

如果因为申请对象不需要 DOA，所以申请人没有 DOA，就不会享受 DOA 权利，局方不允许委任任何事情，原则上其将参与每一份报告和每一项试验。

在这种情况下，设计的性质和申请人的经验也是非常重要的。这意味着取决于局方审定小组的专业风格，决定检查是否充分，或者他们是否应该"审阅所有的计算"。

6.2.4.6　TC 证后活动

在型号合格证签发之后，同一个合格审定组通常将参与以下活动：

（1）型号合格证持有人（TCH）进行的型号设计更改。

（2）由型号合格证持有人以外的其他人进行的型号设计更改。

（3）持续适航活动，包括服务通告（Service Bulletin, SB）[15]的批准和适航指令（Airwoethiness Directive, AD）[16]的签发。

（4）修理的批准。

6.3　FAA 型号合格审定过程

6.3.1　简介

针对申请人设计单位时，FAR 21 部并未提及需要正式的批准。

为了理解 FAA 型号合格审定，会遇到 FAA 机构的一个基本特点：**委任**（delegation）。

1958 年《联邦航空法》（*Federal Aviation Act*）是允许 FAA 对航空器制造商雇佣的个人进行授权并委任工作的最初法案。尽管由制造商支付薪水，这些**委任代表**（designee）却作为 FAA 的代理人去检查航空器设计、生产质量和适航性。FAA 负责监督这些委任代表的活动并确定设计是否满足 FAA 的安全性要求。

很重要的是要注意到，根据《联邦法典》（*Code of Federal Regulations*），只要规章提到"局方"（Administrator），即包括由局方授权行使或履行特定的权力、职责或职能的任何人。

至少从 1927 年起，个人对航空器进行检查、试验和检验就成为了 FAA 航空安全管理体系的一部分。1958 年 FAA 的法案确定了为了签发合格证可以任命各种委任代表的现行法定权力。

关于委任代表的职能和职责，FAA 指令 8110.37D 对于委任工程代表（DER）、指令 8100.8C 对于委任制造检查代表（DMIR）、委任适航代表（DAR）和单位委任适航代表（ODAR）都有相应的规定。

FAA 在合格审定过程中同时依赖个人和组织委任。正如 FAA 委任管理过程政策所规定的一样，委任制度在充分监督防范下应用到最大实用程度。FAA 和申请人同意在有关委任代表任命、程序和监督的规章和政策范围内管理所有委任代表的活动。FAA 和公众相信委任系统的完整性而且其能正常工作是至关重要的。FAA 和申请人同意营造使得委任代表和申请人的管理部门之间以及委任代表和他们在 FAA 对应部门之间的公开交流是常规作法的环境。该环境鼓励委任代表在其授权的范围内与 FAA 开放地交流合格审定事项，这对保持对委任系统的信心是必需的。申请人同意营造一个委任代表可以依据符合性和制造符合性结果进行判断而不受到必要压力的工作环境，能得到 FAA 的支持和理解。FAA 人员和委任代表应当清楚地认识到，其目标是确定与规章的符合性而不是指挥设计。

6.3.2　委任工程代表

委任工程代表（DER）在其权限范围内可以批准工程技术资料，当得到 ACO[17] 授权后，可以目击 FAA 的符合性验证试验并执行符合性检查。DER 将遵循 FAA 指令 8110.4C《型号合格审定过程》（*Type Certification Process*）规定的程序。DER 的特定任务、授权领域和职责，将通过 ACO 和 DER 之间的协议确立。

6.3.2.1　公司 DER

个人可以为其雇主担任公司 DER，只可以为公司批准或者向 FAA 建议批准技术资料。在 FAA 和公司同意的情况下，公司的 DER 在不同的管理层行使其 FAA

职能。在某些情况下,DER 可以由其本人评估并批准技术资料。在另外一些情况下,通过公司的管理系统,DER 可以确认其他人对技术资料做出了恰当评估,然后 DER 将认可资料符合适用规章,从而批准资料。

6.3.2.2 顾问 DER

个人可以被任命为独立(自由职业的)的顾问 DER,代表 FAA 为某客户批准或者建议批准技术资料。

6.3.2.3 DER 的委任

DER 是根据明确的任命范围进行工作的专家。其中包括:

(1) 结构 DER;

(2) 动力装置 DER;

(3) 系统和设备 DER;

(4) 无线电 DER;

(5) 发动机 DER;

(6) 螺旋桨 DER;

(7) 飞行分析 DER;

(8) 试飞员 DER;

(9) 声学 DER。

FAA 指令 8110.37D 规定了每一类 DER 的职能项目。

值得提及的是,还有在上述职能项目清单中没有列出的"特殊"委任/授权。下面是"特殊"委任的例子。

6.3.2.4 行政/管理 DER

取得资质的人员可能被任命为行政协调员或作为申请人的合格审定项目主管。这些任命使得 FAA 免于进行常规的项目管理、技术协调和通常与合格审定计划相关的指导。

(1) **行政 DER**。通常公司的 DER 是 FAA 协调活动的联络点,包括组织技术 DER 活动、通信、例会、制造符合性检查以及 FAA 参与的正式试验。

(2) **管理 DER**。通常是顾问 DER,履行 FAA 的合格审定管理职责,类似于 FAA 项目主管。包括组织合格审定计划,指导、监督和管理技术评估和符合性结论的任务。除了供 FAA 批准而保留的领域的技术资料之外,管理 DER 确保表明符合性所要求的所有技术资料均经相应的 DER 审查和批准。

6.3.3 型号合格审定过程的指导材料

为型号审定过程提供的基本指导材料如下:

(1) **FAA 指令 8110.4C《型号合格审定》**,规定了负责民用航空器、发动机和螺旋桨等合格审定过程的 FAA 航空器合格审定人员的职责和工作程序。

(2)《**FAA 和工业界产品合格审定指南**》,包括了改进审定过程的目的以及观点的描述,也包括了产品合格审定阶段的概述,包括过程的流程图和关键角色的作用的详细描述。该指南介绍了如何规划、管理和记录一个切实有效的产品合格审定过程以及 FAA 和申请人之间的工作关系。该指南可用于型号合格审定、补充型号合格审定、型号合格证(TC)和补充型号合格证(STC)的重大修订、生产批准书以及包括 PMA(零部件制造人批准书)和 TSO(技术标准规定项目)批准书在内的其他设计批准。该指南是对现有 FAA 指南的补充。

若要更深入的理解这个问题,可以查阅上述文件、经过培训和在职培训。下面将基于上述两个文件,描述 FAA 型号合格审定过程中的一些主要问题。

6.4　FAA 和工业界产品合格审定指南

从描述构成型号合格审定过程基础的两个文件开始,首先总结 FAA 和工业界产品合格审定指南(CPI 指南)。

6.4.1　安全保障合作计划

安全保障合作计划(Partnership for Safety Plan,PSP)是 FAA 和申请人之间的"伞"形书面协议,定义了产品合格审定的一般程序,建立了总体期望或操作规范,并确定了交付的产品[18]。PSP 也定义了规划和管理合格审定项目的一般原则和方法,包括项目进度节点形成、一般委任程序、制造符合性程序、沟通机制、问题解决过程以及项目评价指标形成的一般操作规范。

CPI 指南的附录 I 提供了制订 PSP 的说明。

6.4.2　专项合格审定计划

专项合格审定计划(Project Specific Certification Plan,PSCP)将议定的 PSP 原则应用于具体合格审定项目。每一个项目都有 PSCP,旨在作为项目管理工具,提供项目节点、绩效衡量指标和合格审定项目特有的信息。PSCP 基于 PSP 一般方法确定一些程序并应用于具体项目中。

图 6.1 是 PSP 和 PSCP 关系的图形表达。

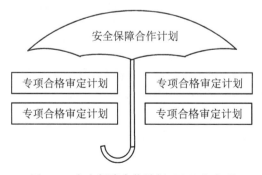

图 6.1　安全保障合作计划(PSP)和专项
合格审定计划(PSCP)之间的关系

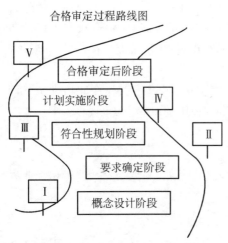

图 6.2　合格审定过程的"路线图"

6.4.3　型号合格审定阶段

型号合格审定有 5 个阶段。涉及了从初期的项目概念与启动，到合格审定之后的活动。图 6.2 描述了这 5 个阶段。

这里将只讨论五个阶段的定义。CPI 指南包含了每个阶段的详细描述，其中包括阶段的定义、任务、所需信息、成果以及成功的判据。

此外，每一个表格之后是阶段的评价清单，作为在适当阶段评价项目的工具。

FAA 和申请人的项目主管应在产品合格审定的每一阶段结束时合作准备阶段评价清单。这些表格应该由申请人/FAA 工作小组进行持续评估，以便及时改进审定过程。

6.4.3.1　阶段 I——概念设计

当申请人开始形成产品的设计概念，并且可能导致一个切实可行的合格审定项目时，此阶段就开始了。其目的是保证尽早的、可增值的共同参与，期望涵盖关键领域和相关的管理问题，并开始制定初步的专项合格审定计划（PSCP）。这是应用 PSP 原则形成潜在新项目的相互理解的机会。

6.4.3.2　阶段 II——要求确定

此阶段的工作是阐明产品的定义及相关的风险，并达成相互的承诺以推进产品的合格审定。要规划具体监管要求和符合性验证方法或者关键问题，并形成更加正式的 PSCP。

6.4.3.3　阶段 III——符合性规划

在此阶段将完成 PSCP。该计划作为责任各方的承诺和用于管理产品合格审定项目的工具。

6.4.3.4　阶段 IV——计划实施

在此阶段，申请人和 FAA 在管理、改进和实现双方同意的 PSCP 等方面密切合作，保证满足所有达成一致的产品具体合格审定要求。

6.4.3.5　阶段 V——合格审定后

此结束阶段的活动，为产品剩余使用寿命期内持续适航活动和证件管理奠定了基础。

6.4.4　型号合格审定过程中的"关键角色"

图 6.3 所介绍的为型号合格审定过程各阶段所涉及人员关键角色的分类及任务。

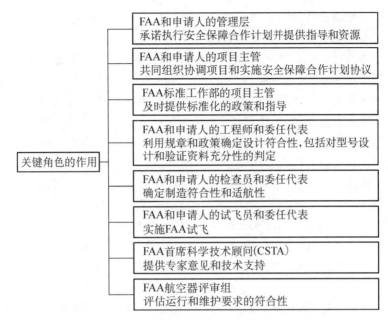

图 6.3　型号合格审定过程中涉及的"关键角色"

CPI 指南对关键角色进行简要介绍,包括这些角色的职责、义务以及联络等方面的详细信息。

(1) **FAA 和申请人的管理部门**——提供领导和资源。申请人和 FAA 共同制订 PSP,以对设计和生产定义及其合格审定要求的各自职责形成清晰的共识。为完成项目合格审定并解决问题,各自的管理部门通过项目主管为产品合格审定小组提供领导权和资源。管理部门通过产品合格审定小组,对符合性审查工作的质量,符合性管理政策和程序的标准应用,产品合格审定项目的及时有效完成负有最终的责任。

(2) **FAA 和申请人的项目主管**——策划项目,使工作得以完成。FAA、委任代表和申请人的项目主管是项目的主要联络点。他们协调并指导合格审定小组的工作,并保证工作始终向前推进以实现产品合格审定的目标。

(3) **FAA 标准部的项目官员**——协调审定中心之间的关系。标准部的项目官员向合格审定小组提供针对项目的清晰而且适时的管理和政策指导。项目官员是主管项目的审定中心内部的联络点,负责提供政策,使得审定中心其他适当人员参与跨多部 FAR 规章的设备安装问题,例如发动机、螺旋桨、辅助动力装置等。

(4) **FAA 工程师和(或)委任代表**——应用规章和政策来确定符合性。工程师被分配到相应学科,是申请人的主要联系人。他们的活动总是与 FAA 项目主管相协调,遵守达成一致的 PSCP 指导合格审定过程,交流有关指南并了解规则和政策的应用。工程师和委任代表理解项目的技术细节、适用规则和政策的应用,并对项目相关的大多数符合性结论负有责任。他们评估型号设计和验证资料的充分性,谨慎检查其中的任何资料,例如关键材料的工艺规范。

(5) **FAA 检查员和(或)委任代表**——确定制造符合性和适航性。FAA 航空安全检查员对设计中提出的生产过程提供咨询和建议。他们通过委任代表实施和监督各种制造符合性检查,航空器适航性评估,签发适航证或其他批准书。为了最终签发生产许可证,他们对制造商的质量和生产系统进行逐步评估。检查员意识到关键零件的制造符合性问题不能仅由型号设计的数据来决定。这就要求在生产质量体系中的集中过程控制、检查或评估。

(6) **FAA 的试飞员和(或)委任代表**——进行产品合格审定飞行试验。试飞员向审查组提供确定符合性需要的关于航空器构型、运行、飞行试验、仪表方面的技术建议。他们进行 FAA 飞行试验和其他适当的评估,确定对于飞行试验要求的符合性,并为申请人提供关于编制飞行手册和相关操作程序的指导。

(7) **FAA 首席科技顾问(CSTA)**——提供专家建议与技术支持。CSTA 在其学科内提供专业技术指导、建议和支持。在由研发机构、专业和学术组织、工业界、其他政府部门以及所在学科领域的国内和国际专家等组成的广泛的专业网络中,他们是直接联系人。

(8) **FAA 航空器评审组(AEG)**——评估对运行和维修要求的符合性。FAA 航空器评审组提供与适用的飞行标准部门技术服务之间的联系。这为型号设计评估增加了航空器运行和维修视角,因此允许 FAA 工程师和委任代表在这些领域确定适当的符合性要求。航空器评审组掌握产品的全部信息,了解航空器维修评审委员会(Maintenance Review Board,MRB)、飞行运行评审委员会(Flight Operation Evaluation Board,FOEB)和飞行标准化委员会(Flight Standardization Board,FSB)以往的航空器型号合格审定工作。

6.5 FAA 指令 8110.4C"型号合格审定"

如前所述,CPI 指南是 FAA 和申请人共同使用的操作文件,以履行各自的职责,聚焦于重要安全性问题并加快产品的合格审定。

FAA 指令 8110.4C 实质上是描述 FAA 航空器合格审定人员依据 FAR 21 部进行民用航空产品合格审定的职责和工作程序。

为更好地理解职责的分配,并更好地阐明型号合格审定过程的某些方面,下面对这一重要文件进行简单介绍。

图 6.4 给出了型号合格审定过程的概要。

6.5.1 型号合格证(TC)、修订 TC、STC 和 PC 的申请[19]

提供各种合格审定申请所需信息,包括使用的 FAA 表格、需提交的文件以及 FAR 21 部的适用条款等。

6.5.2 TC 项目的建立

(1) **总则**。申请人向本地主管航空器合格审定办公室(ACO)[20]提交型号合格证(TC)、修订 TC 或者 STC 的申请。

| 型号审定过程 |
| 申请人申请TC |
| FAA成立项目 |

| AEG指派：FSB — 主席
　　　　　FOEB — 主席
　　　　　MRB — 主席 | 管理部门/ACO指派：项目主管
　　　　　　　　　　　项目团队
　　　　　　　　　　　项目主任 |

| FAA和申请人举行熟悉/初步的委员会电视会议 |
| FAA逐步制定审定程序/计划 |
| FAA确定审定基础 |

| FAA考虑专用条件 |

| 申请人递交用于批准的数据 |
| FAA的设计评估 |
| FAA和申请人举行要求的专家和中期型号审定会议 |
| FAA实施符合性审查
(在整个型号审定过程中持续进行)(工程数据的符合性) |
| 确定工程符合性(符合FAR) |
| FAA颁发实验适航合格证(如适当) |
| 飞行前型号审定委员会(TCB)会议 |
| 申请人实施地面检查、地面测试和飞行测试 |
| FAA评审制造商的飞行测试结果 |
| FAA发布TIA |
| FAA实施符合性审查和目击试验 |
| FAA实施符合性审查和目击试验以及飞行标准评估 |
| 功能和可靠性测试 |
| FAA批准飞行手册和TC数据表以及举行最终TCB会议 |
| AEG完成持续适航鉴定 |
| FAA颁发型号合格证 |
| AEG发布运行合格审查结果 |
| 航空器投入运营 |
| 审定后工作：FAA和申请人评估运营难点 |

图 6.4　型号合格审定过程的概要

（2）**合格审定项目通知书（CPN）**。ACO 负责指定项目编号，委派项目主管，并将已完成 CPN 的每个项目连同该项目的有关信息通知责任审定中心。根据项目的重要性，决定是否需要国家资源专家（NRS）和航空器评审组。对于重要项目，责任审定中心委派一名项目官员。

项目主管和项目官员分别是 ACO 和责任审定中心的联络点。

（3）**项目主管的任务和职责**。项目主管负责依据合格审定项目计划（CPP）制订计划、检查、评估和协调合格审定项目的所有方面。CPP 是合格审定过程中的基础文件（稍后讨论）。项目主管负责启动 CPP 以及与项目官员和证件管理 ACO 之间的协调。项目主管在选择小组其他成员时，也要与相关主管（们）协调。

（4）**项目组**。对于所有需要技术人员大量参与的项目都建立其项目组，通常由以下人员组成：

① 一名项目主管；

② 工程师或技术专家；

③ 试飞员和/或试飞工程师；

④ 制造检查员；

⑤ 来自 AEG 的运行和/或适航性检查员；

⑥ 项目官员和责任审定中心确定的其他人员。

6.5.3　型号合格审定委员会

（1）**总则**。型号合格审定委员会（TCB）是为所有需进行完整的型号合格审定的航空器和发动机项目而成立的。然而，对于补充型号合格证项目，并不总是需要 TCB。

TCB 的目的是使申请人和 FAA 熟悉合格审定项目、解决重要问题、制订全面完成型号合格审定项目的里程碑和进度表、评审申请人的合格审定计划，审查提出的合格审定基础，并保证解决所有突出的合格审定问题。

（2）**TCB 成员**。FAA 成员有：

① 航空器合格审定办公室主管；

② 项目主管；

③ 来自相应工程学科、飞行试验、制造检查和航空器评审组的管理人、监督人或高级人员。

此外，还有可以不是 TCB 成员而被邀请参与咨询的人员名单。例如，华盛顿总部人员、国家资源专家、其他 AEG 人员等，以及申请人及其代表。

（3）**TCB 会议**。TCB 通常举行如下会议：

① TCB 熟悉会议；

② TCB 预备会议；

③ TCB 中期会议；

④ TCB 试飞行前会议；

⑤ TCB 最终会议。

根据项目类型和/或规模，并不是所有的 TCB 会议都是必需的。

ACO 主管或其代表担任会议主席(FAA 指令 8110.4C 提供了上述每一次 TCB 会议的详细资料)

6.5.4 合格审定项目计划

合格审定项目计划(CPP)规定了责任审定中心和当地航空器合格审定办公室之间，或者责任审定中心内部在具体的型号合格审定项目中的工作关系。CPP 是一个主要的计划协调工具，如果需要，在整个项目过程中，都可以由项目主管进行更新。

如果申请人的合格审定计划包含了 CPP 所涉及的所有信息，经过与项目官员协商后，合格审定计划可以取代 CPP。

6.5.5 问题纪要

问题纪要(Issue Paper)提供了在合格审定过程中识别和解决重要技术性、规章性和管理性问题的方法。其主要目的是提供关于重大问题的概述、确定问题状态的方法和阐述合格审定后如何解决问题的方法。

6.5.6 问题纪要汇编

项目主管收集所有问题纪要，以问题纪要汇编(Issue Book)的形式分发给 TCB 成员、项目组成员、申请人和责任航空器合格审定中心。

6.5.7 型号合格审定基础

型号合格审定基础是在型号合格审定项目的初始阶段由 FAA 制订的。申请人在项目开始时就会获得其所有方面的内容，包括运行要求。

一旦建立合格审定基础并得到 FAA 和申请人同意，将不再引入新政策，除非发现产品存在不安全状况，其设计特征受到该政策的影响。

(1) **特殊类航空器**。特殊类航空器包括没有依据 FAR 21 部发布适航标准的飞艇、滑翔机、动力滑翔机、甚轻型飞机以及其他非常规航空器。相关咨询通告提供了合格审定基础建立和获得批准所需的必要程序(FAA 指令 8110.4C 提供了其清单)。

(2) **更改**。FAA 指令 8110.4C 提供了不同情况下建立合格审定基础的说明，如第 5 章所述。

(3) **附加要求**。附加要求如下：

① 专用条件。从定义开始，FAA 指令 8110.4C 为专用条件的发布提供了建议和指导。

② 等效安全水平结论。若不能直接表明对某合格审定条款的符合性，但可以表明存在弥补措施能够提供等效安全水平，可做出等效安全水平结论。通常由申请人向 ACO 提出建议，并提交给审定中心。

③ 豁免。在型号合格审定项目中,任何有关人员都可以向 FAA 申请对 FAR 规章的暂时或永久豁免。豁免申请通过 ACO 向相应责任审定中心提出,并根据 FAA 指令 8110.4C 进行处理。

④ FAR 34 部和 36 部适用要求是针对环境保护的。

6.5.8　型号合格审定项目

本节中,FAA 指令 8110.4C 为申请人表明拟进行合格审定的产品满足适用型号合格审定基础,必须向 FAA 提交的型号设计、试验报告以及计算结果提供了大量的信息和说明。特别是,定义了申请人试验计划的内容。

同时,也给 FAA 提供了关于如何应用申请人提交的资料信息和说明,以进行试验目击、制造符合性检查和不符合项的通知等。

6.5.9　型号检查核准书

型号检查核准书(Type Inspction Authorization,TIA)是由 ACO 编制的,授权进行官方的制造符合性适航检查和为满足某些合格审定要求所必要的地面和飞行试验。FAA 指令 8110.4C 提供了签发 TIA 的信息和说明。

6.5.10　运行与适航评估

航空器评审组(Air Evaluation Group,AEG)[21]负责航空器型号合格审定过程中运行与维修方面的事项,一旦航空器投入使用,AEG 将成为有关飞行标准活动的协调点。

在设计和合格审定过程中,航空器评审组(AEG)向制造商提供有关运行和维修要求的建议。

AEG 主要负责评估航空器及其系统的运行适应性和持续适航。

每个合格审定中心的 AEG 对其所负责的 TC 产品履行相应的 AEG 职责。

通过 FAA 的飞行标准化委员会(FSB)、飞行运行评估委员会(FOEB)以及维修评审委员会(MRB)等多个委员会,AEG 向 FAA 外场办公室提出有关运行规范、训练和维修大纲以及空勤人员资质方面的建议。

6.5.11　飞行手册

负责该项目的 ACO 批准飞行手册,包括对修订和补充的批准。

飞行手册批准的前提是:

(1) FAA 项目试飞员和/或试飞工程师、AEG 运行专家以及适当的 FAA 工程师同意运行限制和正常、紧急程序。

(2) FAA 试飞工程师建议批准飞行手册的性能部分。

(3) AEG 已审查并协调了飞行手册中的内容。

6.5.12　型号合格证

当申请人满足了产品适用的 FAA 规章要求时,审定 ACO 将签发型号合格证(TC)。FAA 指令 8110.4C 为填写适用的 FAA 表格提供了指导。

6.5.13　型号合格证数据单

作为 TC 一部分的型号合格证数据单（TCDS），为经型号审定产品的构型提供了简洁的定义。因此，TCDS 需要标准的格式以便查找某个特定产品的信息。FAA 指令 8110.4C 也为文档的准备提供了指南。

注：FAA 指令 8110.4C 还包含了许多其他信息，因为这已经超出了本书范围，将不进行讨论。本书不是"合格审定手册"，而是使技术人员理解适航原理。

FAA 指令 8110.4C 也包括了下列与型号合格审定相关的有用咨询通告清单。

（1）AC 20‑135，动力装置安装和推进系统部件耐火试验方法、标准和准则。

（2）AC 21.17‑1，飞艇的型号合格审定。

（3）AC 21.17‑2，固定翼滑翔机的型号合格审定。

（4）AC 21.17‑3，甚轻型飞机的型号合格审定。

（5）AC 21‑23，美国进口民用航空器、发动机、螺旋桨和相关产品的适航性合格审定。

（6）AC 21‑24，将生产许可证延伸到双边适航协议国家境内的设施。

（7）AC 21‑40，获得补充型号合格证的申请指南。

（8）AC 23‑8，FAR 23 部飞机合格审定的飞行试验指南。

（9）AC 25‑7，运输类飞机合格审定的飞行试验指南。

（10）AC 25‑19，合格审定维修要求。

（11）AC 25.571‑1，结构损伤容限和疲劳评估。

（12）AC 27‑1，正常类旋翼航空器的合格审定。

（13）AC 29‑2，运输类旋翼航空器的合格审定。

（14）AC 33‑2，航空发动机型号合格审定手册。

（15）AC 36‑4，噪声合格审定手册。

（16）AC 121‑22，维修评审委员会。

6.6　原型机和试验件的制造

型号合格审定主要是对型号设计的批准。实际上，即使出于某种原因，不再有这种型号的航空器，其型号合格证仍然有效。然而，不能只进行"纸面上"的型号合格审定，必须制造一个或多个原型机[22]和试验件。

申请人的设计组织可以是能够进行规模生产的企业，或者甚至是 POA[23] 的一部分，此外，也可以是与具备这些能力的企业进行合作的独立机构。在第一种情况下，设计组织有两种选择：

（1）在企业的生产组织内制造原型机。

（2）在某个实验部门内制造原型机。

第一种情况，因为适航当局已经批准，所以设计单位具有良好生产机构优势。因此，当产品获得型号合格证后，就可以进行大规模的生产。这种安排的缺点是必然受到规则的支配,特别是在大型企业中,这是相当复杂的。例如,某个更改零件的采办会被长时间延误。如果考虑到在型号合格审定期间需要频繁更改的情况,就会明白为什么在很多情况下优先选择第二种。

在实验部门内部,设计单位的技术人员可以紧密接触原型机材料,使得更改较为简单,工作更加容易,这样可以节省时间。因为航空制造就是冒险,所以试验部门必须利用其自身的控制手段和程序,重视质量保证规范。JAR/FAR 21/EASA 21部的第 F 分部"没有生产机构批准书的生产"提供了部门组织的指导,虽然这涉及已经合格审定的产品和零部件。

如果申请人是与具有生产设施的企业进行合作的独立设计单位时,以上提到的观点原则上仍然有效,并依据企业的规模选择两种解决方案。

由于可能有很多不同的情况和适用的选择,在定义了一些原则后,不可能规定固定的规则。大型企业可能更希望在型号合格审定结束时,就能进行大规模的生产。小型企业可能通过手工制造产品,可能就是通过这种方式进行合格审定,如果大规模生产可能会考虑未来的产业化(可能需要进行型号设计更改)。

例如,洛克希德马丁公司的臭鼬工厂是最著名的实验部门之一,在传奇人物凯利·约翰逊的领导下开始发展。凯利·约翰逊是 P-38"闪电"战斗机的设计者(P-38 仅是他设计的许多著名飞机之一)。1943 年,他委托设计美国第一架喷气式战斗机,并且仅用 180 天生产原型机。出于保密的原因,凯利·约翰逊租用了一个大的马戏帐篷,并设立了一个紧挨有害塑料工厂的车间,利用工厂的臭气来打消人们对于飞机的好奇。一天,其中一个工程师开玩笑的戴了气体防护面具去工作,然后另一个雇员接拿起电话并大叫"臭鼬工厂"。在那个时代,是一个很流行的说法。它起源于 Al Capp 的卡通片,指死去的臭鼬所制造的特殊果汁。随即这种说法开始流行,并由于编者的原因更改为"臭鼬工厂",成为了实验室的注册名。P-80"流星"战斗机的建造仅用了 143 天,比进度计划提前了 37 天。有人认为,很可能是气味刺激了凯利的工人,以至于在如此短的时间内制造了飞机。

臭鼬工厂最著名的设计分别是 F-104"星"战斗机、能在 70 000 ft 高度飞行的U-2 侦察机(20 世纪 50 年代)以及能在 80 000 ft 以上高度以 3 倍马赫数飞行的SR-71"黑鸟"战斗机(20 世纪 60 年代)。

20 世纪 80 年代,隐形飞机 F-117A 的出现开启了军用航空器设计新时代,它利用了俄罗斯科学家发现但此前从未被苏联付诸实现的理论。

凯利·约翰逊的基本原则之一就是"工程师必须在距离建造中的飞机一步之遥的距离工作"。

臭鼬工厂代表了一个凡事皆有可能的智囊团,进行了先期的试验和演示。

注释

1. 这些产品的明细表已存档。

2. 参考注释 1。

3. 这个预测已成为现实。

4. 参见第 5 章"设计单位"。

5. 国家航空局。

6. 参见第 4 章,"专用条件"。

7. 参见第 5 章,"设计单位批准书"。

8. 例如,一个起落架装置的落震试验,襟翼、副翼的静力试验等。

9. 参见第 5 章,"合格审定基础"。

10. 参见第 5 章,"合格审定基础"。

11. 当达成一项与计划要完成的工作有关的决定时,CRI 就将"关闭";这些工作的实现代表了又一个阶段。

12. 在内部工作程序 TCP 的附录中定义了提交内容和最终报告的工作程序。

13. TCDS:TC 的附加文档,包括产品主要特征、合格审定基础、型号合格审定日期等。

14. TCB 会议是由合格审定小组、设计单位和一些负责型号合格审定的局方代表参加的官方会议。正常情况下,这些会议负责开启和结束型号合格审定过程,并在此间有若干评估合格审定过程状态的中间会议。

15. 由 TCH 发布的文档包括纠正措施(更改、检查等)、完善等的说明。

16. 由局方发布的文档强制执行某些特别的行动(更改、检查等)。参见第 9 章。

17. 航空器合格审定办公室。

18. 成果:后续阶段的先决条件,应在进入新阶段前完成。

19. 产品合格证,参见第 7 章。

20. 关于 FAA 的组织机构,参见第 3 章。

21. 这是一个位于各审定中心的飞行标准团队,负责确定最近经合格审定产品的运行可接受性和持续适航要求。

22. 在滑翔机和轻型飞机的型号合格审定中,出于经济考虑,常常只造一架原型机。

23. 参见第 7 章,"生产单位批准书"。

第7章 产品、零部件和机载设备的生产

原型机设计阶段的产品在获得型号合格证后,通常进入批量生产。在前面的章节中,已经解释了批量生产如何由非型号合格证持有人实施。无论是哪种情况,都要求型号合格证持有人与生产单位合作,确保:

(1) 良好的设计和生产协调;

(2) 对产品持续适航提供适当的支持。

7.1 JAA/EASA 生产单位

JAR 21/EASA 21 部为生产单位提供了两种选择:

(1) 根据 G 分部进行有生产单位批准书(POA)的生产;

(2) 根据 F 分部进行没有生产单位批准书的生产。

对于第(1)种情况,批准过程与设计单位批准书[1](DOA)相同。生产单位批准书的目的在于强调单位职责,使适航管理当局花费少但能够有效监管。

例如,适航管理当局需要审查每一架航空器的制造,并进行飞行试验,然后签发适航证。POA 持有人可以根据 POA 赋予的权利,只需要提交制造符合性声明而无需进一步表明制造符合性,就能够获得适航证。

显然,适航管理当局需要对生产单位有深入的了解,并进行仔细检查,以确保POA 能够持续有效。

对于第(2)种情况(JAR 21 部/EASA 21 部 F 分部)适用于那些不适宜依据 G 分部批准生产的单位。例如,仅限于生产一些零部件,或者在依据 G 分部签发 POA 前,已经按照 F 分部启动生产。这些生产将不能享有 POA 的权利,这意味着为了获得最终合格审定,它将受到适航管理当局更加严格的监管。前面已经指出,没有设计单位批准书的设计单位也曾发生过类似的情况。

下面将详细介绍这两种类型的生产单位。

7.1.1 生产单位批准书

在前面提到,如果 POA 申请人不是型号合格证持有人,那么他/她必须与型号

合格证持有人有适当的合作协议。

生产涉及产品(航空器、发动机和螺旋桨)、零部件和机载设备(联合航空技术标准规定项目/欧洲航空技术标准规定项目、联合零部件批准书零部件和其他零部件)[2],以及补充型号合格证(STC)[3] 对经合格审定的型号设计的更改。

此外,POA 批准的最重要特点如下:

(1) **质量体系**。使单位能够确保自己或其合作伙伴生产的,或者由外部承包商或分包商生产的每一件产品、零部件或机载设备,符合适用的设计资料,并处于可安全使用状态。

结构体系(JAR 21 部附录 B 和 EASA 21 部符合性验证方法和指导材料中对其任务进行了详细定义)为机构提供了所有控制程序。以下是其中最重要的部分:

① 制造过程;

② 来料检验;

③ 供应商和分包商的评估、审核和控制;

④ 不合格品的控制;

⑤ 人员的能力和资质;

⑥ 检查和试验,包括生产试飞;

⑦ 与型号合格证持有人(TCH)在适航方面的协调;

⑧ 内部质量审核和由此产生的纠正措施。

这种结构体系为所有相关人员提供了书面资料,以便分配相关职责。

质量体系必须具有独立的质量保证职能,监督质量体系用文件确证的程序的符合性以及这些程序的充分性。"独立"是指机构内部的报告、权限和渠道的独立性,并假定其工作对所监督的职能没有技术依赖性。

质量体系的宗旨是使单位能够生产出符合适用的设计并处于可安全使用[4] 状态的产品、零部件和机载设备。为达到上述目的,质量保证职能必须有计划、持续、系统地评价或审核影响制造符合性与安全使用的因素。

(2) **机构**。必须任命如下人员:

① 向局方负责的责任经理。他或她应对单位生产活动负责,具有法人权利以保证所有的生产工作均按照要求的标准进行。可以通过书面的方式授权给单位的其他经理。

② 一名或若干名经理,有明确的职责和任务,(直接或间接)向责任经理汇报。其中一名经理通常称为质量经理,负责监督单位对于 JAR 21 部/EASA 21 部 G 分部的符合性;他或她应与责任经理有直接的联系。

③ 各级人员,具有适当的权力以便履行赋予的职责,与生产单位内处理适航事务的部门有充分有效的协调。

④ 签发人员。被授权签发最终文件(例如,制造符合性声明、JAA/EASA 表格 1[5])的人员。

⑤ 权利。与设计单位批准书类似,生产单位批准书也具有可以使生产单位免于局方严格控制的权利。单位可以:

a. 获得航空器适航证和噪声合格证,只要航空器是完整的并提交了制造符合性声明而无须进一步表明这种符合性。

b. 对于其他产品、零部件和机载设备签发批准放行证书(JAA/EASA 表格 1[6]);

c. 维修生产单位制造的新航空器,签发维修放行证书。

d. 对已经生产的航空器,生产单位按照生产单位批准书管理航空器构型,并证明其符合飞行批准的设计状态时,按照生产主管机关认可的程序,依照 21A. 711(c) 颁发飞行许可证,包括依照 21A. 710(b)[7] 的飞行条件批准书。

(3) **说明手册**,生产单位必须提供《生产单位说明》,类似于前面提到的 DOA 手册。该文件介绍了单位的概况,经理的姓名、职称和职责,签发人员名单,质量体系描述以及内部程序等。

主管局方要求 POA 能对单位有准确的定义与描述。该文件本身不需要批准,但依据单位批准书,它也被视为获批文件。

注:在 EASA 21 部的 AMC 和 GM 中,有大量的有关"G 分部—产品、零部件和机载设备生产单位批准书"信息。

总的来讲,对于 POA,可以考虑类似于第 5 章对 DOA 的考虑。另外在 POA 中,为使质量有一个真正的飞跃,可以将生产单位引入一个自我控制的状态,这对安全性和局方效率都有好处。

7.1.2　EASA 生产单位批准书

这个工作程序的目的,是使 EASA 能够处理别国提出的对 EASA 21 部 G 分部批准书的申请,分配所需的内部或外部资源,完成单位审核,并依据建议而最终颁发生产单位批准书。

该工作程序描述了 EASA 如何在内部处理成员国领土之外的 POA,或者应某成员国的具体要求,处理成员国领土之内的 POA[8]。

7.1.2.1　接受申请

EASA 生产单位批准书的申请书应递交给 EASA 的合格审定申请主管 (MAC),并应按照 EASA 21 部及其 AMC 和 GM 的要求制作。

欧盟内的单位向 EASA 提出 POA 申请时,需要有申请人的主管当局提供的支持声明,声明该主管机构请求 EASA 局方办理此申请。

7.1.2.2　技术调查任务的分配

在申请资格被充分评估之后,接受原则也已经确定,合格审定申请主管将与 EASA 生产单位主管一起,确定是在内部处理申请,或是将技术调查交给外部机构。

如果技术调查在内部实施,生产单位主管将选用 EASA 员工和或根据适当的合同选用 NAA 人员,组建一个 EASA 合格审定小组。

如果技术调查交给代表 EASA 的外部机构完成,则该外部机构在目前情况下,只能是有相应信誉并且与 EASA 签有合同协议的 NAA。在这种情况下,需要任命一位指定局方(DA)的生产监督协调员(POC)。

如果技术调查在内部实施,生产单位主管将充当 EASA 的生产监督协调员。

7.1.2.3　POA 审定小组的确定

为完成调查过程,生产监督协调员将提名审定小组组长或小组成员。审定小组可以只有组长一人,但其组成与人数可以调整,取决于该单位的特点。

培训人员在不需申请人开支的情况下,可以参加审定小组。

7.1.2.4　单位批准书初始调查

按照 EASA 21 部 B 节以及与其相关的 AMC/GM,EASA 程序开展调查过程。

当对申请人关于 EASA 21 部符合性的全部调查结果令人满意时,生产监督协调员应对相关文件资料进行质量审查。

生产监督协调员/指定局方应验证持续监管计划是否涵盖 21B.235 要求的所有要素。

在调查进行过程中,生产监督协调员/指定局方应将出现的任何重大延误、严重问题或退回申请人关键工作成员的情况通知生产单位主管。

7.1.2.5　颁发单位批准证书

生产监督协调员/指定局方应向生产单位主管转发 EASA 批准证书的建议,以及当前可接受的持续监管计划。

在对上述建议表示满意后,生产单位主管应准备并签署 EASA 批准证书。

7.1.3　无生产单位批准书的生产

前面提到了 JAR 21/EASA 21 部 F 分部适用的情形,现在可以总结如下:

(1) 局方认为依据 G 分部签发的生产批准书不适当;

(2) 依据 F 分部开始进行的生产先于依据 G 分部的要求签发生产单位批准书。

如果申请人持有或已经申请了产品、零部件或机载设备的设计批准书,或者(与生产单位批准书类似)与此类设计批准书的申请人或者持有人有适当的安排,能够保证生产与设计协调满意,申请人可以申请依据 F 分部表明单个产品、零部件或机载设备的制造符合性。

在 EASA 21 部的 AMC 和 GM 中,用于 21A.122 条款的 AMC No.1 和 No.2 解释了什么是适当的"安排";此外,大量重要的 AMC 或 GM 能帮助申请人"在不具备 G 分部的生产单位批准书时,证明准备生产的产品、零部件和机载设备与其设计资料的制造符合性。"

7.1.3.1　机构

对于机构在这里不深入到细节,具体可以在 F 分部和相关咨询材料中了解,组织机构有如下要求:

　　(1) 生产检验系统。

　　(2) 组织机构手册。描述要求的生产检验系统,保证每一件产品、零部件或者机载设备均符合适用的设计资料,并处于可安全使用状态。这意味着必须制订各类程序,例如,来料控制(购买的或分包的零部件)、加工工艺、制造技术、设计更改(包括代料)等程序。此外,还必须包括对组织机构的一般描述。

　　在这类组织机构中,可以发现与 POA 定义相同的基本概念。生产检验系统与 POA 的质量体系等效。组织机构手册中包含的项目与 POA 说明书中的内容相似(在任何情况下,都不要认为按照 F 分部制造的航空器的安全性低于按照 G 分部所制造的航空器)。

　　那么,这两类组织机构有什么区别呢?

　　真正的区别是,在 POA 中存在独立的质量保证体系,它通过质量体系的监督,负责使该组织机构真正可靠,而无需局方的干预。

　　在没有 POA 的组织机构里,监督任务归属于局方。与具有 POA 相比,局方所需要履行的控制方式有很大的不同。

　　这是因为在很多情况下(但是也并不总是这样),F 分部主要涉及小型单位并且产品简单,程序可以方便地予以简化。这也就清楚了为什么 POA 权利不能授予这些单位。

　　总之,无论是否持有 POA,都必须找到一个正确的平衡点,以保证产品、零部件和机载设备在型号合格审定与批准过程中获得的安全概念能够在生产过程中得到体现。

7.2　依据 FAR 21 部的生产

　　FAR 21 部也提供了两类可供选择的生产选项:

　　(1) 依据 G 分部的生产许可证进行的生产;

　　(2) 依据 F 分部,仅依据型号合格证的生产。

7.2.1　生产许可证

7.2.1.1　适用范围

　　依据 FAR 21 部 G 分部,型号合格证持有人、或者根据授权协议受益于型号合格证的个人,或者补充型号合格证持有人,可以申请相关产品的生产许可证。

7.2.1.2　权利

　　生产许可证持有人拥有 FAR 21.163 条规定的权利。生产许可证持有人有资格委派合格雇员为委任制造检查代表(Designated Manufacturing Inspection Representative, DMIR)。生产许可证持有人也可以被授权代表局方成为单位委任适航代表(Organizational Designated Airworthiness Representative, ODAR)。在上述权利中,生产许可证持有人可以:

　　(1) 除了局方人员可以检查航空器与型号设计的制造符合性外,无需进一步表明就可以获得航空器适航证。

（2）对于其他产品，能够获得在已经型号合格审定的航空器上安装的批准书。

正如 JAA/EASA 的 POA，上述权利能够使制造商免于局方的严格管控。

为了获得这些权利，制造商必须表明它们为申请生产许可证的任何产品均已经建立并能够保持质量控制体系，使得每件产品都符合相关合格证的设计规定。

7.2.1.3　质量控制体系[9]

21.143 条款规定了需要提交局方的资料清单，描述为保证生产的每件产品都符合型号设计、并处于可安全使用状态所必需的检验和试验程序。所需要的资料如下：

（1）关于质量控制部门职责与权限的说明。包括说明质量控制部门与行政管理部门和其他部门之间的职能关系图，以及质量控制部门内部的权限与职责关系。

（2）关于进厂原材料、外购件和供应商生产的零部件检验程序说明。包括当供应商向主制造商交付零部件时不能完全检验其产品符合性和质量时，用于保证产品质量可接受的方法。

（3）关于单个零部件和完整组件进行生产检验的方法说明。包括所涉及的特种工艺的确定以及控制这些工艺过程的方法、成品的最终试验程序，若为航空器，则包括制造商的生产试飞程序和检查单。

（4）关于器材评审系统的概述，包括记录评审委员会决定和处理拒收件的程序。

（5）关于将工程图纸、技术说明书和质量控制程序的即时更改情况通知公司检验员的制度说明。

（6）表明检验站位置、类别的清单或者图表。

7.2.1.4　生产许可证申请办理

将用 FAA 相关表格制作的申请书，提交给申请人主要生产设施所在地的主管制造检查办公室。

经过初步审核后，选择一个小组来进行适当的评估。

当然，FAA 为申请流程的办理提供了大量指导性文件，例如，指令 8120.2E 和 AC 21-1。

7.2.1.5　FAA 定期生产试飞

FAA 用生产许可证持有人的设施进行定期生产试飞，以保证与相关型号合格证规定的性能、飞行特性、运行品质和设备运行等参数保持持续的符合性。

7.2.1.6　生产许可证持有人的责任

生产许可证持有人负责维护质量控制体系，保证产品与生产许可证批准的资料和程序一致，并且/或者确定进行适航性合格审定或批准的每一件成品，均符合其型号合格证或补充型号合格证，并且处于可安全使用状态。

7.2.2　仅依据型号合格证的生产

7.2.2.1　适用范围

根据 FAR 21 部 F 分部的 21.123 条,每家产品制造商如果仅依据型号合格证进行生产,应当符合下列要求:

(1) 确保每一产品可供局方检查。

(2) 在制造地保存必要的技术资料和图纸,以便局方能够确定该产品及其零部件是否与型号设计一致。

(3) 除非制造商所在地的主管航空器合格审定中心另有批准,对于型号合格证签发日 6 个月后生产的产品,应为其建立并保持经批准的生产检验系统,以保证每一产品均符合型号设计,并处于可安全使用状态。

(4) 根据已建立的经批准的生产检验系统(本节(3)段要求),需向局方提交一份手册,说明该系统和按 21.125(b) 条要求进行判定的方法。

有关 F 分部适用范围的详细资料可以在 AC 21 - 6A 和指令 8120.2E 中找到。

7.2.2.2　权利

根据 FAR 21 部 F 分部,产品或零部件制造商不享受任何权利。

但是,经批准的生产检验系统(Approved Production Inspection System, APIS)建立后,APIS 持有人有资格委派一名或多名雇员作为委任制造检查代表。APIS 持有人也可以被授权代表局方作为机构委任适航代表。

为了更好地理解这个问题,已经获得型号合格证的制造商,按照 FAR 21.123 (c)条的要求有 6 个月的时间来建立和实施生产检验系统,除非制造商已经按照 FAR 21 部 G 分部申请了生产合格证。在这 6 个月期间内,每一个完成的产品或零部件在获得签发的适航证之前都要接受 FAA 的检查。这一过程非常费时,很可能导致生产进度非常缓慢。因此,尽快制订和实施经批准的生产检验系统将对制造商非常有利。当制造商的各个制造、装配和检查均被认为符合规章时,就由 FAA 逐次进行批准。对符合规定的一些领域,FAA 将减少检查,并提高对制造商的生产检验系统的信任度。当全部生产检验系统被确认符合规章要求时,相关航空器合格审定办公室将签发 APIS 批复函。之后,FAA 的检查将变为对已批准系统的监管,以确定其持续符合性。

7.2.2.3　生产检验系统:器材评审委员会

一个有效的器材评审委员会对一个高效的生产检验系统来说是最重要的,因为它控制着检验、标识、返工和受损或不合格品的使用,包括废品的隔离或报废。

经批准的生产检验系统(简称 APIS)是建立在对 FAR 21.125 条规定的检验标准的符合性基础之上。APIS 持有人需要建立一个器材评审委员会(包括检验和工程部门的代表)。他(或她)需要有 FAA 认可的程序规范、器材评审委员会记录、试验程序和飞行检查表等。型号合格证申请人在生产制造、检验和试验产品原型的同时形成这些资料,将比较有利。

7.2.2.4　型号合格证持有人的责任

在 APIS 签发之前,型号合格证持有人或者制造产品的权益受让人按适用产品,对于符合 21.123 条和 21.127(航空器的试验)、21.128 条(航空发动机的试验)、21.129 条(螺旋桨的试验)和 21.130 条(制造符合性声明)负有特别责任。

7.2.2.5　符合性声明

在收到符合性声明后(21.130),FAA 将检查完工的产品以确定其是否符合型号设计并处于可安全使用状态。如果满足要求,将为航空器签发适航证,或者为航空发动机或螺旋桨签发适航批准标签(FAA 表格 8130 - 3)。

7.2.2.6　委任制造检查代表

在生产检验系统批准之后,为了签发适航证和/或适航批准标签,制造商可以获得委任制造检查代表的个人任命。

注释

1. 参见第 5 章"设计机构批准书"。

2. 参见第 5 章"零部件和机载设备性能"。

3. 参见第 5 章"补充型号合格证"。

4. 值得强调的是,安全目标是组织机构的本质目标,不依赖于管理当局的监控。

5. JAA/EASA 表格 1 批准放行证书认定产品/零部件/机载设备/组件/成套件(通称"零部件")制造后,或者进行了经局方批准的维修后恢复使用,具备制造符合性或适航性,并且处于合格状态。有两类证书:

(1)用于适航目的的 JAA/EASA 表格 1,表明零部件完全与经批准的设计标准一致,故可以安装和运行。

(2)用于制造符合性的目的的 JAA/EASA 表格 1,表明零部件符合的设计和资料尚未经过批准。例如,进行合格审定动态试验的某一起落架装置可能符合设计,但其并不一定符合适用的合格审定标准。此外,即使试验成功,零部件仍可能由于试验而损坏,最终将不再适航。

注:一些非欧盟国家可能仍在使用某些 JAA 表格,如 JAA 表格 1。

注:EASA 第 21 部的附录 I 提供了将 EASA 表格 1 用于制造用途的相关说明。

6. 参见注释 5。

7. 该条来自于 2007 年 4 月 EASA 21 部修正案。关于飞行许可证的详细信息,参见第 8 章 8.4.3小节以及第 5 章相关小节。

8. 在第 3 章"EASA 合格审定"中提到,欧洲生产机构一般由当地主管机构批准。

9. 质量体系,提供证明文件的组织机构,包括职责、程序、流程和资源,实施管理职能以确定和实施质量方针。质量体系包括质量保证和质量控制:

(1)质量保证。规划和协调设计和/或制造机构内各小组的质量维护和改善的管理系统,保证设计和/或生产能够符合法规与客户的要求。

(2)质量控制。开展并指导质量任务(例如,产品检验等)的监督,确保产品质量达到要求。

第8章 适 航 证

8.1 引言

本章详细叙述了 FAA 关于适航证管理的基本要求。但这里将不对这些要求作全部介绍。因此,若想了解这些要求的实际应用,读者需要直接查阅 JAR/FAR 21/EASA 21 部和要求中引用的其他标准,以及相关的咨询材料。

为了便于航空器的进出口和航空器在国际航空中的运行,ICAO 公约第 33 条规定登记国承担认定另一缔约国签发的适航证有效性的责任,只要签发该适航证所依据的适航要求不低于 ICAO 附件 8 的最低标准。

某些例外情况的特殊适航证,例如,限用适航证和需要型号合格审定的其他适航证,可以依据 EASA 飞行许可证的方式定义,即签发给不满足或者尚未表明满足适用的合格审定规范,但是能够在所给定的条件下安全飞行的航空器。

回顾第 5 章所提到的,型号合格证并不意味着航空器取得运行的批准,只有取得适航证,航空器才能运行。

关于有效期,一般情况下,除非即将被暂停或撤销,或者局方另外设定终止日期,只要按照适用的要求进行维护,而且航空器仍在相同的注册地,此时适航证在所指定的期间是有效的。当局方暂停或撤销签发适航证时所依据的型号合格证后,此适航证将失效。

若航空器被认为是"适航"并有资格取得适航证,则通过型号合格审定的航空器必须满足以下两个条件:

(1) 航空器必须符合其型号合格证。当航空器的构型以及它的安装部件,符合其图纸、规范、型号合格证的其他相关资料,包括航空器任何补充型号合格证(STC)及已纳入航空器的外场批准的更换,则可以认为其制造符合型号设计。

(2) 航空器必须处于可安全使用的状态。所指的航空器状态指的是磨损和退化,例如,蒙皮腐蚀、窗口脱层/龟裂、漏油和轮胎磨损。

注:如果有一个或两个条件都不满足,即认为该航空器不适航。

8.2 一般分类

JAR 21 部、EASA 21 部和 FAR 21 部提供了适航证的一般分类。

8.2.1 JAR 21(修正案 5)[1] 适航证

(1) H 分部规定了签发标准适航证的要求。

(2) L 分部规定了关于出口适航批准书的要求。

8.2.2 EASA 21 部适航证

H 分部规定了下列要求:

(1) 依照 21 部给航空器签发适航证。

(2) 限用适航证。

(3) 飞行许可证。

注:参见附录 8.4。

8.2.3 FAR 21 部适航证

(1) H 分部规定了下列要求:

(a) 标准适航证——为已通过型号合格审定的正常类、实用类、特技类、通勤类或运输类航空器,载人自由气球以及局方指定的特殊类航空器签发适航证[2]。

(b) 特殊适航证——初级类、限用类、限制类、轻型运动类和临时适航证,特许飞行证,和实验类适航证。

(2) I 分部规定了关于临时适航证的要求。

(3) L 分部规定了关于出口适航批准书的要求。

注:参见附录 8.5。

8.3 JAR 21(修正案 5)适航证

8.3.1 标准适航证

标准适航证签发给依照 JAR 21 部取得型号合格证的航空器。

8.3.1.1 适航证的签发

(1) 任何所有人(或其代理)都可以申请适航证。

(2) 若不违反国家法律的其他规定,在缺乏全面的 JAA 规则的情况下,可根据向主管部门提交 JAR 21 要求的相关文件,给新的或二手航空器签发标准适航证。

(3) 特别地,对于二手航空器,必须提交其建立生产、改装和维修标准的历史记录。

使用"不违反……"等措辞,是考虑到 JAR 没有涵括的一些问题,例如环境合格审定程序和可能干扰 JAR 21 合格审定程序的其他一些问题。这些措辞不应解释为可以偏离 JAR 21 建立附加要求,而仅仅是针对 JAR 21 没有提到的其他一些主题,可能附加国家的管理要求。

如第 3 章所述,一旦成功通过联合型号合格审定,根据 JAA 的建议,国家当局将签发型号合格证。

若航空器符合型号合格审定批准的型号设计,并遵守关于运行和环境保护的适用国家规定,成员国局方可以为其签发适航证。

8.3.2　出口适航批准书

8.3.2.1　批准书类型

(1) 以出口适航证的形式签发的完整航空器的出口适航批准书。此类证书没有批准航空器的运行。

(2) 按照相应的 JAR 条款,以批准放行证书(JAA 表格 1)的形式签发的其他产品、零部件(除了标准件)或设备的出口适航批准书。

8.3.2.2　出口适航证的申请

新的航空器的制造商或所有人(或其代理人),或二手航空器的所有人(或其代理人),可根据向主管部门提交 JAR 21 要求的相关文件,申请出口适航证。

特别地,对于二手航空器,必须提交其建立生产、改装和维修标准的历史记录。

8.3.2.3　出口适航证的签发

若申请人符合如下条件,则可以签发适航证:

(1) 航空器符合进口国要求的型号设计[3]。

(2) 按照 JAR 21 部的 F 分部或 G 分部生产新的航空器[4]。

(3) 二手航空器拥有或有资格获得由出口国局方签发的有效适航证。

(4) 符合进口国进口附加要求的航空器。

(5) 已经提交 JAR 21 部规定的所有文件。

8.3.2.4　出口批准书的例外情况

对不满足出口适航证或 JAA 表格 1 签发要求的航空器、零部件或设备,如果进口管理当局提供书面接受声明,则可以签发出口批准书。

在这些情况下,如果存在不满足的要求,或者出口的产品、零部件或设备与相关型号批准的产品、零部件或设备之间存在构型差异,则必须作为例外情况列在出口适航批准书中。

例如,一架受损的航空器或拟在进口国完成组装的航空器,一旦清楚定义航空器的"状态",则可获得出口适航证。

8.4　EASA 21 适航证

8.4.1　依据 EASA 21 签发给航空器的适航证

8.4.1.1　适用范围

适航证签发给符合依据 EASA 21 部取得的型号合格证的航空器[5]。

8.4.1.2 申请

每份申请书均应当包括：

（1）对新航空器，需要由制造商依据 POA 权利出具或由主管部门确认的制造符合性声明[6]、重量和平衡报告以及飞行手册。

（2）对来自于某成员国的二手航空器，需要适航评审证（Airworthiness Review Certificate，参见 EASA 表格 15a）。

（3）对来自于非成员国的二手航空器：

① 由航空器注册或曾注册国家的主管部门发表的声明，说明航空器在移交时其注册的适航状态。

② 重量和平衡报告。

③ 飞行手册。

④ 航空器生产、改装和维修标准建立的历史记录。

⑤ 签发适航证和适航评审证的建议。

8.4.1.3 适航证的签发

注册国主管当局将为符合以下条件的航空器签发适航证：

（1）新航空器，提交了 21A.174(b)2 所要求的文件，该航空器符合经批准的设计，并处于可安全使用状态。其注册成员国的主管部门可以进行检查。

（2）二手航空器，提交了 21A.174(b)3 所要求文件，表明该航空器符合根据型号合格证和任何补充型号合格证批准的型号设计及依据 EASA 21 批准的更改或修理，并符合适用的适航指令，而且已对该航空器按适用条款进行了检查。

8.4.2 限用适航证

限用适航证（Restricted Certificate of Airworthiness）可签发给符合依据 EASA 21 部取得的型号合格证的航空器，或已向 EASA 表明符合能够保证充分安全性的具体适航性规范的航空器。

8.4.2.1 限用型号合格证的定义

对于不满足条款 21A.21(c) 规定的航空器[7]，如果达到以下要求，则申请人有权获得 EASA 为其签发的限用型号合格证：

（1）符合局方制订的适当的型号合格审定基础，保证航空器预期用途的充分安全性并满足适用的环境保护要求。

（2）明确声明航空器将遵守 21A.44[8]。

（3）此外，安装在航空器上的发动机或螺旋桨或两者都应该有型号合格证，或者已经表明符合能充分保证安全的适航性规范。

8.4.2.2 申请

与标准适航证一致。

8.4.2.3 限用适航证的签发

注册成员国的主管当局签发限用适航证的要求如下：

（1）新航空器,提交了21A.174(b)2所要求的文件,表明该航空器符合局方依据限用型号合格证批准的设计,或者符合具体的适航性规范,并处于可安全使用状态。

（2）二手航空器,提交了21A.174(b)3所要求的文件,表明该航空器符合局方依据限用型号合格证批准的设计,或符合具体的适航性规范,符合适用的适航指令,而且已对该航空器按适用条款进行了检查。

8.4.3　飞行许可证

依据P分部,对于不满足或尚未表明满足适用的合格审定规范,但在规定的条件下用于下述目的能够安全飞行的航空器签发飞行许可证:

（1）研制;

（2）表明其对规章或合格审定规范的符合性;

（3）设计单位或生产单位机组培训;

（4）新生产的航空器进行生产试飞;

（5）生产中航空器在生产设施之间转场飞行;

（6）航空器客户验收飞行;

（7）航空器交付或出口;

（8）航空器局方验收飞行;

（9）市场调查,包括客户培训;

（10）展览和航空展;

（11）航空器飞往将进行维修或适航审查的地点,或飞往存放地;

（12）航空器以超过其最大合格审定起飞重量的重量,在水面上空或在没有适当着陆设施或燃油的陆地上空进行超出其正常航程的飞行;

（13）破纪录、空中竞赛或类似比赛;

（14）尚未确定符合环境要求但满足适用的适航要求的航空器的飞行;

（15）用适航证/限用适航证不适用的个别简单航空器或型号从事非商业飞行活动。

8.4.3.1　申请

如果还未批准申请人签发飞行许可证[9],则应以主管当局[10]规定的形式和方式向当局提交飞行许可证申请,并包括如下内容:

（1）飞行目的,按照飞行许可证的用途;

（2）航空器不符合适用适航要求的方式;

（3）局方或经批准的设计部门依其权利批准的飞行条件。

飞行条件包括如下:

（1）申请飞行许可证的产品构型;

（2）航空器安全运行所需的任何条件和限制。如果未批准申请人签发飞行许可证,批准飞行条件的申请应分为两种情况:

① 当飞行条件的批准与设计安全性相关时,应按照 EASA 规定的形式和方式提交给局方;

② 当飞行条件的批准与设计安全性无关时,应按照主管当局规定的形式和方式提交给当局。

8.4.3.2 飞行许可证的签发

(1) 满足下列情况,主管当局应签发飞行许可证:

① 提交了要求的资料(参见 8.4.3.1 节);

② 飞行条件已批准(参见 8.4.3.1 节);

③ 当主管当局通过自己的调查包括检查,或通过与申请人达成一致的程序,确认航空器在飞行前符合其申请飞行许可证的构型设计。

(2) 当飞行条件已经批准时(参见 8.4.3.1 节),经批准的设计部门可以按照 21A.263(c)(7)的权利,签发飞行许可证(EASA 表格 20b)。

(3) 当飞行条件已经批准时(参见 8.4.3.1 节),经批准的生产部门可以按照 21A.263(e)的权利,签发飞行许可证(EASA 表格 20b)。

注:

(1) 使飞行许可证规定的飞行条件或相关证明失效的任何更改均应获得批准(参见 8.4.3.1 节)。

(2) 若更改影响了飞行许可证内容,则需要签发新的飞行许可证。

2007 年 4 月"EASA 21 部 AMC 和 GM"的修正案提供了有关飞行许可证签发程序的大量资料。

图 8.1 和 8.2 所示为批准飞行条件和签发飞行许可证的综合理念。

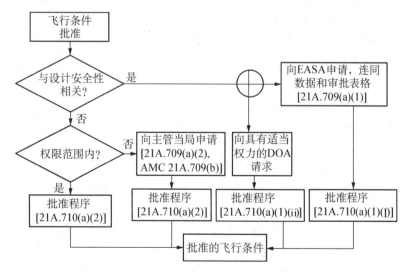

图 8.1　飞行许可证:飞行条件的批准

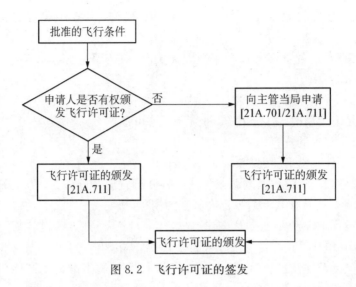

图 8.2　飞行许可证的签发

8.4.3.3　飞行许可证实例

适航证或限用类适航证可能不适用于不能符合正常持续适航要求的个别航空器，但该航空器应符合设计标准并证明能够在规定条件下安全飞行。

EASA GM 21A.701(a)提供了可以签发飞行许可证(代替适航证或限用适航证)的案例清单(未列全)。

(1)研制：

——测试新航空器或改装的航空器；

——测试新概念的机体、发动机螺旋桨和设备；

——测试新的操作技术。

(2)表明对规章或合格审定规范的符合性：

——TC,STC,TC更改或欧洲技术标准规定项目(ETSO)批准书的合格审定飞行试验。

(3)设计部门或生产部门机组培训：

——在设计批准书和适航证签发之前，对进行设计或生产飞行试验的机组进行飞行培训。

(4)新生产航空器的试飞：

——确定与经批准设计的制造符合性，通常将对大量相似航空器执行同样的程序。

(5)生产中航空器在生产设施之间进行转场飞行：

——尚未完工的在飞航空器转场以便最终完工。

(6)航空器客户验收飞行：

——在航空器被出售和/或注册之前。

（7）航空器交付或出口：

——航空器在签发适航证的国家注册之前。

（8）航空器局方验收飞行：

——签发适航证前，局方进行的检验飞行试验。

（9）市场调查，包括客户培训：

——用未进行型号合格审定航空器，或制造符合性尚未确定的航空器，或尚未注册的航空器，在签发适航证之前进行市场调查、销售演示和客户机组培训用途的飞行。

（10）展览和航空展：

——在获得设计批准书前及在表明与经批准的设计的制造符合性前，航空器飞往展览会或航展，或参加展览会或航展的飞行。

（11）航空器飞往将进行维修或适航审查的地点，或飞往存放地：

——在不能使用最低设备清单（MEL）之外的某些设备，或当航空器连续损坏超出适用限制时，已不能遵守适航指令，不能按照批准程序进行维修的情况下，所实施的转场飞行。

（12）航空器以超过其最大合格审定起飞重量的重量，在水面上空或在没有适当着陆设施或燃油的陆地上空进行超出其正常航程的飞行：

——监督携带附加油量的转场飞行；

（13）为打破纪录、空中竞赛或类似比赛：

——包括这类用途的培训飞行和定位飞行。

（14）尚未确定符合环境要求但满足适用的适航要求的航空器的飞行：

——满足所有适用适航要求但尚未符合环保要求的航空器的飞行。

（15）用适航证/限用适航证不适用的简单航空器或型号从事非商业飞行活动：

——实际上不能满足所有适用适航要求的航空器，诸如某些无 TC 持有人的航空器（通常称之为"孤儿航空器"），或已被纳入国家飞行许可证体系但尚未满足所有适用要求的航空器。在超出航空器所有人的直接控制能力，如缺乏适当的合格备件，不能签发适航证或限用适航证的情况下，才能对这类航空器签发飞行许可证。

注：上述所列的是**可以**签发飞行许可证的清单。但它不意味着在这些情况下**必须**签发飞行许可证。如果有其他合法手段允许进行这种预定飞行，也可使用这些手段。

8.4.4 EASA 适航证的一般说明

前面提到，由注册国的主管当局签发 EASA 适航证。

重申一次，在 EASA 适航证的分类中，飞行许可证已经取代了对不持有依据 EASA 第 21 部签发的适航证或限用适航证的航空器签发的所有特殊适航证或其他适航证。

已由成员国签发的特殊适航证，将逐步作为飞行许可证重新签发。2007 年 3 月

30 日的 EASA 21 部的修正案(作为欧盟委员会规章 EC No. 1702/2003 的附录),已经填补了当前规章的空白。事实上,成员国没有签发特殊适航证或类似文件的共同法规。现在,正如 8.4.3 节中所总结的,新的 P 分部"飞行许可证"以及其他分部的相关修正案的发布,确定了这些共同法规。

成员国可根据当地的要求采用不同的飞行许可证;他们可以发布内部通告,但应始终遵守 EASA 21,同时在有关设计安全性飞行条件的批准方面,应有局方的直接或间接参与(利用 DOA)。

8.5　FAR 21 适航证

8.5.1　标准适航证

8.5.1.1　适用范围

为已通过型号合格审定的正常类、实用类、特技类、通勤类或运输类航空器,载人自由气球以及局方指定的特殊类航空器签发适航证[11]。

8.5.1.2　标准适航证的签发

(1)依照生产许可证制造的新的航空器。为按照生产许可证制造的新的航空器申请标准适航证的申请人,无需进一步的证明,就可获得标准适航证。局方检查航空器以确定其符合型号设计并处于可安全使用状态的情况除外。

(2)仅依照型号合格证制造的新的航空器。对仅依照型号合格证制造的新的航空器申请标准适航证书的申请人,在型号合格证持有人或权益受让人提交了 21.130 条款规定的制造符合性声明后,若局方检查后确认航空器符合型号设计并处于可安全使用状态,则可获得标准适航证。

(3)进口航空器。对于依照 21.29 条款[12]进行型号合格审定的进口航空器,如果航空器制造国证明,并由局方确认该航空器符合型号设计并处于可安全使用状态,则其标准适航证的申请人可获得适航证。

21.183 条款也规定了适用情况下的噪声、乘客紧急出口、燃油通气和排气排放的要求。

8.5.2　特殊适航证

初看之下,我们可能会问为什么 FAA 有这么多种类的特殊适航证。

正如已经提到的,这是为了解决航空器日常运行相关的各种问题的需要,对不同情况制订不同书面规则。

有必要回顾本章开头有关适航证管理规则的综述内容。在本书中,读者将找不到 FAR 21 部条款的副本,找到的只是用来解释这些条款含义的要求的基础。因此,建议读者在实际使用这些要求时,查阅 FAR 21 部、这些要求所引用的其他联邦航空条例(FAR)以及咨询材料(咨询通告、规定等)。

特别值得一提的是 FAA 指令 8130-2F,它规定了进行航空器及相关产品的初始和重复适航性合格审定的程序。

需要了解的重要的一点是,大部分国家的管理当局在很长时间内,航空器合格审定规章都以 FAA 的规章为基础,因此,许多适航证与相应的 FAA 的适航证相似。这意味着,在单个证书最后描述的某些考虑,不仅仅适用于美国航空器,而且可能有更广泛的价值。

另一个实际的考虑是:为已通过型号合格审定的航空器签发适航证时,安全性是通过单个航空器对相关型号合格证和适用运行要求的符合性来保证的。

因为大多数的特殊适航证并不基于某个型号合格证,因此这种适航证的签发应保证"足够的安全性水平";这个声明不仅包括单个航空器物理状况的评估,也包括了对其设计的评估。

这些类型的评估通常需要经验、技巧和常识。

注:按照 FAR 21.187《多重适航证的签发》,在下列情况下,申请人有权获得限用类适航证和除初级类之外的其他一种或多种适航证:

(1) 当该航空器处在某类的构型状态时,申请人证明其符合此类别要求;

(2) 通过简单的机械方式移除或增加设备,申请人证明该航空器能够从一种类型转换到另一种类型。

8.5.2.1 初级类航空器的特殊适航证

1) 初级类航空器的定义

按照初级类进行型号合格审定的航空器:

(1) 无动力,或由 23.49 条款定义的单台自然吸气发动机驱动的、失速速度 V_{so} 不超过 61 kn 的飞机,或在标准的海平面大气条件下,主旋翼桨盘载荷限制为 6 lb 每平方英尺的旋翼机。

(2) 重量不超过 2700 lb,或重量不超过 3375 lb 的水上航空器。

(3) 包括驾驶员,最大客座数不超过 4 座。

(4) 机舱非增压。

申请人可以将特殊检查和预防性维修计划作为航空器型号设计或补充型号设计的一部分。

2) 适航证的签发

(1) 依照生产许可证制造的初级类新航空器。对于依照生产许可证制造的初级类新航空器,包括由生产许可证持有人提供配套件,并在其监督和质量监控下由其他人组装的航空器,此类初始的特殊适航证的申请人,有权获得特殊适航证,而不需要进一步的证明,局方检查航空器以确定型号设计的制造符合性及其安全使用状态的情况除外。

(2) 进口航空器。对于按照 21.29 条款[13]进行型号合格审定的进口航空器,此类初级的特殊适航证的申请人,若有该航空器制造国的民航适航当局的证明,并且局方在检查后确认该航空器符合经批准的满足适用准则的型号设计,就有权获得特殊适航证。

3) 一般说明

初级类航空器设计简单,并专门用于娱乐和个人用途。虽然此类航空器在一定的条件下可租用并用于飞行教学,但是禁止出租用于人员或者货物运输。

这类合格审定的一个好处是,驾驶员或所有人可以进行 FAR 43 附录 A 允许范围之外的预防性维修。当然,驾驶员或所有人必须遵循相应的规则以表明其具备资格。

FAR 21.184(c)允许申请人将初级类的特殊适航证更换为标准适航证。这种变更通过正常的 STC 流程进行。变更的唯一好处是,驾驶员或所有人可以进行 FAR 43 附录 A 允许范围之外的预防性维修。

FAR 21.17(f)(l)[14]规定了"适用规章的确定"。其目的是提供私人组织能借以为初级类航空器研发适航设计标准,并提交给 FAA 批准的手段。这些私人组织包括但不局限于,例如实验航空器协会(EAA)、公认标准制订团体比如汽车工程师协会(SAE)、制造商、航空器设计者以及个人。

8.5.2.2　限用类航空器的特殊适航证

1) 限用类航空器的定义

按照限用类进行型号合格审定用于下列特殊用途的航空器:

(1) 满足某类航空器的适航要求,局方认为不适合该航空器特殊用途的要求除外。

(2) 按照美国军方的要求制造并被接受使用,随后改装为专门用途的航空器。

(3)"专门用途"包括:

① 农业(喷施、撒药和播种,以及牲畜和肉食动物的管理);

② 森林和野生动植物保护;

③ 航空勘测(摄影、测绘以及石油和矿物勘探);

④ 巡查(管道、电力线和水道);

⑤ 天气控制(人工降雨);

⑥ 空中广告(空中文字、旗帜拖带、机载标志以及公共广播系统);

⑦ 局方规定的任何其他作业。

2) 适航证的签发

(1) 仅按照生产许可证或型号合格证制造的航空器。对以前没有按照任何类别进行型号合格审定但已通过限用类型号合格审定的航空器,申请人申请其初始限用类适航证,必须遵守 21.183 条款的适用规定[15]。

(2) 其他航空器。对曾是军用剩余或之前已按其他类型进行型号合格审定且已通过限用类型号审定的航空器,申请人申请其限用类适航证时,如果航空器已经通过局方的检查表明其保存及维修状态良好并处于可安全使用的状态,则可获得适航证。

(3) 进口航空器。仅依据 FAR 21.29 条款的进行限用类型号合格审定的进口航空器,申请人申请其初始限用类适航证时,如果该航空器制造国能够证明并且局方认为该航空器符合型号设计且处于可安全使用状态,则可获得适航证。

条款 21.185 也规定了适用情况下的噪声、燃油通气、排气排放的要求。

3) 一般说明

为了更好地理解这类特殊航空器的含义,下面举一个例子来说明。

依据 FAR 23 进行型号合格审定的飞机,安装了农业喷施装置。这份适航证可能容许最大起飞重量增大,并且容许由于重量增大和外挂物造成的阻力增大而导致的爬升率下降(低于 FAR 23 部允许的最小值)。显然,应该证明该航空器的飞行品质仍是可接受的;可能要安装应付紧急情况的快速排放装置;需要增强空域限制等。换句话说,应该进行所有的适当检查,并且考虑到对基本规章中重要适航要求的偏离的情况,需要规定限制条件。

8.5.2.3　限制类航空器的特殊适航证

1) 限制类航空器的定义

签发限制类特殊适航证以使用已转为民用的剩余军用航空器,需要满足下列情况:

(1) 该航空器具有限制类型号合格证[16]。

(2) 该航空器符合其型号合格证。

(3) FAA 已经确定该航空器可以安全运行。

(4) 运营不包括出租用于人员或货物运输。FAA 可以规定安全运行所必要的附加限制。

2) 适航证的签发

如果符合以下情况,申请人有权取得限制类航空器适航证:

(1) 申请人能够表明该航空器之前已获得限制类型号合格证,并且航空器与型号合格证一致。

(2) 经 FAA 检查(包括申请人进行的飞行检查),确认其保养、修理良好并且处于可安全使用状态。

(3) FAA 规定了安全运行所必要的限制和条件。

8.5.2.4　轻型运动类航空器的特殊适航证

1) 定义

轻型运动类航空器不包括直升机,也不带动力升力装置,从其初始合格审定开始就持续满足下列判据:

(1) 最大起飞重量不超过:

① 轻于空气的航空器,660 lb(300 kg);

② 不打算在水上运行的航空器,1320 lb(600 kg);

③ 打算在水上运行的航空器,1430 lb(650 kg)。

(2) 在海平面标准大气条件下最大持续动力时的最大平飞速度(V_H)不大于 120 kn 校正空速(CAS)。

（3）滑翔机最大极限速度（V_{NE}）不超过 120 kn（CAS）。

（4）在航空器最大合格审定起飞重量和最大重心极限情况下，未使用增升装置时的最大失速速度或最小稳定飞行速度（V_{S1}）不超过 45 kn（CAS）。

（5）包括驾驶员在内，最大客座数不超过 2 座。

（6）如果有动力驱动，则为单台活塞式发动机。

（7）对于动力航空器但不是动力滑翔机，应具有固定或地面可调式螺旋桨。

（8）如果是动力滑翔机，有固定或自动顺桨系统。

（9）如果是旋翼机，有固定桨距、半刚性、摇摆式和双叶片转子系统。

（10）如果有机舱，则为非增压式。

（11）具有固定式起落架，打算在水上运行的航空器或滑翔机除外。

（12）打算在水上运行的航空器，具有固定或可调式起落架，或者具备船身。

（13）滑翔机需有固定或收放式起落架。

2）适航证的签发

（1）资质。为了具备取得轻型运动类特殊适航证资质，申请人必须向 FAA 提交：

① 航空器使用说明书；

② 航空器维修和检查程序；

③ 按 21.190（c）条规定的制造商的符合性声明；

④ 航空器的飞行训练补充文本。

航空器之前必须未取得过标准、初级、限用、有限或临时适航证，或者由外国民用航空管理部门签发的等效适航证。

此航空器必须经过 FAA 检查确定其处于可安全使用的状态。

（2）轻型运动类航空器的制造商的符合性声明。21.190（c）条款规定了须提供的制造商声明的内容。文件应该特别声明符合"公认标准"的规定。"公认标准"是针对轻型运动类航空器的合格审定，由工业部门提出的适用于航空器设计、生产和适航的一致认同标准。它包括但不局限于，航空器设计与性能标准、所需设备、制造商质量保证体系、生产验收测试程序、操作说明、维修和检查程序、大修和大改的标识和记录以及持续适航方面等。

（3）在美国境外制造的轻型运动类航空器。为使在美国境外制造的航空器具有申请轻型运动类特殊适航证的资格，申请人必须满足资格要求并向 FAA 提供如下证据：

① 航空器制造国与美国签订了关于该航空器的双边适航协议或具有相关适航实施程序的双边航空安全协议，或等效的适航协议。

② 航空器具备在其制造国获得适航证、飞行授权或其他类似证书的资格。

3）一般说明

美国最近建立这类新航空器及其特殊审定机构，可以代表通用航空领域的一场革命。

美国通用航空的繁荣在很久以前就已走到尽头,这主要是多种因素引起的经济原因所导致。

为了使运动和娱乐航空能够复苏,FAA 经过多年的研究和讨论,于 2004 年 9 月 1 日,颁布了针对轻型运动航空器(Light-Sport Aircraft,LSA)的合格审定和运行执照的新规则。

这些规则已由实验航空器协会(Experimental Aircraft Association,EAA)推荐了一段时间,其目的是使多种以低成本生产和运营为特征的航空器成为可能,而且可用简化方法获得驾驶证。显然,有可能将运动类驾驶员飞行时间计入更高驾驶员等级评估中。

按照 FAA 的总结:

> 上述行动的预期作用是允许生产经过合格审定的安全经济的航空器,这些航空器超出了当前超轻类规章允许的范围,而且允许这些航空器由经过合格审定的运动型和娱乐型驾驶员操作,可以携带一名乘客,也可以安全方式进行飞行训练和拖曳。

运动型驾驶员可以在以下一类或多类航空器中行使飞行权力:

(1) 飞机(限于单发飞机);

(2) 滑翔机;

(3) 轻于空气的航空器(飞艇或气球);

(4) 旋翼机(限于自转旋翼机);

(5) 动力伞(PPC);

(6) 移动重心进行控制的航空器(如动力三角翼)。

在规章的定义部分提到了限制条件。

这些航空器的合格审定不包括型号合格审定。FAA 基于制造商关于对上述"公认标准"的符合性声明,将特殊适航证签发给轻型运动类航空器。在**公认标准**定义中提到的适航标准可能是新的或者已被 FAA 接受的标准。

已被 FAA 接受(但并没有正式批准)的公认标准的符合性声明,实际包含了自动合格审定。任何情况下,制造商必须允许 FAA 自由进出其设施,并对适航证的签发进行最终的检查。

其他有吸引力的特权是,若轻型运动类航空器在没有制造人监督和质量系统的情况下由合格的整套零部件装配而成,则有可能获得该航空器运行的实验类适航证。在这种情况下,不是业余制造的航空器须承担 51% 的装配任务的限制[17]。

该航空器仅能用于运动、娱乐和飞行训练。

具有实验类适航证的轻型运动类航空器的持续适航,将遵循实验类业余制作的航空器持续适航累积的经验和先例。航空器所有人将负责保证此类航空器的持续适航。

FAA 设立新的修理人员合格审定称为"LSA 修理人员"。这种合格证有两种类别：检查和维修。要获得这个证书，需满足以下条件：申请人必须年满 18 周岁；会说、读和理解英语；完成每类所需的培训量；必须是美国公民或永久合法居民。

FAA 的巨大开创性通常会波及到世界其他地区。

例如，2006 年，澳大利亚的民航安全局（CASA）将 LSA 类标准引入到澳大利亚时，其与 FAA 的 LSA 类的标准几乎相同。

正如所预期的，美国的 LSA 类的引入是非常成功的。

根据 FAA 最近的监督，在 2005 年 4 月首份特殊适航证签发后，超过 90 个不同的制造商生产了"随时可飞"的飞机、动力伞（PPC）和注册为 S-LSA（Special Light Sport Aircraft）的移动重心进行操纵的航空器（WSC，也就是"三角翼"）。

超过 900 架这类航空器目前已获得 S-LSA 适航证，而且其事故率非常低。这表明了 LSA 公认标准和 FAA 规章运行状态良好。

关于公认标准程序，ASTM 国际组织被选为标准制订组织，并且 FAA 一直在关于这类标准制订、批准和修订的流程方面开展工作。

8.5.2.5　实验类适航证

1）定义

实验类适航证签发给尚未进行型号合格审定的航空器，以及业经型号合格审定、但纳入了未经批准的更改或可能超过经批准限制条件的航空器。

不同类型的实验类适航证签发给不同的用途。现在列出这些证书，并概括解释这些用途：

（1）研究和发展；

（2）表明与规章的符合性；

（3）机组人员培训；

（4）展览；

（5）航空竞赛；

（6）市场调查；

（7）运行业余制造的航空器；

（8）运行用主配套件制造的航空器；

（9）运行轻型运动类航空器。

2）实验类适航证的签发

21.191，21.193 和 21.195 包括了实验适航证签发的要求。

91.319 条款规定了运行限制。这些限制适用于所有具备实验类适航证的航空器。此外，局方根据 91.319（e）可能规定必需的其他限制。

(1) 研究和发展。

试验航空器新的设计概念、新设备、新安装,以及新的操作方法或新用途。

举例来更好地理解:若某人想要在已通过型号合格审定的航空器上测试安装的新型发动机(甚至新概念发动机),并且至少在短期内不想取得型号合格证(或者补充型号合格证)。

从型号合格审定的角度而言,这种航空器所进行的飞行肯定没有危险。在这种情况下局方的介入应该限制在有关申请人执行活动的一般信息中,以建立实际可操作的限制(例如,即将进行试验的区域和如何到达这些区域)[18]。局方将不会为签发适航证而进行飞行试验。

(2) 表明与规章的符合性。

适用于飞行试验和表明符合适航规章的其他运行,包括表明符合签发型号合格证或补充型号合格证的条件而进行的飞行、证实设计大改所进行飞行,以及表明符合规章中功能和可靠性要求所进行的飞行。

在这种情况下,局方的参与是非常不同的,因为所进行的飞行试验是型号合格审定中固有的。重要的是了解航空器的构型和已经完成的符合性状态。[19]飞行包线不能够被冻结,飞行试验的目的是逐步扩大飞行包线。因此,申请人必须与局方就每次飞行试验限制的确定并逐步扩大飞行包线的必要准则达成一致。

(3) 机组培训。

关于申请人的飞行机组人员培训,通常在型号合格审定过程期间签发适航证,其目的是训练申请人的机组人员,从而进行型号合格审定或批生产飞行试验。

在这种情况下,航空器包含在型号合格审定过程中。(2)中的说明事项仍然是有效的,只有批准的飞行包线除外,这应该仔细定义并认真研究。

(4) 展览。

展览指的是航展中航空器飞行能力、性能或不寻常的特性的展示;电影、电视拍摄和类似生产活动;保持飞行表演的熟练性,包括(展示航空器的人员)往返于航展和生产地的飞行。

考虑两种情况:

① 型号合格审定过程中的航空器。这种情况可以当成是用于机组人员培训的适航证的扩展。有时候要求准许执行甚至标准适航证都不允许的机动飞行,所幸这种情况不常发生。如果有正当的理由支持(如结构分析、飞行试验等),局方可以允许这类机动飞行(必须明确指明)。

② 其他航空器。指"未经型号合格审定的航空器",有可能对适航证规定的运行情况,给出安全性水平是否充分的判断意见。这种情况有可能恢复历史的或退役的军用航空器。

注:值得注意的是,为展览审定的航空器不允许用于任何的旅行,它们只能进行适航证所批准的运行。

（5）航空竞赛。

指参加航空竞赛的飞行,包括(这类参加者)针对此类竞赛的训练飞行和往返竞赛活动的飞行。小节(4)中的叙述以及末尾的注释也对它适用。

（6）市场调查。

航空器的使用目的是实施市场调查、销售演示和客户机组人员培训:

① 美国的航空器制造商可以为用于市场调查、销售演示或者客户机组人员培训的航空器,申请实验类适航证。

② 航空发动机制造商,对通过安装它们在美国境内生产的其他发动机来改装已通过型号合格审定的航空器,若该航空器在更换发动机前是按正常类、特技类、通勤类或运输类进行合格审定,则可以为该航空器用于市场调查、销售演示或者客户机组人员培训用途申请实验类适航证。

③ 私人更改已通过型号合格审定的航空器的设计后,若该航空器在更换发动机前是按正常类、特技类、通勤类或运输类进行合格审定,则可以为该航空器用于市场调查、销售演示或者客户机组人员培训用途申请实验类适航证。

（7）使用业余制造的航空器。

指运行的航空器的大部分是由个人制造和装配的,制造者进行此过程主要是为了个人教育或娱乐。

大部分的判定将通过除了标准采购项目外,对业余制造者所完成的工作量占航空器制造所需总工作量的百分比进行评估来实现。

注:航空器的大部分被确定为 50% 以上的制造和装配工作,普遍采用的是 51% 法则[20, 22]。

这类航空器不需要表明对适航标准的符合性。此外,也不要求申请人进行设计或生产单位合格审定。

当申请人提交了下列证明时,业余制造的航空器有资格获得实验类适航证:

① 航空器由个人或个人小组制造和装配。

② 该设计用于教育或娱乐用途。

③ FAA 确认航空器满足可接受的航空标准和做法。

注:以商业出售为目的而制造和装配的航空器,不能认定是业余制造的航空器。

局方(或委任机构)对业余制造航空器的管理与对其他情况的管理明显不同。对于这些航空器管理的目的,在于确定制作该航空器的申请人制造和装配的技术达到一定的水平,且其飞行特性必须不能有危险。

局方没有责任向第三方(如客户)保证这类航空器的适航性,因此,可以省略诸如材料来源证明手续和标准程序。重要的一点是,应审查能够保证申请人自己(也就是将来使用这架航空器的人)拥有足够的材料和零件、技术工艺和检验能力的方法。以上所有这些使得局方与申请人之间建立了特殊关系,也意味着专业的管理人员具有良好的敏感性和经验,其经验有时结合了业余制造者的经验[21]。

考虑两种类型的业余制造的航空器：

① 已经在某处经合格审定为业余制造航空器；

② 新设计的航空器。

第一类可以说是"轻松"的，因为知道了某个型号的航空器已经飞行(有时几十或甚至几百架次)，可根据设计持有人所提供的图纸和说明来实现对设计的良好管理限制，设计持有人有时提供零件和材料配套件[22]。

对于新设计航空器，即使没有要求符合适航标准，也应该提交由一人或多人完成的设计。局方并不要求设计文件，但是需要知道设计准则、即将进行的试验以及参考的标准(未必是类似的航空器型号合格审定需要的标准)。

对前一类航空器进行大改，类似说明也是有效的。

业余制造航空器必须有飞行手册和持续适航指令。申请人负责航空器的维修。如果可能，制造人直接进行或由维修单位完成维修。

2009 年 9 月 30 日的 AC 20 - 27G，为业余航空器制造人提供了关于该类航空器合格审定和运行的具体信息和指南；制造前需知和需做的内容；设计和构造；制造和装配；注册登记；识别和标记；合格审定申请；FAA 检查；签发适航证；飞行试验；以及飞行试验后的运行。

(8) 运行由基本配套件装配的航空器。

指运行满足 21.24(a)(1)[23] 条款准则的初级类航空器，其是在没有生产许可证持有人的监督和质量控制下，由个人将由生产许可证持有人制造的配套件装配而成的。

(9) 运行轻型运动类航空器。

运行满足下列条件装配的轻型运动类航空器：

① 由航空器配套件装配，其申请人能够提供 21.193(e)条款[24] 所需的信息；

② 符合制造商的满足适用公认标准的装配说明；

③ 已取得轻型运动类特殊适航证。

8.5.3 特许飞行证

8.5.3.1 定义

特许飞行证签发给目前尚未满足适用适航要求，但是用于以下用途能够安全飞行的航空器：

(1) 航空器飞往修理、改装或维修基地，或存放地点；

(2) 交付或出口航空器；

(3) 测试新生产航空器的生产试飞；

(4) 从即将发生危险的区域撤出航空器；

(5) 已圆满完成生产试飞的新生产的航空器进行客户飞行表演。

还可以签发特许飞行证批准航空器以超过其最大合格审定起飞重量的重量，在水面上空或在没有适当着陆设施或燃油的陆地上空进行超出其正常航程的飞行。批准超出的重量为飞行所需的附加燃油、燃油运输设备和导航设备。

根据申请,持续授权的特许飞行证可以签发给尚未满足适当的适航要求但是能够安全飞往维修或改装基地的航空器。

8.5.3.2　特许飞行证的签发

为了签发特许飞行证,局方将收集所有必需的信息来规定飞行限制,并要求申请人进行安全飞行所需的适当检查和测试。

规章 8130.2F 提供了申请和签发特许飞行证、航空器检查、特殊飞行限制,以及超重航空器飞行,生产试飞和执行客户飞行表演等相关资料。

8.5.4　临时适航证

8.5.4.1　临时适航证[25]的定义

临时类的特殊适航证签发给具有**临时型号合格证**的航空器进行特殊用途飞行。适航证的有效期受限于临时型号合格证的有效期。

FAR 91.317(使用限制)列出临时合格审定航空器进行的特殊用途的运行如下:

> 除非局方另行批准,否则,任何人均不得使用经临时合格审定的民用航空器,以下情况除外:
> ①直接结合该航空器的型号或补充型号合格审定;②为了培训飞行机组人员,包括模拟航空承运人的运营;③制造商为未来的购买人进行飞行表演;④制造商进行市场调查;⑤不影响航空器基本适航性的仪表、附件和设备的飞行检查;⑥航空器的营运测试。

8.5.4.2　临时型号合格证

可以签发两类临时型号合格证。Ⅰ类合格证可以签发给所有类别航空器,有效期为 24 个月;Ⅱ类合格证仅签发给运输类航空器,有效期为 12 个月。

FAR 21 部 C 分部规定了签发临时型号合格证、临时型号合格证修订以及型号合格证临时修订的程序性要求,以及管理这类证书的持有人的规则等。

特别地,FAR 21 部 C 分部基于航空器对某些运行标准,如 FAR 91 和 121 适用条款的符合性规定了要求。即如在 FAR 21 部中所介绍的:

(1) 在美国境内同时是美国公民的航空器制造商,可以申请Ⅰ类或Ⅱ类临时型号合格证、所持有的临时型号合格证的修订以及其所持有型号合格证的临时修订。

(2) 外国航空器制造商,其所在国与美国签有航空器进出口承诺协议,可以申请Ⅱ临时型号合格证、所持有的临时型号合格证的修订以及其所持有型号合格证的临时修订。

(3) 属于美国公民的航空器发动机制造商,对通过安装其在美国境内生产的其他经型号合格审定的航空发动机来更改已通过型号合格审定的航空器,如果在更换发动机前基本型航空器按照正常类、实用类、特技类、通勤类或运输类进行型号合格审定,则可以为该航空器申请Ⅰ类临时型号合格证和所持有的Ⅰ类临时型号合格证的修订。

8.5.4.3　一般说明

在 8.5.4.1 节中列出了可以签发临时型号合格证和临时适航证的特殊用途运行的清单。一般而言,当申请人表明 FAR 21 部 C 分部有关要求的符合性后,在型号合格审定过程中,临时型号合格证在(非临时)型号合格证之前签发。

通常在签发型号合格证时,通过临时型号合格审定的航空器原型机不符合型号设计。然而,在相应临时型号合格证有效期间,除非之前已经被放弃、更换、撤销或以其他方式终止,相关临时适航证并没有过期。

8.5.5　出口适航批准

8.5.5.1　适用范围

FAR 21 部的 **L 分部**包含了签发**出口适航批准**的程序性要求,以及管理这些批准的持有人的规则。简要概括这里所提及的咨询通告 No. 21 - 44,它规定了符合这些要求的可接受的方法。

8.5.5.2　出口适航批准的类型

FAA 为航空器、航空发动机、螺旋桨和物品签发出口适航批准。要求如下:

(1)航空器的出口适航批准。FAA 表格 8130 - 4,即出口适航证,用来为航空器签发出口适航批准。适航证代表着 FAA 证明该航空器符合以下条件:

① 航空器符合其 FAA 型号设计或适当更改的条件;

② 在检查和签发适航证时,航空器处于可安全使用的状态。

进口国或管辖区需要时,出口适航证也包含了补充声明,证明航空器符合进口国的型号设计。

出口适航证并不是对航空器运行的批准。

(2)航空发动机、螺旋桨和物品的出口适航批准。FAA 表格 8130 - 3,即批准放行证书,用来向航空发动机、螺旋桨和物品签发出口适航批准。该批准放行证书代表着 FAA 证明航空发动机、螺旋桨或物品符合以下条件:

① 符合 FAA 的设计批准或适当更改的条件;

② 在检查和签发该证书时,处于可安全使用的状态。

8.5.5.3　给位于其他国家的产品或物品签发 FAA 表格 8130 - 4 和 8130 - 3

只要 FAA 发现在管理适用要求方面没有过重的负担,就可以将表格 8130 - 4 和 8130 - 3 签发给位于其他国家的任何产品或物件。

8.5.5.4　申请

任何人都可以申请出口适航批准。申请人必须采用 FAA 规定的表格和方式提出申请。

8.5.5.5　FAA向新的或二手航空器签发出口适航证前需满足的要求

(1) 按照 FAR 21 部 F 分部或 G 分部制造的新的或二手航空器。按照 FAR 21 部 F 分部"基于型号合格证(TC)的生产"[26]，或 G 分部"基于生产许可证(PC)的生产"所制造的新的或二手航空器，如果满足 FAR 21 部 H 分部"适航证"中的适航要求，FAA 可向其签发出口适航证。这类航空器有权获得初级类或限用类的标准适航证或特殊适航证。

(2) 不按照 FAR 21 部 F 分部或 G 分部制造的新的或二手航空器。FAA 也可以向不按照 FAR 21 部 F 分部或 G 分部制造的新的或二手航空器签发出口适航证。在这种情况下，航空器已经拥有初级类或限用类(按 H 分部要求颁发)的有效标准适航证或有效特殊适航证。不按照 FAR 21 部 F 分部或 G 分部制造的航空器的例子如已经按 21.29 条款(进口产品型号合格证的签发)签发了 FAA 型号设计的进口航空器，以及使用备用和剩余零件制造的航空器。

注：如果进口国认为某产品接受并书面表明可接受性，则该产品不需要满足 8.5.5 节规定的适用要求；如果存在不满足的要求或者在出口产品和相关通过型号合格审定的产品之间存在构型差异，则可作为例外情况列在出口适航批准中。

8.5.5.6　出口航空器到与美国没有双边协议的国家或辖区

如果出口航空器到与美国没有双边协议的国家或辖区，而且没有正式向 FAA 提出明确的特殊进口要求，则其无需签发 FAA 的出口适航证。

当航空器符合 FAA 批准的设计或适当更改条件，而且处于可安全使用状态时，FAA 准许为所有合格航空器出口颁发表格 8130-4。

8.5.5.7　FAA签发出口适航批准给新的或二手航空发动机、螺旋桨或物品前需满足的要求

(1) 新的航空发动机、螺旋桨或物品。FAA 或其指定机构可以签发出口适航批准，即表格 8130-3，用来出口按照 21 部制造的新的航空发动机、螺旋桨或物品。这些航空发动机、螺旋桨或物品必须符合 FAA 批准的设计，并处于可安全使用状态。

(2) 二手航空发动机、螺旋桨或物品。任何人(例如，经销商、运营商、私人业主)可以从 FAA 或其委任代表处获得二手航空发动机、螺旋桨或物品的出口适航批准。这些二手航空发动机、螺旋桨或物品必须符合 FAA 批准的设计并处于可安全使用的状态。这类出口适航批准中包含申请人的声明，即这些二手航空发动机、螺旋桨或物品已经按照 43 部进行了正确维护。

注：如果适用于进口国而且其接受对这些要求的偏离，物品、新或二手航空发动机和螺旋桨不必满足 8.5.5.7 节中规定的适用要求。将这些航空发动机、螺旋桨或物品与批准设计之间差异，作为例外情况列在表格 8130-3 中。

8.5.5.8　出口航空发动机、螺旋桨或物品到与美国没有双边协议的国家或辖区

当出口航空发动机、螺旋桨或物品到与美国没有双边协议的国家或辖区，并且没有正式向 FAA 提交明确的特殊进口要求，则无需签发具有某些例外情况的表格

8130 - 3。

8.5.5.9 出口适航批准的一般说明

第 5 章"进口产品的型号合格审定"一节与进口国局方对型号合格证的确认有关。

出口适航证并不是对飞行运行的批准。如前所述,出口适航批准本质上是对进口国家的型号合格证的制造符合性声明,包括了针对进口的附加要求和进口国局方可能接受的不符合项的清单。

因此,也有可能给"不适航"航空器签发出口适航批准。2009 年 10 月 26 日的指令 8130.21G,提供了填写和使用 FAA 表格 8130 - 3"适航批准标签"的程序。此指令规定了 FAA 批准放行证书、FAA 表格 8130 - 3 和适航批准标签的填写和使用程序。此条款说明了 FAA 表格 8130 - 3 在国内适航批准、制造符合性检查和预先部署以及新产品和商品的适航批准等方面的应用。

8.6 运行的附加适航要求

8.6.1 引言

如本章所述,航空器的使用寿命从适航证或其等效文件的签发开始。

此类的证书可以签发的原因是航空器符合型号合格证,或者虽然航空器不满足(或没有表明满足)适用的合格审定规范,但其能够在规定条件下安全飞行。

由于同一航空器可以进行不同的运行,除基本的合格审定要求之外,航空器还必须满足局方发布的每种特殊运行的要求。

例如,一架单发 FAR 23 飞机,不仅可以作为个人用途,也可以用于为了报酬或租金(空中的士、空中作业等)的运行,而且必须遵守不同的飞行规则(VFR,IFR等)。根据所允许的特殊运行类型,遵守影响飞机构型的附加适航要求(设备、仪表等)。

为了更好地说明上述观点,图 8.3 总结了航空器从设计到运行的合格审定过程。

从适航和环境标准开始(1),通过型号合格审定过程(2),签发型号合格证(3)。为了获得适航证(6),必须考虑运行的附加要求(4),并证明符合拟批准的相关运行类型(5)(若尚未编入型号合格证中)。

图 8.3 也考虑了不满足(或尚未表明满足)适用的合格审定规范(依据 FAR 21部/EASA 21 部 H 分部)(7),但已确认能在规定条件(8)下安全飞行的航空器的情况;如果适用(5),必须表明其符合运行的附加适航要求,以获得适航证或飞行许可证(9)。

应当意识到图 8.3 是简化图示,一般在航空器在型号合格审定时也已经考虑到了运行规则,此时型号合格审定基础中包括了运行要求。

在任何情况下,航空器必须通过制造商、型号和序列号、采用 TCDS、航空器规

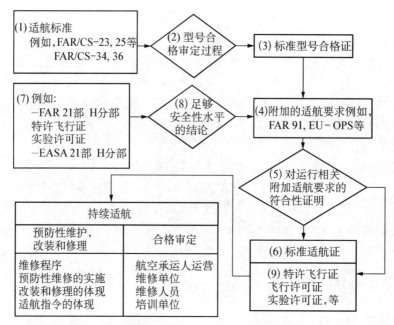

图 8.3　从设计到运行的航空器合格审定过程小结

范和/或适用航空器清单来表明其是有资格获得适航证的。检查记录和技术资料必须反映航空器符合型号设计,圆满完成所有必需的检查和测试,而且记录是完整的,并表明不存在未经批准的设计更改。

8.6.2　运行标准

运行标准规定了航空器运行的要求,包括关于运营商合格审定的规定,尤其是其组织、程序、手册、机组人员雇佣与培训、设备、航空器适合性、维修、危险品运输和防止非法干扰行为等方面的规定。

在第 4 章中所列出的运行标准都是些复杂冗长的文件,在此将尝试进行总结。同时也将提及这些文件的"适用性",并列举一些重要的条款或标题,所谓的重要是针对本文的范围,其与附加适航要求相关。

将考虑以下内容:

(1) FAA 的规章 FAR 91, 121, 125, 135 和 137。

(2) EASA/JAA 标准 JAR - OPS 1, JAR - OPS 3, EASA OPS 1 和 CS - AWO。

注:附录 8.7 和 8.8/8.9 总结了上述关于附加的适航要求的标准的适用范围。

8.6.2.1　定义(源自 FAR 1 和 FAR 119)

为了更好地理解上述运行标准的内容,下面列出一些定义。

航空承运人:指直接根据租约或其他协定,从事航空运输的人。

商业航空:指州际、海外的或与国外的商业航空,或用航空器进行邮政运输,或航空器在联邦航路范围内的任何运行或航行,或直接影响或可能危及州际的、海外的或与外国间商业航空安全的任何航空器运行或航行。

Ⅱ类运行:就航空器的运行而言,指根据局方或其他有关当局发布的Ⅱ类仪表着陆系统的仪表进近程序,使用仪表着陆系统直线进近到机场跑道。

Ⅲ类运行:就航空器的运行而言,指根据局方或其他有关当局发布的Ⅲ仪表着陆系统的仪表进近程序,使用仪表着陆系统进近并着陆到机场跑道。

等级:

(1) 用于航空人员的合格审定、定级、权利和限制时,指航空器在操作特性相似的类别内的等级划分。例如:单发、多发、陆上、水上、自转旋翼机、直升机、飞艇和自由气球。

(2) 用于航空器的合格审定时,指某一大类具有相似的推进特性、飞行特性或着陆特性的航空器。例如:飞机、旋翼机、滑翔机、气球、陆上飞机和水上飞机。

商业运营人:指除了航空承运人、外国航空承运人和依据 FAR 375 从事运输的人外,为了报酬或租金,使用航空器从事人员或财物运输的商业航空的人。一旦难以决定运行是否为了"报酬或租金"时,应根据该项空运只是此人附带于其他业务中,还是主要为其谋利活动来判断。

公共运输[27]:指运营人为了报酬或租金而从事的运行(通过广告或任何其他方式),其提供运输给需要运营人所提供服务的公众。

非公共运输:指为了报酬或租金而从事的航空器运行[27],不包含其他目的。

8.6.2.1.1 运行种类

运行种类:指合格证持有人被批准从事运营规范规定的不同运行方式中的某种,比如,国内、悬旗、补充、通勤或应需运行。

通勤运行:指任何人根据公布的飞行时刻表,在至少一条航路上的两点或更多点间每周至少进行五次往返运行,其中使用的航空器为:①涡轮喷气飞机之外的飞机,不包括机组成员,其最大客座数不大于 9 座,最大有效载荷不超过 7500 lb;②旋翼航空器。

国内运行:指任何人使用下列(1)中规定的任何飞机,在下列(2)中定义的范围从事的任何定期运行。

(1) 飞机——①涡轮喷气飞机;②不包括机组人员座位,客座数多于 9 座的飞机;③商载大于 7500 lb 的飞机。

(2) 范围——①美国本土的 48 个州或哥伦比亚特区之内的任何点之间;②仅在美国本土的 48 个州或哥伦比亚特区之内;③完全运行在美国的任何州、领土或属地内。

悬旗运行:指任何人使用下列(1)中规定的任何飞机,在下列(2)中定义的范围从事任何定期的运行。

(1) 飞机——①涡轮喷气飞机;②不包括机组人员,客座数大于 9 座的飞机;③商载大于 7500 lb 的飞机。

(2) 范围——①在阿拉斯加州内的任何点之间;②在美国或哥伦比亚特区之内的任何点和在美国本土的 48 个州与哥伦比亚特区外的任何点之间;③美国之外的任何点之间。

应需运行:指为了报酬或租金从事以下类型的运行:

(1) 公开包机运送旅客。为以下运行方式中的一种:①用飞机进行公共运送,使用涡轮喷气飞机,不包括机组人员,最大客座数不超过 30,并且商载不超过 7 500 lb;②用飞机进行的非公共或私人运送,使用的飞机不包括机组人员,最大客座数少于 20,并且商载少于 6 000 lb;③任何旋翼机运行。

(2) 根据公布的飞行时刻表,在至少一条航路上的两点或更多点间每周至少进行五次往返运送旅客的运行,其中使用的航空器为:①涡轮喷气飞机之外的飞机,不包括机组成员,最大客座数不大于 9 座,最大商载不超过 7 500 lb;或②旋翼航空器。

(3) 使用商载不超过 7 500 lb 的飞机或旋翼机从事的全货物运行。

补充运行:指为了报酬或租金,使用下列(1)中规定的任何飞机,下列(2)所规定的运营类型,从事公共运送运行:

(1) 飞机:①不包括机组成员,最大客座数大于 30 的飞机;②商载大于 7 500 lb 的飞机;③螺旋桨飞机,不包括机组成员,客座数大于 9 座而小于 31 座,也可用于国内或悬旗运行,并如 119.49(a)(4)所要求的在运行规范中列出。④涡轮喷气飞机,不包括机组成员,客座数大于等于 1 座其小于 31 座,也可用于国内或悬旗运行,并如 119.49(a)(4)所要求的在运行规范中列出。

(2) 运行类型:①出发的时间和地点以及到达的地点需要与客户或客户代表特别协商的运行;②全货物运行;③按照本篇第 380 部规定从事载客公共包机运行。

8.6.2.1.2　运行

对外航空运输:指在美国某地与美国之外任一地之间,为了报酬或租金,作为公共承运人用航空器运送人员或财物,或用航空器运送邮件,不论这些贸易是全程使用航空器,还是部分使用航空器或部分使用其他运输方式。

州际航空运输:指在美国某州或哥伦比亚特区的某地和其他州的另一地之间,或州外任何地点的领空之间,或美国属地的几个地点之间,为了报酬或租金,作为公共承运人用航空器运送人员或财物,或用航空器运送邮件,不论这些贸易是全程使用航空器,还是部分使用航空器或部分使用其他运输方式。

州内航空运输:指在美国的同一个州,为了报酬或租金,作为公共承运人,用承载量为 30 人以上的涡轮喷气动力航空器运送人员或财物。

海外航空运输:指在指在美国某州或哥伦比亚特区的某地和美国属地的某地之间,或在美国其中某属地和美国另一属地的某地之间,为了报酬或租金,公共承运人用航空器运送人员或财物,或用航空器运送邮件,不论这些贸易是全程使用航空器,还是部分使用航空器或部分使用其他运输方式。

定期运营:指为了报酬或租金,由航空承运人或商业运营人实施,合格证持有人或其代表事先提供出发地点、时间和终点的携带乘客的公共运输。它不包括作为公共包机而执行的任何携带乘客的运行。

"公共运输未被包含"或"不包含公共运输"是指以下情况：

①非公共运输；②不以报酬和租金为目的的人员或货物运输；③不包含人员或货物运输的运行；④私人运输。

湿租：指法人同意出租整个航空器以及至少一名机组人员的租赁协议。

8.7 FAA 运行标准（附加适航要求）

注：参见附录 8.7。

注：为了介绍这些运行标准的内容，引用这些标准的最显著的条款，出于现实原因和提供参考，通常仅部分引用或引用标题。然而，不建议以此代替阅读全文。引文的章节编号也不作改动。

8.7.1 FAR 91 部．一般运行和飞行规则

A 分部：总则

91.1 适用范围

（a）除本节（b）和（c）条以及 FAR 91.701 和 91.703 规定外[28]，本部规章规定了在美国境内，包括距美国海岸 3 n mile（1 n mile（海里）＝1852 m）之内的水域的航空器运行管理规则（除了由 FAR 101 部管理的系留气球、风筝、无人火箭和无人自由气球，以及依据 FAR 103 部运行的超轻型飞行器）。

（b）在距美国海岸 3～12 n mile 水面上方空域内使用航空器的每个人必须遵守 FAR 91.1 至 91.21 的规定……

C 分部：设备、仪表和证件要求

91.203 民用航空器：要求的合格审定

（a）除 FAR 91.715 所规定外[29]，运行民用航空器需携带以下证书：（1）适用的现行适航证件……

（c）运行在客舱内或行李舱内安装有燃油箱的航空器，该燃油箱的安装应依据 FAR 43 部完成，并将批准安装的 FAA 表格 337 副本放在该航空器上。

（d）运行（国内或国外）民用航空器进入或离开美国的机场，该航空器符合 FAR 34 部的燃油通气和排气排放的要求。

91.205 具有美国标准类适航证的有动力民用航空器：仪表和设备要求

（a）总则。除本节（c）（3）和（e）条规定外，用本节（b）至（f）条所规定的任何运行方式，运行具有美国标准适航证的有动力的民用航空器，该航空器应装有条款中指定的该运行种类所要求的（或 FAA 批准的等效条款）仪表和设备，并且这些仪表和设备项目处于工作状态。

（b）目视飞行规则（白天）。白天按目视飞行规则（VFR）飞行，以下的仪表

和设备是必需的:

(1)空速表;(2)高度表;(3)磁罗盘;(4)每台发动机的转速表;(5)每台发动机所使用压力系统的滑油压力表;(6)每台液冷式发动机的温度计;(7)每台气冷式发动机的滑油温度表……

(c) 目视飞行规则(夜间)。夜间按目视飞行规则(VFR)飞行,以下的仪表和设备是必需的:

(1)本节(b)条中规定的仪表和设备;(2)经批准的航行灯;(3)在所有美国注册的民用航空器上安装经批准的航空红色或白色防撞灯系统;(4)如果航空器用于出租,一个着陆灯……

(d) 仪表飞行规则(IFR)。按仪表飞行规则飞行,以下的仪表和设备是必需的:

(1)本节(b)条指定的仪表和设备,另外对于夜间飞行,本节(c)条中指定的仪表和设备;(2)适合于地面设施所用的双向无线电通讯系统和导航设备;(3)陀螺转弯率指示器,下列航空器除外……

(f) Ⅱ类运行[30]。Ⅱ类运行要求的仪表和设备规定于:(1)本节(d)条款中;(2)FAR附录 A。

(g) Ⅲ类运行[31]。Ⅲ类运行要求的仪表和设备规定于本节(d)条款中。

(i) 例外。本节(f)和(g)条不适于依据 FAR 121 或 FAR 135 规定签发证件的持有人所从事的运行。

91.211 补充氧气

(a) 总则。运行在美国注册的民用航空器,应符合以下要求:

(1)在座舱压力高度高于 12 500 ft(MSL)而低于或等于 14 000 ft(MSL),在此高度范围内飞行时间超过 30 min 后,给所需最少机组人员提供和使用补充氧气;(2)当座舱压力高度……

(b) 有增压舱的航空器。(1) 运行在美国注册的带有增压座舱的民用航空器,应符合以下要求:

(i)飞行高度层*在 250 以上(高度 25 000 ft 以上)飞行,除了满足本条(a)款所要求的氧气外,在航空器座舱失去增压而需下降高度的情况下,该航空器每个乘员都至少供应有 10 min 的补充氧气;(ii)在飞行高度高于……

91.213 不工作的仪表和设备

(a) 除了本节(d)条中所规定的,起飞安装有不工作的仪表或设备的航空器,应满足下列条件:

(1)该航空器具有经批准的最低设备清单。(2)航空器具有 FAA 飞行标准司地区办公室签发的批准书……(3)经批准的最低设备清单必须(i)按照本节

注:高度层=高度(ft)/100 ft。——译注

(b)条所规定的限制制定……

(b) 最低设备清单上不包含下列仪表和设备：

(1)专门或者另外由适航要求所规定的仪表和设备,航空器根据这些要求进行型号合格审定,并且这些要求对于在所有运行条件下安全运行是必不可少的;(2)适航指令(AD)要求的处于可运行状态的仪表和设备,除非适航指令另有规定;(3)本 FAR 条例中特殊运行所需要的仪表和设备。

(c) 依 FAR 91,121,125 或 135 部的 K 分部签发给特定航空器经批准的最低设备清单,其批准使用人,必须遵照本条款的要求使用该最低设备清单。

(d) 除了依照本节(a)条或(c)条进行的运行外,在下列情况下,可以起飞装有不工作仪表和设备的航空器,且其无需经批准的最低设备清单：

(1) 在下列航空器上实施的飞行运行：(i) 旋翼航空器、非涡轮动力飞机、滑翔机、轻于空气的航空器、动力伞或移动重心进行操纵航空器,此类航空器主最低设备清单还未制订……

(e) 若具有依照 FAR 21.197 和 21.199 签发的特许飞行证,可以使用装有不工作的仪表和设备,则不受本条规定的限制。

C 分部中其他条款的标题为：

91.215　ATC 应答机和高度报告设备及使用

91.219　高度警告系统或装置：涡轮喷气民用飞机

91.221　空中交通警告与防撞系统设备及使用

91.223　地形感知和警告系统

D 分部:特殊飞行运行

91.309　牵引滑翔机和无动力超轻型飞行器

(a) 使用民用航空器牵引滑翔机或无动力超轻型飞行器需满足以下要求：
……

(2)装有牵引航空器的牵引连接装置且其安装方式须经局方批准;(3)所使用牵引绳的断裂强度不小于该滑翔机最大合格审定使用重量的 80%。……

(i) 牵引绳和滑翔机的连接点处装有安全接头。……

(ii) 牵引绳和牵引航空器的连接点处安装有安全接头。……

G 分部:大型运输类航空器的附加设备和运行要求

91.601　适用范围

本分部适用于美国注册的大型运输类民用航空器的运行。

91.603　音响速度警告装置

运行运输类飞机用于商业航空时,应装有符合 FAR 25.1303(c)(1)的音响速度警告装置。

91.609　飞行记录仪和驾驶舱话音记录仪

(a) 任何航空承运人运行证或运行证持有人,使用承运人运行规范或者航空运输现行航空器清单中列出的航空器从事本条中所规定的运行时,该航空器符应合适用的飞行记录仪和驾驶舱话音记录仪的要求……

(f) 依据本条规定,可以使用经批准的具备删除功能的驾驶舱话音记录仪,以便在记录器运行期间的任何时间,其 15 min 前的记录信息可以被删除或抹去。

H 分部:外国航空器的运行和在美国注册的民用航空器在美国境外运行及此类航空器机上人员的管理规则

91.701　适用范围

(a) 本分部适用于在美国注册的民用航空器在美国境外的运行,以及外国民用航空器在美国境内的运行。

(b) 本节的 91.702 条款也适用于下列情况的航空器的机上人员:

(1)在美国注册的民用航空器在美国境外运行。(2)在美国境外运行的任何航空器……

91.711　关于外国民用航空器的特殊规则

(a) 总则。除了遵守本规章其他适用的条款外,在美国境内使用外国民用航空器的任何人还应当遵守本条款。

(c) IFR。按照 IFR 运行的外国民用航空器,(1) 应装有以下设备:

(i)在管制区域内运行时,装有可与 ATC 进行双向无线电通讯的无线电设备;(ii)适合于所用地面导航设施的无线电导航设备;……

(e) 在 FL240(24 000 ft)及以上的高度飞行。如果按照本节(c)(1)(ii)条要求装有 VOR 导航设备,在美国的 50 个州和哥伦比亚特区内以 24 000 ft 及以上的高度运行外国民用航空器,该航空器应装有测距仪(DME)或合适的区域导航(RNAV)设备……

I 分部:运行噪声限制

91.801　适用范围:与 FAR36 有关

(a) 本分部规定了运行噪声限制和相关要求,适用于在美国境内运行的民用航空器,如下:

(1) 91.803,91.805,91.807,91.809 和 91.811 条款适用于最大重量大于75 000磅的民用亚音速(涡轮喷气)飞机……

91.815　农用和救火飞机:运行噪声限制

(a) 本条款适用于具有标准适航证的螺旋桨驱动的小型飞机,它们设计用于"农用航空器作业"(见 1966 年 1 月 1 日起生效的 FAR 137.3 中定义)或喷洒救火材料……

91.817　民用航空器音爆

(a) 在美国境内运行真实飞行马赫数大于 1 的民用航空器,应符合 FAR 附录 B 签发给运营商的关于马赫数大于 1 的运行批准的条件和限制。

(b) 此外,使用最大使用限制马赫数 Ma_{MO} 超过 1 的民用航空器飞往或离开美国机场,应满足:

(1) 飞行机组可用的信息包括飞行限制,确保飞往或离开美国的飞行不会在美国境内地面产生音爆。

(2) 运营商遵守本节(b)(1)条中规定的飞行限制,或应符合 FAR 91 附录 B 签发的马赫数大于 1 的运行批准的条件和限制。

8.7.2 FAR 121 部. 运行要求:国内运行、悬旗运行和补充运行

A 分部:总则

121.1 适用范围

本规章适用于管理下列情况:

(a) 持有或被要求持有 FAR 119 部航空承运人证书或运行合格证的每个人从事的国内、悬旗和补充运行。

(b) 证书持有人雇佣或支配的每个人依照本规章进行的包括维修、预防性维修以及对航空器的改装。

(c) 申请临时批准的每个人……

(d) 按照本章的 FAR 119.1(e)(2)条,为了报酬或租金从事的不经停商业航空旅游,必须遵守药品和酒精的相关规定……不具备航空承运人证书或运行合格证的运营人,可以支配获准从事航空器维修或预防性维修的人以及不受反毒品和防止酒精滥用计划管制的人员……

G 分部:手册要求

121.131 适用范围

本分部规定了所有合格证书持有人制订和保存手册的要求。

121.141 飞机飞行手册

(a) 每一个合格证书持有人应当具有每个型号的飞机的现行经批准的飞行手册,使得飞机运行……

121.159 禁止单发飞机

合格证书持有人依据本部要求不可运行单发飞机。

I 分部:飞机性能使用限制

121.171 适用范围

(a) 本分部规定了所有合格证持有人的飞机飞行性能使用限制……

121.173 总则

(a) 除了本节(c)条中的规定,每个合格证持有人运行往复式发动机驱动的飞机时,应当遵守条款第 121.175 条至第 121.187 条的规定。

(b) 除了本节(c)条中的规定,每个合格证持有人运行涡轮发动机驱动的

飞机时,应当遵守第 121.189 条至第 121.197 条的规定,运行下列飞机时除外:

(1) 涡轮螺旋桨驱动的飞机……

本分部条款的标题如下:

121.181　往复式发动机驱动的飞机的航路限制——一台发动机不工作

121.185　往复式发动机驱动的飞机的着陆限制——目的地机场

121.187　往复式发动机驱动的飞机的着陆限制——备降机场

121.189　涡轮发动机驱动的飞机的起飞限制

121.191　涡轮发动机驱动的飞机的航路限制——一台发动机不工作

121.193　涡轮发动机驱动的飞机的航路限制——两台发动机不工作

121.195　涡轮发动机驱动的飞机的着陆限制——目的地机场

121.197　涡轮发动机驱动的飞机的着陆限制——备降机场

121.198　货运服务飞机增加的零燃油和着陆重量

121.199　非运输类飞机的起飞限制

121.201　非运输类飞机的航路限制——一台发动机不工作

121.203　非运输类飞机的着陆限制——目的地机场

121.205　非运输类飞机的着陆限制——备降机场

121.207　临时审定合格飞机的运行限制

J 分部:特殊适航要求

121.211　适用范围

(a) 本分部规定的特殊适航要求适用于本节(b)到(e)条中规定的合格证持有人……

本分部条款的标题如下:

121.215　座舱内部

121.217　内部舱门

121.219　通风

121.221　防火措施

121.223　与条款 121.221 符合性的证明

121.225　螺旋桨除冰液

121.227　压力交输布置

121.229　燃油箱位置

121.231　燃油系统管路和接头

121.233　指定防火区内燃油管路和接头

121.235　燃油阀

121.237　指定防火区内滑油管路和接头

121.239　滑油阀

121.241　滑油系统排放

121.243 发动机通气管路

121.245 防火墙

121.247 防火墙结构

121.249 整流罩

121.251 发动机附件段隔板

121.253 动力装置防火

121.255 易燃液体

121.257 切断方法

121.259 管路和接头

121.261 通风和排液管路

121.263 灭火系统

121.265 灭火剂

121.267 灭火剂容器卸压

121.269 灭火剂容器舱温度

121.271 灭火系统材料

121.273 火警探测器系统

121.275 火警探测器

121.277 其他飞机部件的防火保护

121.279 发动机旋转控制

121.281 燃油系统独立性

121.283 进气系统防冰

121.285 在客舱内装货

121.287 在货舱内装货

121.289 起落架:音响警告装置

121.291 应急撤离程序的演示

121.293 1964 年 12 月 31 日后通过型号合格审定的非运输类飞机的特殊适航要求

121.295 可疑设备位置

K 分部:仪表和设备要求

121.301 适用范围

本分部规定了所有合格证持有人的仪表和设备的要求。

本分部的条款标题如下:

121.303 飞机仪表和设备

121.305 飞行和导航设备

121.306 便携式电子设备

121.307 发动机仪表

121.355　使用特殊导航方法运行的设备

121.356　防撞系统

121.357　机载气象雷达设备要求

121.358　低空风切变系统的设备要求

121.359　驾驶舱话音记录仪

121.360　近地警告/下滑道偏离预警系统

8.7.3　FAR 125 部.旅客座位数不小于 20 或最大商载不小于 6000 lb 的飞机的合格审定和运行及其机上人员的管理规则

A 分部:总则

125.1　适用范围

(a) 除了本部(b)(c)(d)条中的规定,本部规章规定了客座数不少于 20 座或最大商载不少于 6000 lb 的,在美国注册的不涉及公共运输的民用飞机的运行管理规则。

(b) 本部章规定不适用于本节(a)条中所规定的下列情况下的飞机运行:

(1)依照本章的 121,129,135 或 137 部的运行;(2)已签发了限用、限制或临时适航证、特许飞行证或实验类适航证;(3)由 FAR 125 部证书持有人运行,没有按照 91 部规定的为培训、转场、定位或维修等目的运送乘客或货物……

(c) 除了 125.247 条外,本规章不适用于(a)条规定由非美国公民在美国境外运行飞机……

E 分部:特殊适航要求

125.111　总则

(a) 除了本部(b)条款中的规定,合格证持有人使用由最大持续运行额定功率大于 600 马力的发动机所驱动的飞机,其应满足 125.113 至 125.181 条中的要求。

(b) 如果局方认为,用于货运的特定飞机型别,严格符合本节(a)条中的任何要求将极为困难,且其符合性对于试图达到的目标没有实质性的贡献,局方可以要求其只要符合实现本部规章基本目标所必需的规定。

(c) 本部不适用于依照以下规定合格审定的飞机:

(1)1946 年 12 月 31 日后生效的 CAR 4b;(2)FAR 25 部;(3)特别民用航空条例 422、422A 或 422B。

125.113　座舱内部

(a) 飞机座舱首次大修或座舱内部翻修时,机组或乘客使用的每个舱室中所有不满足下列要求的材料,必须更换为符合这些要求的材料……

(b) 除了本部(a)条款中的规定,机组或乘客使用的每个舱室都必须满足以下的要求:

(1)材料必须至少是抗闪燃的;(2)墙壁、天花板的衬板和装饰、地板、陈设的表面必须阻燃;(3)允许吸烟的每个隔舱必需配备……

(c) 隔热/隔音材料……

125.117　通风

每个乘客或机组舱室都必须适当通风。空气中一氧化碳浓度不应高于$1/20\,000$,不能有燃油烟气的存在……

125.119　防火

(a) 每个舱室用于存放货物或行李时,其设计必须达到以下要求……

(b) A类。定义为"A"类的货物或者行李舱若发生火灾,机组人员在其位置可以容易觉察到,并且飞行中该舱各处都容易接近。每个A类舱室必须配备手持灭火器。

(c) B类。定义为"B"类的货物或者行李舱在飞行中有足够的通道,使得一名机组人员携带手持灭火器快速到达该舱各处及其装运物,并且B类舱的设计要考虑到在使用预备通道时,进入机组或乘客舱的烟雾、火焰或灭火剂量不足以达到危险……

(d) C类。不符合"A","B","D"或"E"类货物和行李舱被归为"C"类。

(e) D类。定义为"D"类的货物或者行李舱设计和制造时要考虑到当火灾发生时,火灾可以完全限制在舱内而不危及飞机或机上人员的安全……

(f) E类。仅仅用于货物运输的飞机,舱室区域应被归为"E"类……

(1)舱室必须完全铺设防火材料;(2)必须装备有经批准的烟雾或者火警探测器的独立系统,以便在驾驶员或随机工程师工作位置提供警告信息;(3)必须有切断通风气流的方法……

125.121　对125.119条款符合性的证明

125.119条款中有关舱室可达性,危害量的烟雾或灭火剂进入机组或乘客舱,以及"C"类舱室中灭火剂的消散等符合性,必须通过飞行试验来表明……

125.121　螺旋桨除冰液

如果螺旋桨除冰液是易燃的液体,则合格证持有人应当遵守125.153条款。

本分部其余条款的标题是:

125.125　压力交输布置

125.127　燃油箱位置

125.129　燃油系统管路和接头

125.131　指定防火区内燃油管路和接头

125.133　燃油阀

F 分部:仪表和设备要求

125.201　不工作的仪表和设备

(a) 起飞装有不工作仪表和设备的飞机,必须满足以下条件:

(1) 该飞机有经批准的最低设备清单……

本分部其他条款的标题如下:

8.7.4 FAR 129 部.外国航空承运人和外国运营人使用在美国注册的航空器进行公共运输的运行要求

129.1 适用范围和定义

(a) 外国航空承运人在美国运行。本部规章规定了持有以下证件的外国航空承运人在美国境内运行的管理规则：

（1）民用航空委员会(Civil Aeronautics Board)或美国运输部依照美国法规第 49 部 41301～41306 条（原先是 1958 年的联邦航空法 402 条,已修订）签发的许可证;（2）民用航空委员会或美国运输部签发的其他相应的经济或豁免授权书。

（b）在美国注册的航空器仅在美国境外运行。除了本部(a)条款中规定的运行,129.14, 129.16, 129.20, 129.32 和 129.33 条同样适用于由外国人或外国航空承运人使用仅在美国境外运行的在美注册的航空器从事公共运输的航空器。

（c）定义。就本部而言：

（1）外国人指非美国公民的任何人,使用在美国注册的航空器仅在美国境外从事公共运输。（2）使用年数指从航空器取得首个美国或外国适航证开始计算的日历时间。

129.13　适航证和注册证

（a）除了本部规章 129.28(b)条款所规定,外国航空承运人在美国境内运行航空器,该航空器应当携有注册国签发或认可的现行注册证和适航证,并展示注册国国籍和注册标志。

（b）外国航空承运人在美国境内运行外国航空器,应符合制造国为该航空器及该运行规定的最大合格审定重量限制。

129.17　航空器在 IFR 或 OTT 条件下运行的通讯导航设备

（a）航空器导航设备要求——总则。外国航空承运人从事在基于 IFR 或 QTT 条件下的运行,必须满足以下条件：（1）沿航线引导航空器时,航途中所需的辅助导航设备（例如,ATS 航线、抵港及离港航线和仪表进近程序,包括在程序中规定了复飞进近路线的复飞程序）,对本部规章所需的航空器导航设备是可用的并且是适用的;（2）运行中使用的航空器至少安装了下列设备……

129.18　防撞系统

2005 年 1 月 1 日生效,由外国航空承运人依照 FAR 129 部运行的任何飞机必须按照如下表格配备和运行……

129.20　数字式飞行数据记录器

按本部规章运行在美国注册的航空器,该航空器应配备了至少一台经批准的利用数字方法记录和存储数据的飞行记录器……

129.24　驾驶舱语音记录器

依照本部规章运行在美国注册的航空器,其应该配备经批准的并满足 TSO‑C123a 或后续修订版本中标准的驾驶舱话音记录器。如果航空器按本部规章 FAR 121、125 或 135 部运行,驾驶舱话音记录器必须记录所要求记录的信息,并且当适用于该航空器时,其安装必须符合 FAR 的规格。

8.7.5　FAR 135 部.通勤和应需运行要求及其机上人员的管理规则

A 分部:总则

135.1　适用范围

(a) 本部规定了以下情况的管理规则:

(1) 持有或要求持有依据 FAR 119 部规定的航空承运人合格证或运行合格证的人所实施的通勤或应需运行。

(2) 合格证持有人雇佣或支配实施依据本部规章运行,包括航空器维修、预防性维修和改装的每个人。

(3) 按照邮政服务合同从事的航空邮寄运输⋯⋯

(4) 申请高级资质计划课程或课程单元临时批准书的每个人⋯⋯

(5) 依照本章 119.1(e)(2) 条款,在同一机场起降并且在该机场半径 25 法定英里范围内,以报酬或租金为目的的不经停观光飞行;进一步规定,这些运行必须遵守药品和酒精的测试要求⋯⋯

(6) 在依本 FAR 运行的航空器上的每个人。

(7) 在进行验证性试验时,申请依据 FAR 119 部规定航空承运人合格证或运行合格证的每个申请人。

(8) 在 2007 年 9 月 11 日之后,按照本部规章签发的运行规范持有人所从事的商业航空旅游,必须遵守 FAA 136 部 A 分部的规定。

135.25　航空器要求

⋯⋯

(d) 合格证持有人可以租用或包租在国际民用航空公约某一成员国注册的不带机组的民用航空器,如果其满足下列要求:

(1) 航空器携有注册登记国签发的适当适航证,满足该国的注册和标识要求。(2) 航空器的型号设计依美国型号合格证批准,并符合本章(联邦法典第 14 卷第 1 章)中适用于在美国注册的这种航空器的所有要求,包括签发美国标准适航证必须满足的要求(包括本章对型号设计制造符合性、安全运行条件和噪声、燃油通气及发动机排放要求),除非不能为该航空器签发美国注册证和美国标准适航证⋯⋯

C 分部:航空器和设备

135.141　适用范围

本分部规定了按照本部运行的航空器和设备的要求。本分部是除了 FAR 91 部的航空器和设备要求之外的要求。然而,本部不要求重复本章(联邦法典第 14 卷第 1 章)要求的任何设备。

本分部其余条款的标题如下：

135.143　一般要求

135.144　便携式电子设备

135.145　航空器证明和验证试验

135.147　所需的双操纵

135.149　设备要求：总则

135.150　旅客广播和机组人员内部通话系统

135.151　驾驶舱语音记录器

135.152　飞行数据记录器

135.153　近地警告系统

135.154　地形感知和警告系统

135.155　灭火器：载客航空器

135.157　氧气设备要求

135.158　空速管加温指示系统

135.159　设备要求：夜间或云顶上按目视飞行规则(VFR)载客运行

135.161　地标导航的航路上按目视飞行规则(VFR)运行的航空器的通信和导航设备

135.163　设备要求：仪表飞行规则(IFR)的载客航空器

135.165　通讯和导航设备：延伸水面上或 IFR 运行

135.167　应急设备：延伸水面上运行

135.168　[保留]。

135.169　附加适航要求

135.170　舱室内部材料

135.171　飞行机组人员位置处的安全肩带安装

135.173　机载雷暴探测设备的要求

135.175　机载气象雷达设备的要求

135.177　具有乘客座位构型的航空器的应急设备要求

135.178　旅客超过 19 人的附加应急设备

135.179　不工作仪表和设备

135.180　交通警告和防撞系统。

135.181　性能要求：云顶上或按 IFR 运行的航空器

135.183　性能要求：陆上航空器跨水运行

135.185　空重和重心：通用要求

I 分部：飞机性能使用限制

135.361　适用范围

(a) 本分部规定的飞机性能使用限制，适用于按本章运行的 135.363 条款中所列类别飞机。

135.365 往复式发动机驱动的大型运输类飞机——重量限制

135.367 往复式发动机驱动的大型运输类飞机——起飞限制

135.369 往复式发动机驱动的大型运输类飞机的航路限制——所有发动机都工作

135.371 往复式发动机驱动的大型运输类飞机的航路限制——一台发动机不工作。

135.373 往复式发动机驱动拥有 4 台或者 4 台以上发动机的 25 部运输类飞机的航路限制——两台发动机不工作

135.375 往复式发动机驱动的大型运输类飞机的着陆限制——目的地机场

135.377 往复式发动机驱动的大型运输类飞机的着陆限制——备降机场

135.379 涡轮发动机驱动的大型运输类飞机的起飞限制

135.381 涡轮发动机驱动的大型运输类飞机的航路限制——一台发动机不工作

135.383 涡轮发动机驱动的大型运输类飞机的航路限制——两台发动机不工作

135.385 涡轮发动机驱动的大型运输类飞机的着陆限制——目的地机场

135.387 涡轮发动机驱动的大型运输类飞机的着陆限制——备降机场

135.389 大型非运输类飞机的起飞限制

135.391 大型非运输类飞机的航路限制——一台发动机不工作

135.393 大型非运输类飞机的着陆限制——目的地机场

135.395 大型非运输类飞机的着陆限制——备降机场

135.397 小型运输类飞机的性能使用限制

135.398 通勤类飞机的性能使用限制

135.399 小型非运输类飞机的性能使用限制

8.7.6 FAR 137 部:农用航空器运行

A 分部:总则

137.1 适用范围

(a) 本部规章用于管理:

(1) 在美国境内农用航空器的运行;

(2) 用于农用航空器运行的商用和私人农用航空器运营人合格证的签发。

(b) 在公共紧急事件中,经某一美国联邦或州立机构或当地政府的批准,依照本部规章运行农用航空器用于救济和福利活动时,可以在必要情况下,偏离本部规章的运行规定的人。

(c) 依本条批准,偏离本部规则的每个人……

B分部:合格审定规则

137.11　所需合格证

(a) 除了本节(c)和(d)条中的规定,任何人未持有或违反依据本部签发的农用航空器运营人合格证,不得从事农用航空器的运营。

(b) 尽管已有FAR规定,如果符合本部规章规定,运营人可以在没有旋翼机外部装载运营人合格证的情况下,使用装有外部喷洒设备的旋翼机从事农用航空器的运营。

(c) 联邦、州或地方政府利用公共航空器从事农用航空器运营无需遵守本分部的规定。

(d) 依照FAR 133部签发的旋翼机外部装载运营人合格证的持有人从事农用航空器运营,如仅涉及利用旋翼机外部装载向森林火区洒水,则无需遵守本分部规定。

C分部:运行规则

137.31　航空器的要求

运行的航空器应满足:

(a) 满足137.19(d)条款[32]的要求;

(b) 为每位驾驶员都配备了合适并正确安装的肩带。

8.8　JAA运行标准(附加适航要求)

注:参见附录8.8/8.9。

8.8.1　JAR-OPS 1.商业航空运输(飞机)

A分部:适用范围

JAR-OPS 1.001　适用范围

(a) JAR-OPS第1部规定了民用飞机用于商业航空运输的运行要求,其运营人的主要业务地点(若有,则其注册办公室)位于JAA成员国境内。JAR-OPS第1部规定不适用于:

(1)用于军事、海关和警察服务的飞机;(2)降落伞空降和消防飞行,及相关的定点和返程飞行,其中所运送的人员是正常伞降和消防飞行所运送的;(3)某一空中作业活动紧前、当中或紧后的飞行,这些飞行与空中作业活动相联系,并且除了机组人员携带的必要的作业人员不超过6人……

(b) JAR-OPS第1部的要求适用于:

（1）最大起飞质量大于 10 t,或批准的最大客座数不少于 20 座的飞机,或这个判据之上和之下混合的机队;(2) 所有其他飞机的运营人……

B 分部:总则

JAR - OPS 1.030　　最低设备清单——运营人职责

（a）运营人应当为每架飞机制订经局方批准的最低设备清单(MEL)……

（b）运营人在局方许可下方能运行不符合 MEL 的飞机。任何此类许可决不允许超出 MMEL 限制之外的运行。

JAR - OPS 1.060　　水上迫降

运营人不得运行经批准客座数超过 30 座的飞机,在距离紧急着陆地点,以巡航速度飞行需要超过 120 min 或超过 400 n mile 的跨水飞行,除非该飞机符合适用的适航规章规定的水上迫降要求。

F 分部:性能总则[33]

JAR - OPS 1.470　　适用范围

（a）运营人应当确保最大批准客座数超过 9 座或最大起飞质量超过 5700 kg 的多台涡轮螺旋桨发动机驱动的飞机,以及所有涡轮喷气发动机驱动的飞机,依照 G 分部的规定运行(A 类性能)。

（b）运营人应当确保最大批准客座数不超过 9 座或最大起飞重量不超过 5700 kg 的螺旋桨驱动飞机,依照 H 分部的规定运行(B 类性能)。

（c）运营人应当确保最大批准客座数大于 9 座或最大起飞重量超过 5700 kg 的往复式发动机驱动的飞机,依照 I 分部的规定运行(C 类性能)。

（d）由于特殊的设计特征(如超声速飞机或水上飞机)导致不能全面符合适用分部的所有要求时,运营人应当使用经批准的性能标准,以确保其与相应分部等效的安全性水平。

G 分部:A 类性能

JAR - OPS 1.485　　总则

（a）为了确定对本分部要求的符合性,如果飞机飞行手册中批准的性能数据在以下方面不充分,运营人应当确保要对其补充局方认可的其他必要数据:

（1）考虑合理预期的不利运行条件,比如在受污染跑道上的起降;(2) 考虑所有飞行阶段中发动机的失效。

（b）对湿滑和污染跑道的情况,运营人应当确保所使用性能数据是按照 JAR 25X1591 确定或使用局方认可的等效数据。

G 分部中其他条款的标题是:

JAR - OPS 1.490　　起飞

JAR - OPS 1.495　　起飞越障

JAR - OPS 1.500　　航线飞行——一台发动机不工作

JAR - OPS 1.505　　附件 8 航线飞行——具有三台以上发动机的飞机,两台发动机不工作

JAR - OPS 1.510　　着陆——目的地和备降机场

JAR - OPS 1.515　　着陆——干跑道

JAR - OPS 1.520　　着陆——湿滑和污染的跑道

H 分部:B 类性能

JAR - OPS 1.525　　总则

(a) 运营人不得在下列情况下运行单发飞机:

(1) 在夜间;(2) 在仪表气象条件下,除非按照特殊目视飞行规则。

(b) 运营人应当把不满足 JAR - OPS 1.525(b)附录 1 中爬升要求的双发飞机当作单发飞机。

H 分部中其他条款的标题是:

JAR - OPS 1.530　　起飞

JAR - OPS 1.535　　起飞越障——多发飞机

JAR - OPS 1.540　　航线飞行——多发飞机

JAR - OPS 1.542　　航线飞行——单发飞机

JAR - OPS 1.545　　着陆——目的地和备降机场

JAR - OPS 1.550　　着陆——干跑道

JAR - OPS 1.555　　着陆——湿滑和污染的跑道

I 分部:C 类性能

JAR - OPS 1.560　　总则

为了确定对本分部要求的符合性,如果飞机飞行手册中批准的性能数据不充分,运营人应当确保要对其补充局方认可的其它必要数据。

I 分部中其他条款的标题是:

JAR - OPS 1.565　　起飞

JAR - OPS 1.570　　起飞越障

JAR - OPS 1.575　　航线飞行——所有发动机都工作

JAR - OPS 1.580　　航线飞行——一台发动机不工作

JAR - OPS 1.585　　航线飞行——具有三台以上发动机的飞机,两台发动机不工作

K 分部:仪表和设备

JAR - OPS 1.630　　概述

(a) 运营人应当确保飞行前符合本分部关于仪表和设备的下列要求:

(1) 除了(c)条中的特别规定外,均获得批准使用并按照适用的要求安装,包括最低性能标准和运行及适航的要求;(2) 处于所实施运行类型的可运行条件,但在 MEL(JAR - OPS 1.030 提及)中所列情况除外。

（b）仪表和设备的最低性能标准依据 JAR - TSO 所列的适用联合技术标准规定（JTSO），除非在运行或适航规章中规定了其他性能标准。……

（c）下列项目无需取得设备批准：

（1）JAR - OPS 1.635 条款中提到的熔断器；（2）JAR - OPS 1.640（a）（4）条款中提到的手电筒；（3）JAR - OPS 1.650（b）和 1.652（b）条款中提到的精确计时器；（4）JAR - OPS 1.652（n）条款中提到的图表架；（5）JAR - OPS 1.745 条款中提到的急救包……

（d）如果设备在飞行中由一名飞行机组人员在其工作位置使用，那么该设备必须易于其在工作位置上操作。当一件设备要求由一名以上飞行机组人员使用时，该设备的安装必须保证在要求其被操作的任何工作位置都易于操作。

（e）任何一名飞行机组成员使用的仪表，应当安装成该机组人员在其工作位置上，在尽可能小地偏离其沿着飞行轨迹前视时的正常姿态和视线条件下，便可看到这些仪表的指示。当一个仪表要求由一名以上机组人员使用时，其必须安装在每一个飞行机组人员在其工作位置上可见的范围内。

JAR - OPS 1.635　电路保护装置

运营人不可运行一架使用熔断器的飞机，除非……

JAR - OPS 1.640　飞机工作灯

运营人运行的飞机应当配备有：

（a）对于白天飞行：

（1）防撞灯系统；（2）由飞机电气系统供电并为飞机安全运行所需的所有仪表和设备提供充足照明的灯光装置；（3）由飞机电气系统供电并为所有客舱提供照明的灯光装置；（4）手电筒配备给每一位需要的机组人员，当其坐在指定位置时易于拿取。

（b）对于夜间飞行，除了上述（a）条中的规定，还需配有：

（1）航行/位置灯；（2）两盏着陆灯或一盏有两条独立通电灯丝的着陆灯；（3）如果是水上飞机或水陆两栖飞机，需配有符合国际规章的照明灯，用于防止在海上的碰撞。

JAR - OPS 1.645　风挡雨刷

运营人运行最大合格审定起飞重量大于 5 700 kg 的飞机，应该在每名驾驶员工作位置安装风挡雨刷或等效措施，使得降水时风挡有一个清晰的部分。

JAR - OPS 1.650　昼间 VFR 运行的飞行和导航仪表及相关的设备

运营人按照目视飞行规则（VFR）在白昼运行飞机时，该飞机应装备飞行和导航仪表以及相关设备并在适用时，在下列小节所述的条件下运行：

（a）磁罗盘；

（b）显示时、分、秒的精确计时器；

（c）灵敏的气压高度表，按英尺（ft）标定并带有子刻度，以百帕/毫巴（hPa/mPa）校正，可调为飞行期间可能设置的任何大气压；

（d）空速表，按节标定；

（e）垂直速度表；

（f）转弯和侧滑指示器或集成有侧滑指示器的协调转弯指示器；

（g）姿态指示器……

JAR - OPS 1.652 IFR 或夜间运行的飞行和导航仪表及相关设备

运营人按照仪表飞行规则或按照目视飞行规则在夜间运行飞机时，该飞机应装备飞行和导航仪表以及相关设备并在适用时，在下列小节所述的条件下运行：

（a）磁罗盘。

（b）显示时、分、秒的精确计时器；

（c）灵敏的气压高度表，按英尺标定并带有子刻度，以 hPa/mPa 校正，可调为飞行期间可能设置的任何大气压……

（d）空速指示系统，带有加热空速管或等效措施能够防止冷凝或结冰引起的故障，包括空速管加热器故障警告……

（e）垂直速度表；

（f）转弯和侧滑指示器；

（g）姿态指示器……

JAR - OPS 1.655　一名驾驶员依照 IFR 运行的附加设备

运营人从事一名驾驶员的 IFR 运行，该飞机应配备至少具有高度保持和航向模式的自动驾驶仪。

JAR - OPS 1.660　高度预警系统

（a）运营人运行最大起飞重量超过 5700 kg 或最大批准客座数大于 9 座的涡轮螺旋桨发动机驱动的飞机或涡轮喷气驱动飞机，该飞机应当装备了具有以下功能的高度预警系统：

（1）接近预定的高度时警示飞行机组人员；（2）当偏离预定的高度时，至少通过音响信号提示飞行机组人员，例外情况是：最大起飞重量不超过 5700 kg 且最大批准客座数超过 9 座的飞机，其首个证件是 1972 年 4 月 1 日以前在某 JAA 成员国获得的单机适航证，并且 1995 年 4 月 1 日已经在 JAA 成员国注册。

K 分部中其他条款的标题是：

JAR - OPS 1.665　近地警告系统和地形感知警告系统

JAR - OPS 1.668　空中防撞系统

JAR - OPS 1.670　机载气象雷达设备

JAR – OPS 1.675	结冰条件下运行的设备
JAR – OPS 1.680	宇宙射线探测设备
JAR – OPS 1.685	飞行机组机内通话系统
JAR – OPS 1.690	机组成员机内通话系统
JAR – OPS 1.695	旅客广播系统
JAR – OPS 1.700	驾驶舱语音记录器
JAR – OPS 1.705	驾驶舱语音记录器
JAR – OPS 1.710	驾驶舱语音记录器
JAR – OPS 1.715	飞行数据记录器
JAR – OPS 1.720	飞行数据记录器
JAR – OPS 1.725	飞行数据记录器
JAR – OPS 1.727	组合记录器
JAR – OPS 1.730	座椅、座椅安全带、安全带和儿童固定装置
JAR – OPS 1.731	系好安全带和请勿吸烟标志
JAR – OPS 1.735	内门和帘幕
JAR – OPS 1.745	急救包
JAR – OPS 1.750	[保留]
JAR – OPS 1.755	紧急医疗包
JAR – OPS 1.760	急救氧气
JAR – OPS 1.765	[保留]
JAR – OPS 1.770	补充氧气——增压飞机
JAR – OPS 1.775	补充氧气——非增压飞机
JAR – OPS 1.780	机组人员防护性呼吸设备
JAR – OPS 1.785	[保留]
JAR – OPS 1.790	手持灭火器
JAR – OPS 1.795	应急斧和撬棍
JAR – OPS 1.800	破入点标记
JAR – OPS 1.805	应急撤离方法
JAR – OPS 1.810	麦克风
JAR – OPS 1.815	应急照明
JAR – OPS 1.820	应急示位信标发射器
JAR – OPS 1.825	救生衣
JAR – OPS 1.830	延伸跨水运行的救生筏和救生应急示位信标发射器
JAR – OPS 1.835	救生设备
JAR – OPS 1.840	水上飞机和水陆两栖飞机——其他设备

L 分部：通信和导航设备

L 分部的各条款标题是：

JAR－OPS 1.845　　概述

JAR－OPS 1.850　　无线电设备

JAR－OPS 1.855　　音频选择板

JAR－OPS 1.860　　在参照目视地标导航的航路上按目视飞行规则运行的无线电设备

JAR－OPS 1.865　　仪表飞行规则运行或不用参照目视地标导航的航路上按目视飞行规则运行的通信和导航设备

JAR－OPS 1.866　　应答设备

JAR－OPS 1.870　　在最低导航性能规范(MNPS)空域内运行的附加导航设备

JAR－OPS 1.872　　在减小最小垂直间隔(RVSM)的规定空域内运行的设备

8.8.2　JAR－OPS 3.商业航空运输(直升机)

A 分部：适用范围

JAR－OPS 3.001　　适用范围

(a) JAR－OPS 第 3 部规定了民用直升机用于商业航空运输的运行要求，其运营人的主要业务地点位于 JAA 成员国境内，JAR－OPS 第 3 部规定不适用于：

(1) 用于军事、海关、警察和搜救服务(SAR)的直升机；

(2) 降落伞空降和消防飞行，及相关的定点和返程飞行，其中所运送的人员是正常伞降和消防飞行所运送的；

(3) 某一空中作业活动紧前、当中或紧后的飞行，这些飞行与空中作业活动相联系，并且除了机组人员携带的必要的作业人员不超过 6 人……

JAR－OPS 3 的框架类似于 JAR－OPS 1。

附加的适航要求可以在下列相应条款中找到：

B 分部：总则

JAR－OPS 3.030　　最低设备清单——运营人职责

F 分部：性能总则

JAR－OPS 3.470　　适用范围

JAR－OPS 3.475　　总则

G 分部：1 类性能

JAR－OPS 3.485　　总则

JAR‐OPS 3.745　急救包

JAR‐OPS 3.775　补充氧气——非增压直升机

JAR‐OPS 3.790　手持式灭火器

JAR‐OPS 3.800　击破点标记

JAR‐OPS 3.810　麦克风

JAR‐OPS 3.815　应急照明

JAR‐OPS 3.820　自动示位信标发射器

JAR‐OPS 3.825　救生衣

JAR‐OPS 3.827　机组救生服

JAR‐OPS 3.830　延伸跨水飞行的救生筏和救生应急示位信标发射器

JAR‐OPS 3.835　救生设备

JAR‐OPS 3.837　往来运行在不利海域停机坪的直升机的附加要求

JAR‐OPS 3.840　经合格审定可进行水面上运行的直升机——其他设备

JAR‐OPS 3.843　所有跨水飞行直升机——水上迫降

L 分部：通信和导航设备

JAR‐OPS 3.845　概述

JAR‐OPS 3.850　无线电设备

JAR‐OPS 3.855　音频选择板

JAR‐OPS 3.860　在参照目视地标导航的航路上按 VFR 运行的无线电设备

JAR‐OPS 3.865　IFR 运行或不用参照目视地标导航的航路上按 VFR 运行的通信和导航设备

8.8.3　JAR‐AWO 全天候运行

JAR‐AWO(也称为 CS‐AWO)由 EASA2003 年 10 月 17 日的执行董事决议 2003/06/RM 的附件构成。

8.8.4　CS‐AWO 全天候运行的合格审定规范

本节主要介绍该文件的总体布局。

第 1 册：适航法规

1 分部：自动着陆系统

2 分部：决断高度范围在 30 m(100 ft)至 60 m(200 ft)运行的飞机的适航性合格审定——2 类运行

3 分部：决断高度范围在 30 m(100 ft)以下或无决断高度运行的飞机的适航性合格审定——3 类运行

4 分部：低可见度下起飞的方向导引

第 2 册:可接受的符合性验证方法

(针对上述提及的分部)

下列段落叙述了四个分部的适用范围。

分部 1:自动着陆系统

总则:CS-AWO 100 适用范围和术语

(a) 本适航法规的 1 分部适用于应用仪表着陆系统(ILS)、微波着陆系统(MLS)或两者同时来实现自动着陆的飞机。此外,自动着陆系统必须满足CS-25.1329的要求。

(b) 在本 CS-AWO 中,术语"自动着陆系统"指进近和着陆时可提供对飞机的自动控制的机载设备。它包括控制飞机触地时所需的所有传感器、计算机、作动器和电源。它也包括着陆滑跑时控制飞机沿着跑道的设施。此外,它包括驾驶员进行管理和监控所必需的指示和控制措施。

分部 2:决断高度在 30 m(100 ft)至 60 m(200 ft)运行飞机的适航性合格审定——2 类运行

总则:CS-AWO 200 适用范围和术语

(a) 本适航法规的分部 2 适用于合格审定允许进近性能在决断高度在 30 m(100 ft)至 60 m(200 ft)(2 类运行)的飞机,其采用芝加哥公约附件 10 定义的精密进近系统,即仪表着陆系统(ILS)或微波着陆系统(MLS),其中 MLS 的输出可指示与预设方位角和仰角偏差的大小和方向,具有与常规 ILS 等效的使用特性。

(b) 术语:

(1) 在本 CS-AWO 中,术语"进近系统"指机载系统。它包括 CS-AWO 221 中列出的设备和所有相关的传感器、仪表和电源。

(2) "决断高度"指机轮高于跑道平面的高度,此时已建立合适的目视基准,且通过目视评估认为航空器位置和进近轨迹是满意的,可继续安全进近和着陆,否则必须复飞。在分部 2 中应用时指最低决断高度,且此高度符合 2 分部的要求。

(3) "复飞"指从进近到稳定爬升的过渡过程。

(4) "失效状态"及其条款描述失效概率和影响⋯⋯

分部 3:决断高度在 30 m(100 ft)以下运行飞机的适航性合格审定——3 类操作

总则:CS-AWO 300 适用范围和术语

(a) 本适航法规的分部 3 适用于合格审定允许进近性能在低于 30 m(100 ft)的决断高度或无决断高度(3 类运行)的飞机,其采用芝加哥公约附件 10 定义的精密进近系统,即仪表着陆系统(ILS)或微波着陆系统(MLS),其中 MLS 的输出可指示与预设方位角和仰角偏差的大小和方向,具有与常规 ILS

等效的使用特性。有必要时,标准可分为适用下列运行类型:

(1) 决断高度低于 30 m(100 ft)但不小于 15 m(50 ft)。

(2) 决断高度低于 15 m(50 ft)。

(3) 无决断高度。

(b) 术语:

(1) 在本 CS - AWO 中,术语"着陆系统"仅指机载系统。它包括 CS - AWO 221 中列出的设备和所有相关的传感器、仪表和电源。

(2) 自动着陆系统:指在进近和着陆过程中,提供飞机自动控制的机载设备。

(3) 失效-被动自动着陆系统:是指如果发生失效,没有明显的失衡或飞行路线或姿态的偏离,但是着陆未自动完成的自动着陆系统。对于失效-被动自动着陆系统,出现失效后驾驶员控制飞机……

分部 4:低可见度下起飞的方向导引

CS - AWO 400 适用范围和术语

(a) 本适航法规的分部 4 适用于合格审定允许低能见度下起飞的飞机,其低于保证驾驶员始终具备充分的能见度以安全完成或中断起飞的能见度标准。它只与起飞地面阶段(即从起动到主机轮离地,或中断起飞时是停顿)的方向导引有关。

(b) 起飞导引系统:其在起飞或中断起飞中为驾驶员提供方向导引信息。它包括所有的机载传感器、计算机、控制器和指示器,这些为显示导引信息所必需的。导引通常是采用指令信息的形式,但也可以是位置(或偏离)信息。

8.9 EASA 运行标准(附加适航要求)

(参见附录 8.8/8.9)

8.9.1 总则

欧洲经济共同体委员会规章(EEC)No. 3922/91 附件Ⅲ,包含了适用于飞机商业航空运输的通用技术要求和管理程序。该附件现在已经被欧洲委员会规章(EC)No. 8/2008 附件Ⅲ替代,其基于 JAA 采纳的一套统一法规,即上述所提到的 JAR - OPS 1"商业航空运输(飞机)"(修正案 8)。

然而,JAR - OPS 1 已经更新到修正案 13。因此欧洲委员会在该附件开始使用(2008 年 7 月 16 日)前,进入其更新流程。

这个新的附件Ⅲ,"飞机商业航空运输的通用技术要求和管理程序"就是现在的 OPS 1:商业航空运输(飞机)。

OPS 1 规定了民用飞机用于商业航空运输的运行要求,其运营人的主要业务地点(如果有)位于成员国内。

运营人运营用于商业航空运输的飞机应当符合 EU－OPS。

8.9.2　商业航空运输附加适航要求(飞机)

参考 8.9.1 和 8.8.3 节中的探讨,其对 EASA 的 8.8.1 和 8.8.3 条也是有效的。

8.9.3　商业航空运输附加适航要求(直升机)

EU－OPS 3 尚不存在,但 JAR－OPS 3 适用于直升机商业航空运输。其运营人的主要业务地点位于成员国内。

关于附加适航要求,参见 8.8.2 节。

附录 8.4　EASA 21 部适航证

级别	注释	适航证
21A. 173(a) 适航证签发给符合依据 EASA 21 部签发的型号合格证(TC,参见 21A. 21)的航空器		21A. 183, 218. 325
21A. 173(b) 限用(TC,参见 2IA. 23)		21A. 184, 218. 325
飞行许可证	特殊飞行目的航空器目前尚未满足适用的适航性规章,但是能够安全飞行 　1. 研制 　2. 表明其符合规章或合格审定规范 　3. 设计单位或生产单位机组培训 　4. 新生产的航空器的生产试飞 　5. 生产中的航空器在生产设施之间转场 　6. 航空器客户验收飞行 　7. 航空器交付或出口 　8. 航空器局方验收飞行 　9. 市场调查,包括客户机组培训 10. 展览和航空展 11. 航空器飞往将进行维修或适航审查的地点,或飞往存放地点 12. 航空器以超过其最大合格审定重量的重量,在水面上空,或在没有适当的着陆设施或燃油可供使用的陆地上空,进行超出其正常航程的飞行 13. 破纪录、空中竞赛或类似比赛 14. 满足适用的适航要求的但尚未确定符合环境要求航空器的飞行 15. 在适航证/限用适航证不适用的私人简单航空器上从事非商业飞行活动	21A. 185 P 分部(第 A 节和第 8 节)

附录 8.5　FAR 21 部适航证

级别	类别	注释	适航证
标准 21.175(a)	—正常类 —实用类 —特技类 —通勤类 —运输类 —载人自由气球 —特殊类型(TC,参见 21.21)		21.183
特殊 21.175 (b)	初级类(TC,参见 21.24)	航空器用于娱乐和个人用途的飞行	21.184
	限用类(TC,参见 21.25)	航空器用于下列特殊用途的飞行： —农业 —森林和野生动植物保护 —航空勘测 —巡查(管道,电力线) —天气控制 —空中广告 —局方规定的任何其他运行	21.185
	限制类(TC,参见指令 8130-2F 条款 117)	使用转为民用的军用航空器	21.189
	轻型运动类	使用轻型运动类航空器,不是旋翼机	21.190
	临时类(TC,参见 C 分部)	具有临时型号合格证的航空器进行特殊用途飞行	I 分部
	特许飞行证	目前尚不满足适用适航要求,但是能够安全飞行的航空器的特殊目的的飞行	21.197, 21.199
	实验类	用于下列特殊用途的航空器： (a) 研究和发展 (b) 表明规章符合性 (c) 机组人员培训 (d) 展览 (e) 航空竞赛 (f) 市场调查 (g) 运行业余制作的航空器 (h) 运行基本配套件装配的航空器 (i) 运行轻型运动类航空器	21.191 21.193 21.195 21.195

附录8.7 FAA 运行标准(附加适航要求)

FAR 部号	适用范围	注释
91	(a) 除本条(b)和(c)款以及 FAR 91.701 和 91.703 规定外[28],本部规章规定了在美国境内,包括距美国海岸 3 n mile 之内的水域航空器运行管理规则 (b) 在距美国海岸 3 到 12 n mile 水面上方空域内运行航空器的每个人必须遵守条款 FAR 91.1 至 91.21 的规定……	FAR 91 不适用于停泊的气球及风筝,无人驾驶的火箭及自由气球,其主要是由 FAR 101 管理并按照 FAR 103 运行超轻型工具。 附加适航要求在 C, D, G, H 和 I 分部中
121	FAR 121 规定了下列管理规章: (a) 持有或被要求持有 FAR 119 部航空承运人证书或运行合格证的每个人所从事的国内、悬旗和补充运行 (b) 雇佣于……的每一人	 附加适航要求在 G, I, J, K 分部中
125	(a) 除了本部条款(b)(c)(d)中的规定,FAR 125 规定了最大客座量不少于 20 座或最大有效载荷不少于 6000lb 的,在美注册的不涉及公共运输的民用飞机的运行管理规则	(b) 本部章规定不适用于本条款(a)中所规定的下列情况下的飞机运行: (1) 依照本章的 121,129,135 或 137 部的运行;(2)签发有限制、限用或临时适航证书、特殊飞行许可或实验合格证;(3)由 FAR 125 部证书持有人运行,没有按照 91 部规定运载旅客或货物,而是为进行培训、转场、定位或维修用途等 (c) 除了条款 125.247,本规章不适用于条款(a)中所规定由非美国公民在美国境外飞机运行…… 附加适航要求在 E, F 分部和附录 A, C, D, E 中
129	(a) 外国航空承运人在美国运行。FAR 129 规定了持有以下证件的外国航空承运人在美国境内运行的管理规则: (1) 民用航空委员会或美国运输部签发的许可证…… (b) 在美国注册的航空器只在美国境外运行。除了本部(a)条款中规定的运行,129.14,129.16,129.20,129.32 和 129.33 条同样适用于由外国人或外国航空承运人使用只在美国境外使用的在美注册的航空器从事公共运输的运行	 附加适航要求在 A 分部中

（续表）

FAR 部号	适用范围	注释
135	（a）本部规定了下列情况的管理规则： （1）持有或要求持有依据 FAR 119 部规定的航空承运人合格证或运行合格证的人实施的通勤或应需运行 （2）合格证持有人雇佣或支配实施依据本部规章运行的每个人员，包括航空器维修、预防性维修和改装 （3）按照邮政服务合同实施的航空邮寄运输…… （4）申请高级资质计划课程或课程单元临时批准书的每个人员…… （5）依照本章 119.1(e)(2)条款，在同一机场起降并且在该机场法定半径 25 英里范围内，以报酬或租金为目的的不经停观光飞行；进一步规定，这些运行必须遵守毒品和酒精的测试要求……	附加适航要求在 A，C 和 I 分部中
137	（a）本部规定了下列情况的管理规则： （1）在美国境内运行的农用航空器 （2）用于农用航空器运行的商用和私人农用航空器运营人合格证的签发	（b）在公共紧急事件中，经某一美国联邦或州立机构或当地政府的批准，依照本部规章运行农用航空器用于救济和福利活动的人，可以在必要情况下，偏离本部规章的运行规定。 （c）经本条批准，偏离本部规则的每个人…… 附加适航要求在 B 和 C 分部中

附录 8.8/8.9　JAA/EASA 运行标准（附加适航要求）

适用范围	注释
JAR/EASA OPS 1　JAR/EASA-OPS 1 规定了民用飞机用于商业航空运输的运行要求，其运营人的主要业务地点（并且如果有注册办公室，则其办公室）位于 JAA 成员国境内，此后称为运营人 （1）（2）（3）…	OPS 1 不适用于： （1）用于军事、海关和警察服务的飞机 （2）降落伞空降和消防飞行，及相关的定点和返程飞行，其中所运送的人员是正常伞降和消防飞行所运送的 （3）某一空中作业活动紧前、当中或紧后的飞行，这些飞行与空中作业活动相联系，并且除了机组人员携带的不可缺少的作业活动人员不超过 6 人 附加适航要求在 G，H，I，K 和 L 分部中

(续表)

	适用范围	注释
JAR‐OPS 3	JAR‐OPS 3 规定了民用直升机用于商业航空运输的运行要求,其运营人的主要业务地点位于 JAA 成员国境内	JAR‐OPS 3 不适用于: (1) 用于军事、海关、警察和搜救服务(SAR)的直升机 (2) 降落伞空降和消防飞行,及相关的定点和返程飞行,其中所运送的人员是正常伞降和消防飞行所运送的 (3) 某一空中作业活动紧前、当中或紧后的飞行,这些飞行与空中作业活动相联系,并且除了机组人员携带的不可缺少的作业活动人员不超过 6 人
		附加适航要求在 B, F, G, H, I, K 和 L 分部中
JAR/CS AWO	分部 1:自动着陆系统 分部 2:决断高度范围在 30 m(100 ft)至 60 m(200 ft)运行的飞机的适航性合格审定——2 类运行 分部 3:决断高度范围在 30 m(100 ft)以下或无决断高度运行的飞机的适航性合格审定——3 类运行 分部 4:低可见度下起飞的方向导引	附加适航要求在分部 1, 2, 3 和 4 中

注释

1. 参见第 4 章注释 4.9 和第 4.8 小节。

2. 特殊类航空器:参见本章"FAR 21 部:标准适航证"。

3. 许多年以来这个概念常常被误解。实际上,一些管理当局曾经要求进口航空器必须有相应其型号合格证的制造符合性声明,并为出口航空器签发相应其型号合格证的制造符合性声明,这就造成了不平衡的情况。最新的双边协议解决了这个问题。

4. 参见第 7 章。

5. 这个定义与 JAR 21 部或 FAR 21 部的标准适航证的定义等效。

6. 在 21A. 174 条款中规定了声明样式。

7. "标准"型号合格证。

8. 持有人的义务。

9. 参见第 5 章注释 17。

10. 对于 P 分部的用途,"主管部门"应是:①指航空器注册所在成员国指定的管理局;②对于未注册航空器,则指规定该航空器识别标记的成员国指定的管理局。

11. 特殊类航空器包括滑翔机(欧洲称为 sailplanes)和动力滑翔机、飞艇和符合标准适航证但尚未为它们规定 FAA 适航标准的其他种类航空器。

12. 21. 29 条签发在外国生产的进口产品的型号合格证,该生产国与美国签有接受这些产品的进出口协议。

13. 21.29 条签发进口产品型号合格证。

14. 对于初级类航空器，其要求是包含在 FAR 23，27，31，33 和 35 部内的适用的适航要求，或是局方认为合适并适用于具体设计和预期用途的，且提供局方可接受安全水平的其他适航标准。

15. 21.183 条签发正常类、实用类、特技类、通勤类、运输类航空器、载人自由气球和特殊类航空器的标准适航证。

16. FAA 指令 8130.2，"航空器和相关产品的适航性合格审定"，包括已签发限制类型号合格证的航空器型别清单。

17. 正如本章中"运行业余制作航空器"一节所解释的，航空器的主要部分必须由制作者制造和装配。

18. 通常申请人必须制订试验计划并且估算出必要的飞行次数。

19. 例如静力试验、系统和设备的评估等。

20. 参见 AC 20 - 27G。

21. 值得一提的是，局方没有教授如何制造航空器的任务。业余制造者协会，通常是国家性质的，提供有价值的咨询活动。

22. 在这些情况下，局方检查预先加工的零部件不超过全部工时的 50%（就工时而言）。这个（有时并不简单）评估必须在制作前进行。

23. 初级类航空器的型号合格证。

24. 对由配套件组装的轻型运动类航空器的要求。

25. FAR 21 部 I 分部，规定了签发临时适航证的程序性要求。

26. 参见第 7 章 7.2.2 节。

27. 非公共运输：当不涉及"公共运输"时，亦可参见 8.6.2.1 节的定义。这些航空器运行经常需要准确评估以避免进入非法公共运输运行"陷阱"。

28. 701 和 703 条款属于 FAR 91 部的 H 分部，其适用于美国注册的民用航空器在美国境外的运行，以及外国民用航空器在美国境内的运行。

29. 91.715 条款"外国民用航空器特殊飞行许可"。如果依据本条，外国民用航空器获得有关运行的特殊飞行许可，那么该航空器可以在没有 91.203 条所要求的适航证的情况下运行。

30. 就航空器运行而言，指根据局方或其他有关当局发布的 II 类仪表着陆系统的仪表进近程序，使用仪表着陆系统直线进近到机场跑道。

31. 就航空器运行而言，指根据局方或其他有关当局发布的 III 类仪表着陆系统的仪表进近程序，使用仪表着陆系统进近并着陆到机场跑道。

32. 137(d)航空器。申请人必须至少有一架经合格审定的适航的航空器，并按农用运行装备。

33. A 类性能在 JAR - OPS 1 的 G 分部中定义；B 类性能在 JAR - OPS 1 的 H 分部中定义；C 类性能在 JAR - OPS 1 的 I 分部中定义。

第9章 持续适航和运行

9.1 持续适航

必须确保所有飞行的安全，航空器必须始终处于适航状态。这意味着必须执行相关手册和适航指令[1]上列出的所有维修操作。

持续适航性还取决于特定的运营人和维修机构。

简而言之，持续适航由两部分组成：

(1) 维修；

(2) 一般意义上来讲，运营人的合格审定[2]。

9.1.1 维修

从适航的角度来看，是没有"旧飞机"[3]这一概念的，而是使用术语"用过的飞机"。这意味着飞机机龄将会影响它的商业价值，但不影响它的适航状态。

通常情况下这也适用于维修，需要知道以下四点：

(1) 做什么？

(2) 怎么做？

(3) 在哪做？

(4) 谁来做？

以下将详细讨论这几个要点。

(1) "维修"是指预防性维护、替换、修理以及适航指令的引入。适航依赖于维修大纲，在维修大纲中规定了定期更换件的更换，以及发动机、螺旋桨和各种零部件、设备的翻修。

第5章中指出，JAR/FAR 21/EASA 21部要求将持续适航文件作为产品型号合格证内容的一部分，而且也是签发补充型号合格证、型号设计更改和大修批准书的基础。

因此，这些文件成为了航空器维修的基本工具，它们构成了基本维修大纲。

但是，由于要满足航空器构型和运行附加适航要求，维修大纲还必须符合"运行标准"和其他维修标准（例如，FAR 43部和EASA M部）的要求。后面将给出详尽的介绍。

（2）上面提到的持续适航文件以及预防性维修大纲，还包含了开展这项活动的必要说明[4]。对于诸如修理等额外维修，通常会提供修理手册，如果没有修理手册或者手册没有涵盖特定的修理情况，修理设计必须经过批准。

运行标准和其他维修标准（例如，FAR 43 部和 EASA M 部）还规定了与航空器型号和所涉及的运行类型相关的维修所应当满足的要求。

（3）除第 8 章讨论的允许航空器所有人自己进行维修的特殊合格审定情况之外，局方规定了对航空器运营人的要求，应特别关注维修机构。后面将会进一步介绍。

（4）与维修单位合格审定相关的是对经授权实施维修操作的人员进行资格审定与培训，以及维修完成时，签发"使用放行证书"。

9.1.2　EASA 持续适航/维修

注：参见附录 9.1.2。

欧盟委员会批准了欧盟第 2042/2003 号规章"关于航空器和航空产品、零部件和设备的持续适航，以及从事这些任务的单位与人员的批准"。

该规章摘录如下。

目的和适用范围

（1）本规章规定了确保航空器及其安装的任何零部件的持续适航性的通用技术要求和管理程序，这些航空器：

① 在某一成员国注册；

② 在第三国注册，并被成员国监督其运行的运营人使用。

（2）第 1 条不适用于以下情况：安全监督管理已转让给第三国，并且并非由欧盟运营人使用的航空器，或者采用基本规章附件Ⅱ要求的航空器。

（3）本规章关于商业航空运输的相关条款，适用于欧盟法律所确定的持照航空承运人。

持续适航要求

（1）航空器及其零部件的持续适航性应确保符合附件Ⅰ（M 部）的规定。

（2）参与航空器和部件持续适航以及维修的单位和人员，应该遵守附件Ⅰ中的规定以及第 4 条款和第 5 条款中的适用要求。

（3）如果豁免第（1）条，则持有飞行许可证的航空器应根据其依据第 21 部签发的飞行许可证规定的具体持续适航安排，确认其持续适航性。

维修单位的批准（第 4 条款）

对大型航空器或用于商业航空运输的航空器及其部件进行维修的单位，应根据附件Ⅱ（145 部）的规定获得批准。

合格审定人员(第 5 条款)[5]

合格审定人员应当根据附件Ⅲ(66 部)的规定取得资格证。

培训机构要求(第 6 条款)

第 5 条款所涉及人员的培训机构应根据附录Ⅳ(147 部)的规定获得批准。

以上提到的附录均以可接受的符合性验证方法(AMC)和指导材料(GM)的形式给出。为介绍其主要内容,现对四个附件的主要内容进行分析。

9.1.2.1　附件Ⅰ,M 部

1. A 部分——技术要求

A 分部:总则

M. A. 101　范围

本部分规定了保证保持适航性所采取的措施(包括维修),还规定了持续适航管理所涉及的人员或单位需满足的条件。

B 分部:职责

M. A. 201　职责

(a) 航空器所有权人对其持续适航性负责,并保证在满足如下条件后才能放行:

(1) 航空器维持在适航状态;

(2) 所有配备的运行或应急设备都安装正确并且可以使用,或者明确认定为不可使用;

(3) 适航证仍然有效;

(4) 航空器按照依据 M. A. 302 批准的维修大纲实施维修。

……

(e) 航空器所有人可以将持续适航相关任务,承包给 M. A. G 分部中指定并符合附件Ⅰ要求的经批准的持续适航管理单位(CAMO),以满足(a)条款中规定的职责。在此情况下,CAMO 承担完成相关任务的责任。

(f) 对于大型航空器,为履行(a)段规定的职责,航空器所有人应确保持续适航相关任务由经批准的 CAMO 完成,并签订符合附件Ⅰ的书面合同。在此情况下,CAMO 承担完成相关任务的责任。

(g) 大型航空器、商用航空运输航空器及其零部件的维修,应当由依据 145 部批准的维修单位承担。

(h) 对于商业航空运输,运营人对其所运营的航空器的持续适航性承担责任,并且应当:

（1）作为主管当局依据 M 部 A 部分 G 分部就其运营的航空器，为其签发的航空运营人合格证（AOC）的一部分获得批准；

（2）依据 145 部或与此类机构签订协议获得批准；

（3）确保满足（a）条款的要求。

（i）当成员国要求运营人为其商业航空运输以外的运营活动持有合格证时，应该做到以下几点：

（1）依照 M. A G 分部为其运营航空器的持续适航管理取得适当批准，或与此类机构签订协议以取得批准；

（2）依照 M. A F 分部或 145 部获得适当批准，或与此类机构签订协议以获得批准；

（3）确保满足（a）条款的要求。

C 分部：持续适航

M. A. 302　维修大纲

（a）每架航空器都应当按照主管当局批准的维修大纲进行维修，并应定期对该大纲进行评审，做出相应的修订。

（b）维修大纲和所有后续的修订都应当经主管当局批准。

（c）维修大纲必须符合：

（1）型号合格证和补充型号合格证持有人发布的持续适航文件，以及依据 21 部发布资料的其他机构所发布的持续适航文件；

（2）主管当局签发的指令，如果它们与（1）不同，或没有具体的建议；

（3）航空器所有人或运营人确定并由主管当局批准的指令，如果它们与上述（1）和（2）不同。

（d）维修大纲应包括所有应实施的维修（包括与特定运行相关的任何特定任务）的具体细节，包括维修的频次，等等。

M. A. 303　适航指令

除非局方有专门规定，任何适用的适航指令必须在该适航指令要求的范围内执行。

F 分部：维修单位

M. A. 601　范围

本分部规定了一个单位为获得从事未列入 M. A. 201(f)和(g)（大型航空器）的航空器及部件维修的批准书签发或延长，应当满足的要求。

M. A. 615　单位的权利。该单位可以：

（1）在批准证书和手册规定的地点，维修经批准的任何航空器及部件；

（2）在任何其他地点，维修经批准的任何航空器和/或部件，条件是这种维修仅为排除发生的缺陷所必需；

（3）在完成维修后根据 M. A. 612 或 M. A. 613 签发使用放行证书。

G 分部:持续适航的管理机构

M. A. 701　范围

本分部规定了一个单位为获得从事航空器持续适航管理的批准书签发或延长、协调航空器符合维修大纲、适航指令和服务通告应当满足的要求。

M. A. 711　单位的权利

(a) 经批准的 CAMO 可以:

(1) 管理批准证书中列出的非商用航空运输航空器的持续适航;

(2) 管理航空运营人合格证(AOC)列出的商用航空运输航空器的持续适航;

(3) 在批准的限制条件之下,与运行在其质量体系中的其他机构,安排进行持续适航的所有任务。

(b) 经批准的 CAMO 还可以获准:

(1) 签发适航评审证(ARC);

(2) 向登记成员国提出适航评审建议。

(c) 单位应当在某一成员国注册以依照(b)条款获得相应权利。

M. A. 712　质量体系

(a) 为确保已获批准的持续适航管理机构(CAMO)持续满足本分部的要求,应该建立质量体系并指定质量主管进行监督,使其遵守并满足保证航空器适航所要求的程序。符合性监督应包括向责任经理的反馈系统,以保证实施必要的纠正措施。

H 分部:使用放行证书(CRS)

M. A. 801　航空器使用放行证书

(a) 除由 145 部单位放行投入使用的航空器之外,应依据本分部签发使用放行证书。

(b) 使用放行证书应当在完成所有维修后的执行飞行任务前签发,当所有要求的维修得到正确实施后,应当由下列人员签发放行证明:

(1) 由代表依据 M. A. F 分部批准的维修单位的适当的审查人员签发;

(2) 除附录Ⅶ中所列的复杂维修工作外,由符合 66 部要求的审查人员签发;

(3) 由依据 M. A. 803 的驾驶员-所有人签发……

M. A. 803　驾驶员-所有人授权

(a) 驾驶员-所有权人,是指拥有或共同拥有正在维修中的航空器,并持有适当型号或者等级的有效驾驶员执照的人。

(b) 对于私人使用的最大起飞质量低于 2 730 kg 的简单设计航空器、滑翔机或气球,驾驶员-所有人可以在附录Ⅷ所列的有限驾驶员-所有人维修后签发使用放行证书。

(c) M. A. 302 航空器维修大纲中应定义有限驾驶员–所有人维修……

2. B 节：主管当局的管理程序

A 分部：总则

M. B. 101　范围

本部分规定了负责本部 A 部分的申请和执行的主管当局应当遵循的管理要求。

M. B. 102　主管当局

(a) 总则。成员国应指定某个主管当局以承担合格证书的签发、展期、变更、暂扣或者吊销的职责，并对持续适航进行监管。该主管当局应制定文件型程序和一套组织构架。

F 分部：维修单位

M. B. 603　批准书的签发

(a) 主管当局应当向申请人签发 EASA 表格 3"批准证书"（附件 Ⅴ，M 部 A 部分 F 分部：维修单位批准证书），其中包括了当维修单位符合本部适用条款时批准证书的范围……

G 分部：持续适航的管理机构

M. B. 703　许可证的签发

(a) 主管当局应向申请人颁发 EASA 表格 14"批准证书"（附件 Ⅵ，M 部 A 部分 G 分部：持续适航管理机构批准证书），其中包括了当持续适航管理机构符合 M 部 A 部分 G 分部时批准证书的范围……

3. 关于 EASA M 部的一般说明

为了更好地理解该复杂文档，对其主要特征进行总结：

首先是一些有用的定义：

大型航空器是指以下的航空器：最大起飞重量大于 5700kg 的飞机，或多发直升机（由 EC 204212003 第 2 条定义）。

商用航空运输是指航空器搭载旅客或货物运行，但并不包括空中作业或公务航空。

空中作业是指将飞机用作专业化服务的航空器运营，例如农业、建筑、摄影、测量、监测与巡逻、搜索与救援、空中广告等。

单位是指自然人、法人或法人的一部分，这样的单位可以建立在成员国区域之内或之外的一个或多个地点。

M 部涉及所有（大型和非大型，用于商业或非商业航空）航空器的持续适航性问题：

- 明确责任；
- 描述航空器持续适航的管理要求；
- 规范航空器维修；

● 批准维修放行许可;

● 设置控制过程,通过适航评审发放令适航证生效的证书。对于商用航空运行中用到的航空器,规定以下几点:

● 职责:航空器运营人对航空器适航性负责。

● 持续适航管理:运营人必须根据 M 部 G 分部,提出经批准的持续适航管理方法。

● 维修:航空器必须由 145 部批准的维修单位进行维修。

● 使用放行:维修完成后,运营人必须确保经批准可完成该工作的 145 部的维修单位授权人员对要求进行的维修签发维修放行许可。

F 分部:维修单位

本分部描述了非大型/小型航空器(用于非商用航空运行的 5700 kg 以下的航空器和单发直升机)维修机构批准流程,是简化的 145 部批准。

G 分部:持续适航管理单位

本分部描述 CAMO 的批准流程。

本分部规定了需要的设施、资料和主管人员,描述了这些单位经批准可完成的任务,并给出了记录保存的一般规则。

本分部批准的所有单位拥有进行适航评审的职权。进行定期评审以确保航空器持续适航得到妥善保持,航空器在检查时可以视为适航的。本分部包含了此类评审的内容。

这些单位的一个重要特征是建立了质量体系(M. A. 712),通过独立审核过程确保经批准的 CAMO 持续满足本分部的要求。

H 分部:使用放行证书(CRS)- CRS M. A. 801

M. A. 801　航空器使用放行证书

(a) 除了由 145 部机构放行的航空器,CRS 应根据本分部签发。

(b) CRS 应当在执行飞行任务之前完成所有维修时签发。当所有要求的维修得到正确实施后,应当由下列人员签发 CRS:

(1) 代表依据 M. A. F 分部批准的维修单位的适当的审查人员;

(2) 除附录 7 中所列的复杂维修任务外,由符合 66 部要求的审查人员签发;

(3) 依据 M. A. 803 条的驾驶员-所有人签发[6]。

注:驾驶员-所有人是指拥有或共同拥有正在维修中的航空器,并持有适当型号或者等级的有效驾驶员执照的人。

适航评审证:从 2008 年 9 月 28 日起,所有遵守 EASA 规章的航空器必须依据欧盟法律,获得 ARC 支持的无限期适航证。

无限期适航证符合 EASA 21 部 A. 181"持续时间和持续有效性"。

(a) 适航证应当在发放后无时间限制,只要满足以下条件就一直有效:

（1）遵守适用的型号设计和持续适航要求；

与欧盟适航当局过去发布的 A 部中的 C 部分不同，EASA 中的 C 部分不会过期，其有效性取决于相关 ARC 的有效性。

根据 M．A．901"航空器适航性评审"中提到的"为了确保航空器适航证的有效性，航空器适航评审及其持续适航记录必须定期完成"，适航评审证的失效日期是新的航空器适航评审必须完成的日期，M 部中包含了此项规定。

例如，当某架航空器一直由某家根据 M 部 G 分部批准的单位管理和维修时，这项活动由 G 分部单位在没有主管当局干预的情况下执行。

注：2003 年 11 月局方执行董事决定提供附件 I M 部的符合性验证方法（最后修订于 2010 年 5 月 5 日）。

9.1.2.2 附件 II，145 部

1. A 部分

145．A．10 范围

本部分规定了单位为获得航空器及其部件维修批准书的签发或展期，应当遵从的要求。

145．A．20 批准项

维修单位应当在其手册中指定获批准工作的范围（本部附录 II 中包含了所有类别和等级的表格）。

145．A．25 设施要求

维修单位应该确保：

（a）为所有计划的工作提供合适的厂房设施，特别要保证维修工作不受天气因素影响。专用车间和机库应适当隔离……

145．A．30 人员要求

（a）维修单位应至少任命一名责任经理，经公司授权确保完成客户所要求维修工作的资金到位，并依据本部的要求的标准加以实施。

（b）维修单位应当任命一名负责人或一个工作小组，其职责包括保证该维修单位符合本部要求。这些人员最终对责任经理负责。

145．A．40 设备、工具和材料

（a）维修单位应拥有并适当使用必需的设备、工具和材料，以开展批准适用范围内的工作。

145．A．45 维修资料

（a）维修单位在实施包括更改和修理的维修工作时，应当保存和使用当前适用的维修资料。"适用的"指在该维修单位的批准类别等级分类列表和任何有关性能清单中所明确的任何航空器、部件或者流程。

145.A.50　维修的合格审定

(a) 依据145.A.70指定的流程,考虑145.A.45规定的维修资料的可得性和可用性,没有任何已知的严重危害飞行安全的不符合项,确认维修单位已经正确完成所有规定的维修工作后,应当由经授权的审查人员代表维修单位签发使用放行证书。

145.A.70　维修单位手册

(a)"维修单位手册"是指一份或多份文件,这些文件包含用于指定被视作构成批准书中工作范围的材料,以及体现该维修单位打算如何遵守本部的要求。该单位应向主管部门提供一份维修单位说明,包括以下内容。

145.A.75　维修单位的权利

根据上述说明,维修单位应有权执行如下任务:

(a) 在维修许可证和手册限定的维修地点,进行批准范围以内的任何航空器和/或部件的维修工作;

(b) 为依据该单位质量体系管理工作的其他维修单位,安排批准范围以内的航空器和/或其部件的维修工作。这些工作由其本身未依据本部经过适当批准可从事这种维修的其他单位来执行,并且仅限于依据145.A.65(b)程序允许的工作范围内。不包括航空器基地维修检查、或者发动机及其单元模块的全面的车间维修检查或翻修。

(c) 由于航空器不能继续使用或临时航线维修需要,在任意地点开展经批准范围内的任何航空器和/或其部件的维修工作,此类维修限于手册中规定的条件。

(d) 在能提供少量维修的航线维修地点,开展经批准范围内的任何航空器和/或其部件的维修工作,但要求维修单位手册中同时允许此类维修并列出维修地点。

(e) 依据145.A.50,在维修完成后签发使用放行证书。

145.A.80　维修单位限制

维修单位应当在具备所有必备的设施、设备、工具、材料、维修资料和审查人员后,仅开展批准范围内的航空器和/或其部件的维修工作。

2. B部分　主管当局的管理程序

145.B.01　范围

本部分规定了主管当局履行与签发、展期、变更、暂扣或吊销145部的维修单位批准书有关的任务和职责时,应当遵循的管理程序。

145.B.10　主管当局

1. 总则。成员国应指定一个主管当局,以承担维修批准的签发、展期、变更、暂扣或者吊销的责任。该主管当局应建立文件化流程和相应的组织构架。

注:本条仍参照主管当局涉及145部机构、数量、资质和培训的资源。

145.B.25　批准书的签发

(1) 主管当局应正式批准维修单位手册,并向申请人签发表格 3"批准证书",其中包含批准级别。主管当局应当仅向符合 145 部要求的单位签发许可证。

(2) 主管当局应明确指出表格 3"批准证书"的批准条件。

(3) 参考编号应当在表格 3"批准证书"中按照局方规定的方式列出。

3. 关于 EASA145 部的一般说明

EASA 145 部是由 EASA 颁发的针对航空器维修部门(维修单位批准书)的实施条例,规定了某一单位为有资格获得或延期航空器及部件维修批准书须满足的要求。

维修单位必须编写、提交并持续更新 MOE,以获准成为航空修理站。机构必须有一套文件化的流程支持其 MOE,还需用符合性矩阵(compliance matrix)说明已满足 EASA 145 部的要求。

当维修设施位于不同的成员国时,必须联合其他维修设施所在地区的成员国管理当局,对批准实行调查和持续监督。

根据 M 部规定,大型航空器、商用航空运输航空器以及相关部件的维修应当由 EASA 145 部批准的维修单位执行。但此类单位可以在批准证书和 MOE 中明确的地点维修任何航空器和/或部件。

145 部的一项重要特征是提供了关于最小单位如何满足本部要求的指导。

根据指导材料(GM)所述,最小维修单位只能参与有限数量的轻型航空器或维修商业航空运输航空器的部件。这带来规模上的问题:轻型航空器维修无需与大型机构拥有相同的资源、设施或复杂维修流程。

例如,在仅需雇佣一名员工时(实际具有签发证书以及其他职责),按 145 部批准的这个单位可以使用 GM 提供的替代方案(详见 GM 列表)。该单位的最低要求是一名符合 66 部审查人员要求的全职雇员,同时拥有"责任经理、维修工程师和审查人员"职位。由于没有其他人员能签发 CRS,因此在其缺席的情况下,所有维修均不能放行。

注:2003 年 11 月局方执行董事决定提供附件Ⅱ 145 部的符合性验证方法以及附录Ⅲ 145 部的指导材料(最后修订于 2010 年 5 月 5 日)。

9.1.2.3　附件Ⅲ,66 部

1. A 部分

A 分部:航空器维修执照(飞机和直升机)

66.A.1　适用范围

(a) 本部分规定了签发 A, B1, B2 和 C 类飞机和直升机的航空器维修执

照的要求,以及执照的有效和适用条件。

(b) 根据飞机、直升机、涡轮或活塞发动机的组合情况,A 类和 B1 类进一步细分为多个分类,包括:A1 和 B1.1 涡轮式飞机;A2 和 B1.2 活塞式飞机;A3 和 B1.3 涡轮式直升机;A4 和 B1.4 活塞式直升机。

66. A. 20　权利

(a) 如符合(b)款,下列权利应当适用:

(1) 在完成少量定期航线维修和授权证书特许的任务范围内简单缺陷纠正后,A 类航空器维修执照持有人可以签发使用放行证书。合格审定的权利应限于 145 部单位执照持有人从事的维修工作范围之内。

(2) 在完成航空器结构、动力装置和机械电气系统的维修后,B1 类航空器维修执照持有人可以签发使用放行证书。权利还应包括替换可更换的航空电子设备单元,进行简单检查以确定其可使用性。B1 类执照应自动包含适合的 A 分类。

(3) 完成对航空电子设备和电气系统的维修后,B2 类航空器维修执照持有人可以签发使用放行证书。

(4) 对航空器进行基地维修后,C 类航空器维修执照持有人可以签发使用放行证书。本权利应当适用于全部在某个 145 部维修单位中维修的航空器。

(b) 航空器维修执照持有人在满足下面的条件后,才可以行使执照权利:

(1) 符合 M 部和/或 145 部适用要求。

(2) 在过去 2 年内至少累计有 6 个月的该航空器维修执照授权的维修工作经验,或者满足适当权利签发所应该满足的相关条款规定。

(3) 对于支持使用放行证书签发必需的技术文件和程序所使用的语言,能够读、写和交流,达到可理解的水平。

66. A. 30　经验要求

(a) 航空器器维修执照的申请人应拥有:

(1) 对于 A 类和 B1.2 与 B1.4 子类:(i)如果申请人之前未进行过相关技术培训,应具备 3 年对所运营航空器的实际维修经验;或者(ii)作为熟练工人完成主管当局认可的相关培训,并具备 2 年对所运营的航空器的实际维修经验;(iii)完成 147 部中认可的基本培训课程,并具备 1 年对所运营的航空器的实际维修经验。

2. B 部分—主管当局的管理程序

A 分部:总则

66. B. 05　范围

本部分规定了负责本部 A 部分的申请和实施的主管当局应遵循的管理要求。

B 分部:航空器维修执照的签发

本分部规定了主管当局签发、变更或批准延长航空器维修执照时应遵循的管理要求。

66.B.100　主管当局签发航空器维修执照的程序

(a) 收到 EASA 表格 19 和任何支持文档后,主管当局应确认 EASA 表格 19 的完整性,并保证其中声明的经验满足本部要求。

(b) 主管当局应确认申请人的考试状态和/或确认所有证明材料的有效性,以保证本 B 分部要求的附件 I 中所有的必修模块都已经得到满足。

注:2003 年 11 月局方执行董事决定提供附件 IV 66 部的符合性验证方法以及附件 V 66 部的指导材料(最后修订于 2010 年 5 月 5 日)。

9.1.2.4　附件 IV,147 部

1. A 部分

A 分部:总则

147.A.05　范围

本部分规定了某一单位为获准进行 66 部规定的培训和考试应该满足的要求。

147.A.10　总则

培训单位应是注册为合法实体的单位或单位的一个部门。

B 分部:单位要求

147.A.100　设施要求

(a) 设施的规模和结构应保证培训工作不受主要气候因素的影响,并保证在任何特定日期所有计划的培训和考试能够正常的进行。

(b) 应当提供与其他设施隔离的适当全封闭空间,用于理论指导和知识水平测试。

147.A.105　人员要求

(a) 该单位应当任命一名具有法律权力的责任经理,保证所有培训工作都获得资金保障,并依据本部要求的标准实施。

(b) 应当任命一名负责人或一个工作小组,其职责包括保证维修培训机构符合本部规章要求。这些人员必须对责任经理负责。该小组的高级人员或某位成员也可以是责任经理,只要满足(a)款规定的责任经理要求。

147.A.115　教学设备

(a) 每间教室应当配备一定标准的适当教学演示设备,使学员从教室的任意位置都能清晰看到演示的文本、图画、图表和数据。演示设备应当包括综合训练设备以帮助学员理解特定课程内容。

147. A. 140　维修培训单位手册

（a）该单位应当提供一个手册用于描述该单位及其程序,其中包括如下信息：

（1）责任经理签署的声明,确认维修培训单位手册及任何相关手册能够表明维修培训单位符合本部规章要求,并且会一直符合。

147. A. 145　维修培训单位的权利

（a）维修培训单位可以执行维修培训单位手册允许并与其要求相一致的以下培训：

（1）66 部课程大纲中的基础培训课程,或者其中的一部分。

（2）与 66 部一致的航空器型号/任务培训课程。

（3）代表主管当局举行考试,包括在未参加维修培训单位基础培训或航空器型号培训课程的学员考试。

（4）在成功完成（a）（1）,（a）（2）和（a）（3）适用条款规定的经批准的基础培训或航空器型号培训课程的学员考试后,按照附录Ⅲ的要求签发合格证。

2. B 部分　主管当局的管理流程

A 分部：总则

147.8.05　适用范围

本部分规定了负责本部 A 部分的申请和执行的主管当局应遵循的管理要求。

B 分部：合格证的签发

本分部提供了签发、变更维修培训单位合格证时应满足的要求和应该遵循的程序。

147. B. 100　总则

（a）维修培训单位初始批准或变更批准的申请应当使用主管当局规定的表格和方式。

（b）维修培训单位批准书应由主管当局签发给该单位。

注：2003 年 11 月局方执行董事决定提供附录Ⅵ147 部的符合性验证方法以及附录Ⅶ147 部的指导材料（最后修订于 2010 年 5 月 5 日）。

9.1.2.5　关于 EASA 持续适航/维修的一般说明

在 9.1.2 节中,概述了 EASA 的持续适航/维修要求作为欧盟（EC）2042/2003号条例的实施。

这些要求包括以下几个方面：

- M 部：持续适航；
- 145 部：维修单位批准书；
- 66 部：审查人员；
- 147 部：培训单位要求。

这些要求之间相互交织,维修单位必须建立在 M 部要求基础上,操作人员必须根据 66 部取得执照,并经过符合 147 部培训单位的培训。

这个问题相当复杂,而本书只能提供与其他情况下讨论相符的基本信息。

由于这些要求的共同解释和统一实施对于民用航空来说非常重要,EASA,JAA 和各国当局对参与航空器运行的个人或机构提供了研讨会和其他信息渠道。

9.1.3　JAR－OPS 1 和 JAR－OPS 3 的维修要求

对于 JAR－OPS 1,M 分部现有如下内容。

M 分部:飞机维修

JAR－OPS 1.875　总则

(a) 除了不一定要求由 145 部单位进行飞行前检查之外,在飞机经过符合欧盟委员会 2042/2003 号规章 145 部适当批准/接受单位维修和放行之后,运营人才能使用飞机。

(b) 飞机持续适航要求要符合 JAR－OPS 1.180 的运营人合格审定要求,该要求由欧盟委员会 2042/2003 号规章 M 部规定(方便起见以下简称 M 部)。

本分部其他部分由于欧盟委员会 2042/2003 号规章 M 部的实施而撤销。

注:JAR－OPS 3 给出了与 M 分部相同的安排。

9.1.4　EASA 航空运营人合格审定

在第 8 章 JAR－OPS1 和 3 中的"适用范围"中曾介绍,这些标准适用于以商业航空运输为目的的所有民用飞机和直升机,其运营人的主要业务地点位于 JAA 某一成员国内。

同样要从适航和维修的附加要求的角度来讨论这些标准的内容。

依据 JAR OPS C 部,满足所有这些标准的要求才可以签发航空运营人合格证。

根据第 8 章(8.9.1 条)已有的解释,欧盟委员会 8/2008 规章中基于 JAR－OPS 1 的附录Ⅲ替代了欧盟经济委员会(EEC)理事会 3922/91 号规章附录Ⅲ。

新的附录Ⅲ"适用于商业航空运输的通用技术要求和管理流程"现在作为 OPS 1:**商业航空运输(飞机)**。

OPS 1 包含了运营人合格审定的规定,特别是其机构、操作程序、手册、机组人员聘用与培训、设备、航空器充足率与维护、危险品运输以及针对非法干扰行为的防护。运营人需要建立质量体系以监测程序的符合性和充足性,保证运行过程的安全性和航空器的适航性。

OPS 3 尚不存在,成员国运营人使用直升机进行的商用航空运输可应用 JAR－OPS 3。

OPS 2 编制完成后,可用于成员国运营人使用飞机进行的通用航空运行

（包括空中作业）[8]。

OPS 4 编制完成后，可用于成员国运营人使用直升机进行的通用航空运行（包括空中作业）。

这意味着国家当局暂时还不能根据 EU - OPS（或是未来的 OPS2 和 4）批准运营人机构，而只能实行每个国家的规定。

在维修的具体案例中，根据 OPS 1 批准的运营人，必须依靠根据 EASA 145 部"批准的维修单位"来批准维修单位。

运营人无需在自己的单位完成所有的维修任务，公司可以与其他（145 部）批准的单位合作。当然这必须在运营人的程序中有明确规定。

以上引用并评论了 OPS 1 的一些条款，对于这本书的适用范围来说很重要，因此没有单纯对运营要求进行评论，这些要求仍然是 AOC 实现的基础。

B 分部：总则

OPS 1.035　质量系统

（a）运营人应当建立质量体系并任命一名质量经理监控是否符合保证安全运行和飞机适航所需要的程序，以及这些程序的充分性。符合性监控必须包含向责任经理反馈的机制，确保必要时采取纠正措施。

（b）质量体系必须包含质量保证（QA）大纲，其中包含设计用来验证操作是否按照适用的要求、标准和流程进行的程序。

（c）质量体系和质量经理必须得到局方认可。

（d）有关文件必须对质量体系进行描述。

（e）尽管有上述（a）条，当运营人已指定质量管理小组时，局方可以认可两名质量经理提名，一位负责运营另一位负责维修，并确保质量体系一应用于整个运行。

注：运营人质量体系方面要求用到的术语具有以下含义：

（i）责任经理：局方认可的公司授权人员，确保所有运营和维修工作资金到位，执行局方要求的标准和运营人规定的所有额外要求。

（ii）质量保证：所有能向运行和维修实践提供足够信心使其满足要求的有计划的系统性行为。

（iii）质量经理：局方认可的经理，负责质量体系的管理、监控职能和提出纠正措施。

在小型/微小型运营人的情况下，责任经理和质量经理的职位可以合并。但在此时，质量审核应由独立人员进行。

"小型"运营人可决定使用内部或外部审核员或两者的组合。在这些情况下，可接受外部专家和/或合格的机构代表质量经理进行质量核查。

C 分部：运营人合格证及其监督

OPS 1.180　航空运营人合格证（AOC）的签发、变更和持续有效

（a）运营人获得或允许变更 AOC，而且 AOC 保持有效，应当满足：

（1）运营的飞机拥有由某 JAA 成员国依据欧盟委员会 170212003 号规章颁发的标准适航证，该条例签订于 2003 年 9 月 24 日，明确了航空器和相关产品、零部件及设备的适航和环境合格审定，以及设计和生产单位合格审定的实施细则。是成员国而非负责签发 AOC 的国家依据 21 部所签发的标准适航证，将被接受而无须进一步表明符合性。

（2）局方已根据 M 部 G 分部批准维修系统。

（3）运营人满足局方对其下列能力的要求：(i)建立并维持适当的机构；(ii)建立并维持满足 JAR－OPS1.035 要求的质量体系；(iii)符合要求的培训大纲；(iv)符合维修要求，与规定运行的性质和程度相一致，包括 JAR－OPS1.175(g)～(o)款的相关项目；并且(v)符合 JAR－OPS1.175[6]。

M 分部　飞机维修

OPS 1.875　总则

（a）除了不一定要求由 145 部单位进行飞行前检查之外，在飞机经过符合 145 部适当批准/接受机构维修和放行之后，运营人才能使用飞机。

（b）飞机持续适航要求要符合 M 部中建立的 OPS 1.180 的运营人合格审定要求。

注：CAMO 的批准是 AOC 颁发的前提。

当运营人没有根据 145 部获得适当批准，运营人应当与 145 部批准的单位或其他运营人签订书面合同，详述 M 部规定的职能。

9.1.5　FAA 持续适航/维修

注：参见附录 9.1.5。

FAA 关于持续适航的要求比相应的 EASA 文件更清晰。通过与 EASA 持续适航文件对比，可以发现下列的相似之处：

（1）可以在 FAR43 中找到维修的通用规则，包括参与持续适航的单位和人员。

（2）可以在 FAR145 中找到对参与维修工作单位的批准。

（3）在 FAR65 中规定了对参与维修人员的合格审定。

（4）在 FAR147 中规定了期望获准实施人员培训的单位的合格审定。

此外，第 8 章的"FAA 运行标准（附加适航要求）"一节中考虑的"运行标准"规定了遵守这些标准的运营人要满足的维修要求。我们可引用下列章节：FAR 91 部、FAR 121 部、FAR 125、FAR 129 和 FAR 135。这些标准的"适用范围"可在上述章节中找到。

值得注意的是，很多咨询通告和 FAA 指令都提供了关于这些标准的指导。

上述的标准摘录如下。

注:为了给出规定持续适航和维修要求的运行标准内容的思想,引用了这些标准最值得关注的条款,往往只有一部分内容或者仅提到标题。这样做是基于实际原因以供参考,不建议用此替代阅读完整原文的做法。

9.1.5.1　FAR 43 维修、预防性维修、重新制造和改装

43.1　适用范围

(a) 除本条(b)款与(d)款,本部规定了管理下列航空器或部件的维修、预防性维修、重新制造或改装的管理规则:

(1) 持有美国适航证的航空器;

(2) 依据本章 121 部或 135 部条款的规定,在国外注册用于公共运输与邮政运输的民用航空器;

(3) 此类航空器的机体、发动机、螺旋桨、设备和部件。

(b) 本部不适用于 FAA 签发了试验证的航空器,除非 FAA 在此前给该航空器签发了另外一种适航证。

(c) 本部适用于按 43.10 规定从经型号合格审定的产品上拆下、隔离和控制的所有时寿件。

(d) 本部适用于签发了轻型运动类特殊适航证的任何航空器,除非:……

本标准的内容如下:

43.1　适用范围

43.2　翻修和重新制造记录

43.3　实施维修、预防性维修、重新制造和改装的人员的资格

43.5　维修、预防性维修、重新制造和改装后批准重新投入使用

43.7　获授权批准经过维修、预防性维修、重新制造、改装后的航空器、机体、发动机、螺旋桨、设备或零部件重新投入使用的人员资质

43.9　维修、预防性维修、重新制造、改装记录的内容、格式和处置(依据 FAR91,FAR125 和 FAR135.411(a)(1)和 135.419 进行的检查除外)

43.10　航空器时寿件的处置

43.11　依据 FAR91、FAR125 和 FAR135.411(a)(1)和 135.419 进行的检查记录的内容、格式和处置

43.12　维修记录:伪造、仿造和更改

43.13　实施准则

43.15　附加的检查工作准则

43.16　适航性限制

43.17　某些加拿大人员对美国航空产品的维修、预防性维修和改装

FAR 43 附录 A——大改、大修和预防性维修

FAR 43 附录 B——大修和大改的记录

FAR 43 附录 C——保留

FAR 43 附录 D——年度和 100 h 检查项目(适用于特定航空器)的适用范围和细节

FAR 43 附录 E——高度表系统的试验和检查

FAR 43 附录 F——空中交通管制(ATC)应答机的试验和检查

附录 A 特别值得关注,其节选如下[9]:

FAR 43 部附录 A:大改、大修和预防性维修

(a) 大改:

(1) 机体大改。若未列入 FAA 批准的航空器范围内,则下列部件和类型的改装为机体的大改:(i)机翼;(ii)尾翼表面;(iii)机身;(iv)发动机机架;(v)操纵系统;(vi)起落架……(viii)对机翼、固定或活动操纵面的更改,该更改影响颤振或振动特性。

(2) 动力装置大改。若未列入 FAA 批准的发动机规范内的下列改装,为动力装置的大改:(i)航空器的发动机由一种经批准的型号改为另一种型号,涉及压缩比、螺旋桨减速齿轮和叶轮齿轮比的改变,或替换重要的发动机部件并需要对发动机主要部件进行大量工作和测试;(ii)采用非原生产厂家的零部件或未被主管部门批准的零部件,替换航空器发动机结构零件引起的发动机的改变……(vi)为采用在发动机规范表中未列出的某种规格的燃油而进行的某种改装。

(3) 螺旋桨大改。若未列入 FAA 批准的螺旋桨规范内,对螺旋桨的下列改装,即为螺旋桨的大改:(i)叶片的设计更改;(ii)桨毂的设计更改;(iii)调速器或控制器的设计更改;(iv)安装螺旋桨调速器或顺桨系统;(v)安装螺旋桨除冰系统;(vi)安装该螺旋桨未获批准安装的零部件。

(4) 设备的大改。未根据设备制造厂商的建议,或未根据 FAA 的适航指令,对设备基本设计做出的更改,即为设备的大改。此外,对根据型号合格证或技术标准规定项目批准的无线电通信和导航设备的更改,如果会影响频率的稳定性、噪声水平、灵敏度、选择性、失真度、寄生辐射和 AVC 特性,或对环境测试的适应性,这类更改及其他会影响设备工作性能的更改,也属于大改。

9.1.5.2 FAR 145 修理站

A 分部:总则

145.1 适用范围

本部描述了如何获得修理站许可证;本部也包含了经合格审定的修理站,

施行对 43 部适用的航空器、机体、发动机、螺旋桨、设备或零部件实施的维修、预防性维修或改装时，必须遵循的规则；也适用于任何持有或需持有依据本部规章签发修理站许可证的人员。

B 分部：合格审定

145.53　许可证的签发

（a）除去本条（b）款规定的之外，满足本部规章的申请人，有权获得适当等级的修理站许可证，其中从安全感角度规定了保证安全利益所必需的操作规范和限制。

（b）如果申请人所在国与美国有双边航空安全协定，FAA 可以根据该国民用航空局的合格审定，确认申请人满足本部规章的要求。这种合格审定必须依照 FAA 或其委任代表签署的实施程序进行。

E 分部：运行规则

145.201　许可证的权利与限制

（a）经合格审定的修理站可以：

（1）按照 FAR43 部对所有符合其等级并处于其运营规范限定内的物品，实施维修、预防性维修或改装。

（2）安排他人实施符合该经合格审定修理站等级的任何物品的维修、预防性维修或改装。如果该人员未获得 FAR 145 部的合格审定，经合格审定修理站的必须确保未获认可的人员遵守与经合格审定的修理站等同的质量控制体系。

（3）按照 FAR 43 部实施维修、预防性维修或改装后，批准符合其等级的任何物品重新投入使用。

（b）经合格审定的修理站不可以维修或改装与其等级不符的任何物品，以及虽其符合等级但它没有需要的特殊技术资料、设备或设施要求的任何物品。

（c）经合格审定的修理站不可以批准以下物品重新投入使用：

（1）任何没有根据经批准的适用技术资料或 FAA 接受的资料实施维修、预防性维修或改装的物品。

（2）任何进行了大修或大改，却没有依照适用的经批准的技术资料实施大修或大改的物品。

（3）任何依据 43.1（b）条规定实施大修或大改的实验航空器，却没有根据 FAA 认可的方法和有关技术资料实施维修、预防性维修或改装。

9.1.5.3　FAR65 除机组人员以外的航空人员的合格审定

A 分部：总则

65.1　适用范围

本部规章规定了签发下列证书和相关等级的要求，以及该合格证和等级的持有人的一般运行规则：

　　（a）空中交通管制塔台操作员；

　　（b）航空器签派员；

　　（c）机械师；

　　（d）修理人员；

　　（e）叠伞员。

D 分部：机械师

65.95　检查授权书：权利和限制

　　（a）检查授权书持有人可以：

　　（1）根据新 FAR 43 部和局方批准的技术资料进行大修或大改后，检查并批准任何航空器、相关部件或设备（除了依据 FAR121 部持续适航程序维修的飞行器）重新投入使用。

　　（2）根据 FAR43.13 和 43.15 实施年检，或指导实施渐进检查。

9.1.5.4　FAR 147 航空维修技师学校

A 分部：总则

147.1　适用范围

　　本部规定了签发航空器维修技师学校合格证和相关等级的要求，以及这些合格证和等级持有人的一般运行规则。

B 分部：合格审定要求

147.11　等级

　　根据本部规章签发下列等级：

　　（a）机体；

　　（b）动力装置；

　　（c）机体和动力装置。

9.1.6　FAA 运行标准（维修要求）

　　下面摘录部分要求。

9.1.6.1　FAR 91 部

E 分部：维修、预防性维修和改装

91.401　适用范围

　　（a）本分部规定了在美国注册的民用航空器在美国境内和境外运行时维修、预防性维修和改装的管理规则。

　　（b）本分部 91.405 条、91.409 条、91.411 条、91.417 条和 91.419 条不适

用于依据 FAR121 部、129 部或 91.411 条或 135.411(a)(2) 款中规定的持续适航维修大纲进行维修的航空器。

(c) 本分部的 91.405 条和 91.409 条不适用于依据 FAR 125 部检查的航空器。

91.403　总则

(a) 航空器的所有人或运营人对保持航空器处于适航状态,包括符合 FAR 39 部的要求负主要责任[10]。

(b) 任何人对航空器实施维修、预防性维修或改装时,应当符合本分部和其他适用规章,包括 FAR 43 部的规定[11]。

(c) 任何人运行航空器,如果制造商发布的航空器维修手册或者持续适航指导文件包含有适航限制章节,应当符合该章节规定的更换时限、检查周期以及有关的程序,或者依据 FAR 121 部或者 FAR 125 部经 FAA 批准的运行规范中的替代检查周期和有关程序,或者依据 94.309(e) 款批准的检查大纲,否则不得运行该航空器。

91.405　要求的维修

航空器的所有人或运营人应当:

(a) 按本部 E 分部的规定对航空器进行检查,并且应在要求的两次检查之间按本章 FAR 43 部的规定修复缺陷,本条(c)款的情况除外。

(b) 保证维修人员在航空器维修记录中作适当的记录,表明航空器已经被批准重新投入使用。

(c) 在下次要求的检查中,维修、更换、拆除或检查所有 FAR91.213(d)(2) 款允许不工作的任何仪表或设备。

(d) 当所列的缺陷包括不工作的仪表或设备时,应确保按照 FAR43.11 条的要求张贴标牌。

91.407　维修、预防性维修、重新制造或改装之后的运行

(a) 满足以下条件后,运营人才可以使用经过维修、预防性维修、重新制造或改装的航空器:

(1) 由依据 FAR 43.7 条授权人员批准航空器重新投入使用。

91.409　检查

(a) 除本条(c)款外,只有在前 12 个日历月中满足下列条件,才可以运行航空器:

(1) 依据 FAR 43 部进行年检,并且经依据 FAR43.7 条授权人员批准重新投入使用;

(2) 依据 FAR121 部签发适航证所要求的检查。

(b) 除了本条(c)款情况外,只有在前 100h 使用时间内,该航空器已经进行了年度或 100h 检查,并且获得批准重新投入使用,才可以出租航空器用于载

人(机组成员除外),以及出租航空器进行飞行教学。

(c) 本节(a)(b)款不适用于:

(1) 使用特许飞行证、现行试验证或者轻型运动类或临时适航证的航空器。

(d) 渐进检查。每个希望使用渐进检查大纲的航空器注册所有人或运营人必须向 FAA 飞行标准司负责申请人所在地区的地区办公室提交书面申请,并且应当提供⋯⋯

(e) 大型飞机(FAR 125 部对其不适用)、涡轮喷气多发飞机、涡轮螺旋桨桨多发飞机或涡轮动力旋翼机。任何人运行大型飞机、涡轮喷气多发飞机、涡轮螺旋桨多发飞机或者涡轮动力旋翼机时,应当遵守该航空器规范、型号合格证数据单⋯⋯中规定的时限件的更换时限要求⋯⋯

(g) 依据本条(e)款批准的检查大纲。飞机或涡轮动力旋翼机的运营人,如果希望依据本条(f)(4)款制定或修改经批准的检查大纲,必须将该大纲提交局方批准。

91.410　特殊的维修大纲要求

(a) 任何人运行空客 A300 型(600 系列除外);英国宇航公司 BAC1－11 型;波音 707,720,727,737 或 747 型;麦道 DC－8,DC－9/MD－80 或 DC－10 型;福克 F28 型或者洛克希德 L－1011 型飞机时,不得超出如下规定的适用飞行循环实施时间⋯⋯

91.411　高度表系统和高度报告设备的试验和检查

按仪表飞行规则在管制空域使用飞机或直升机时,必须符合下列要求:

(1) 在前 24 个日历月内,每个静压系统、高度表仪表和自动气压高度报告系统都已经过测试和检查⋯⋯

91.413　空中交通管制应答机的测试和检查

(a) 只有在前 24 个日历月之内测试并检查空中交通管制(ATC)应答机,方可使用 FAR91.215(a)、FAR121.345(c)或 FAR135.143(c)条规定的 ATC 应答机。

9.1.6.2　FAR 121 部

L 分部　维修、预防性维修和改装

121.361　适用范围

(a) 除本条(b)款提到的,本分部规定了所有合格证持有人维修、预防性维修和改装的要求。

121.367　维修、预防性维修和改装计划

合格证持有人应当具有检查大纲和覆盖其他维修、预防性维修和改装工作的大纲以保证:

（a）该合格证持有人或其他人员所实行的维修、预防性维修和改装工作，符合合格证持有人的手册。

121.368　老龄飞机检查和记录评审

……

（b）检查和记录评审后的运行。超过本款中规定的日期后，仅当局方通知证书持有人其已依据本款要求，完成对该老龄飞机的检查和记录评审，证书持有人才可以依据本部规章运行飞机。在检查和记录评审中，合格证持有人必须向局方表明，飞机易老化零部件的维修是充分和及时的，能够保证其最高的安全程度……

121.370　特别维修程序要求

（a）任何合格证持有人运行空客 A300 型（600 系列除外）；英国宇航公司 BAC 1-11 型；波音 707，720，727，737 或 747 型；麦道 DC-8，DC-9/MD-80 或 DC-10 型；福克 F28 型或者洛克希德 L-1011 型飞机时，不得超出如下规定的的适用飞行循环实施时间……

9.1.6.3　FAR 125 部

G 部分：维修

125.241　适用范围

本分部规定了依据本部规章运行的飞机、机体、航空发动机、螺旋桨、设备、救生和应急设备及其零部件维修的规则，作为本章其他部相关规章的补充。

125.247　检查大纲和维修

（a）任何人依据本部规章运行飞机时，必须满足下列要求：

（1）符合在航空器型号合格证数据单，或经局方批准的其他文件中列出的时寿件的更换时限；（2）两次检查期间暴露的，或者每次检查时发现的缺陷，已经依据 FAR 43 部进行了纠正；（3）按照经局方批准的检查大纲检查了飞机，包括其机体、发动机、螺旋桨、设备、救生和应急设施以及零部件。

（b）依据本条（a）（3）款规定的检查大纲必须至少包括……

125.248　特别维修大纲要求

（a）任何人运行空客 A300 型（600 系列除外）；英国宇航 BAC1-11 型；波音 707，720，727，737 或 747 型；麦道 DC-8，DC-9/MD-80 或 DC-10 型；福克 F28 型或洛克希德 L-1011 型飞机时，不得超出如下规定的适用飞行循环实施时间。

9.1.6.4　FAR 129 部

129.14　在美国注册航空器的维修大纲和最低设备清单要求

(a) 任何外国航空承运人和在美国注册并在美国境内外进行公共航空运输的外籍运营人,应当保证每架航空器按照经局方批准的维修大纲进行维修。

129.32　特别维修大纲要求

(a) 任何人运行空客 A300(600 系列除外);英国宇航公司 BAC1-11 型;波音 707,720,727,737 或 747 型;麦道 DC-8,DC-9/MD-80 或 DC-10 型;福克 F28 型或洛克希德 L-1011 型飞机时,不得超出如下规定的适用飞行循环实施时间。

9.1.6.5　FAR 135 部

J 分部　维修、预防性维修和改装

135.411　适用范围

(a) 本分部规定了下列情况的合格证持有人进行维修、预防性维修和改装的规则,作为本章其他部相关规章的补充:

(1)按照客座数进行合格审定的飞机,除驾驶员座位外,座位为 9 座或 9 座以下的航空器,应按照 FAR 91 部和 43 部,以及 FAR 135.415 条、135.416 条、135.421 条和 135.422 条的要求进行维修。可以使用依据 FAR 135.419 批准的航空器检查大纲。(2)按照客座数进行合格审定的飞机,除驾驶员座位外,座位为 10 座或 10 座以上的航空器,应按照 FAR 135.415 条、135.416 条、135.417 条和 135.423 到 135.443 条的维修大纲进行维修。

(b) 没有被其他要求的合格证持有人,应按照本条(a)(2)款的要求维修航空器。

(c) 用于载客的单发航空器按仪表运行规则(IFR)运行时,应当依据 135.421(c),(d)和(e)款的要求进行维修。

135.419　批准的航空器检查大纲

(a) 无论何时,当局方认为按照本章 FAR 91 部的要求或者允许的航空器检查,无法充分满足本部要求,局方可以依据 135.17 条修订合格证持有人的运行规范……

135.421　附加维修要求

(a) 按照客座数进行合格审定的飞机,除驾驶员座位外,座位为 9 座或 9 座以下的航空器,持证人在运行航空器时,必须遵守制造商建议的维修大纲,或是经局方批准的大纲,维修其每一台航空发动机、螺旋桨、旋翼以及本章要求的应急设施。

(c) 单发航空器用于载客并按照仪表飞行规则(IFR)运行时……

(e) 任何合格证持有人使用单发航空器载客按仪表飞行规则(IFR)运行时,必须在其发动机维修记录中,记录并保存依据本条(c)(1)和(2)款规定的适用发动机趋势监控大纲所要求的每次试验、观察的检查结果。

135.422 按客座数为 9 座或 9 座以下进行合格审定的老龄多发飞机的检查和记录评审

（a）适用范围。本条适用型号合格审定客座数为 9 座或 9 座以下的多发飞机,由合格证持有人依据本部的要求按照定期航线运行。

（b）检查与记录评审后的运行。超过本款规定的日期后,合格证持有人不得使用多发飞机进行定期航线运行,除非局方依据本条要求完成了该老龄飞机检查和记录评审,并通知了合格证持有人。

135.425 维修、预防性维修和改装大纲

每个合格证持有人应该具有包含维修、预防性维修和改装的检查计划,以确保:

（a）该合格证持有人或其他人,按照合格证持有人的手册执行维修、预防性维修和改装。

（b）配备了合适的人员和足够的设施和设备,恰当地施行维修、预防性维修和改装。

（c）放行投入使用的航空器处于适航状态,并经过恰当维修以进行按照本部运行。

9.1.7 FAA 航空运营人合格审定和部分所有权

注:参见附录 9.1.7。

注:参见第 8 章 8.6.2.1 节和本节的定义。

FAA 119 部"航空承运人和商用运营人合格审定"包括依据 FAR 121 部"运营要求:国内、悬旗和补充运营"及 FAR 135 部"运营要求:通勤、按需运行和管理此航空器上人员规则",从事公共运输的人的合格审定和运营规范的要求。FAR 119 部还包含了有关非公共运输运行的定义。

公共运输。当申请人为获取报酬或租金而向公众(通过广告或其他方法)"坚持要求"运输人员或物品时,该申请人即为从事公共运输。

非公共运输。不涉及公共运输的运行包括以下定义和特例。FAR119 部和 FAR 91 部"一般运行和飞行规则"中包含了这些定义和特例。

（1）非公共运输涉及为获取报酬或租金而运送人员和物品,但不包括坚持要求。非公共运输运行需要颁发运营合格证。运营人需要根据航空器的类型、座位数和商载,按以下规章运营:FAR 125 部"合格审定和运行:20 座及以上或最大商载为 6 000 lb 及以上飞机和管理此航空器上人员规则"或者 FAR 135 部。

（2）私人运输涉及为获取报酬或租金而运送人员或物品,但有合同数量限制。(在这种情况下,客户要求运营人进行要求的服务,并订下排他性的双方协议,而不是运营人对客户提出要求。)私人运输运行需要颁发运营合格证。根据航空器类型、

座位数和商载,按 FAR 125 部或 FAR 135 部条款进行运营。

(3) 直接航空承运人在 FAR 119 部中定义为提供或可以提供航空运输,并控制提供运输过程中要履行的运营职能的人。

(4) 没有报酬或租金而运送人员或货物的运营。此类运营根据 FAR 91 部进行,不需要合格证。

(5) FAR 119 部合格审定要求和 FAR 121 部和(参考完整规章内容的引用条例)运行规则有一些特例。例如,FAR 91 部 91.501 节列出了未涉及某些可根据 FAR 91 部或 FAR 135 部进行的公共运输的运行。这些运行涉及人员和财产的运输并可以涉及酬金。91.501 节设置了某些此类运行酬金的数量和类型;例如空中作业、销售展示飞行和部分所有权等。

注:FAR 119 部合格审定要求不适用于部分所有权(见 9.1.7.2 节)或根据 FAR129 部、133 部、137 部或 139 部进行的运行。

条款 119.1(e)列出了不需要航空承运人或商业运营人合格证的运行;例如,学员教学、转场或训练飞行、空中作业、热气球观光、FAR 133 部旋翼机外挂物等。

FAR 119 部合格证的类型。公共运输运行有两种基本类型的航空运营人合格证(AOC):

(1) 向计划进行州际、国际或海外运输或邮件运输的申请人颁发航空承运人合格证。

(2) 向计划进行州内运输的申请人颁发营运合格证。

为 FAR 119 部确定适用的运营规则和运营种类。一旦确定了合格证的种类,接下来的步骤是确定适用的运营规则和运营种类。

有两种适用于航空承运人和商业运营人的运营规则。申请人要根据运行是否定期以及使用航空器的类型,按照 FAR 135 部、FAR 121 部或两者进行运行。

有五种类型的运营。

国内、悬旗和补充运营适用于根据 FAR 121 部进行的运营;通勤和按需运行描述了根据 FAR 135 进行的运行。

需要确定申请人是否进行定期或不定期运行,以确定适用的运营规则和运营种类。

定期运行包括运营人预先提供出发地点和时间及到达地点的载客运行。定期运行也搭载货物,但是全货运行定义为不定期运行。

非定期运行包括:

(1) 出发时间和出发及到达地点与旅客或旅客代表特地协商的载客运行;

(2) 全货物运行;

(3) 9 座及以下和商载为 7500 lb 或以下,根据发布的航班时刻表,在两点或更多点之间至少一条航线上运行频率低于每周 5 个往返行程的航空器(除了涡轮喷气动力飞机)定期载客运行。

（4）根据 FAR 380 部作为公共包机的载客运行。一旦确定了运行是否定期,接下来的步骤是确定适用的运营规则和运营种类。运营人可根据 FAR 121 部、FAR 135 部或两者同时进行运行,但是申请人只能获得一种合格证。运行规范将详述运营规则和运营种类。FAR 中包含了运营种类的定义（见第 8 章,8.6.2.1 条）。

附录 9.3 通过一些航空器类型、尺寸、座位数和商载的例子,提供了适用的运营规则和运营种类的摘要。

对于航空承运人和商用运营人,FAR 119 部定义了其航空器运行适用的运营规则。FAR 119 部参考旅客座位数和商载确定了适用的运营规则。总的来说,飞机按需运行根据 FAR 135 部进行,除了机组成员座位外旅客座位数不超过 30 座,商载不超过 7500 lb。多发飞机按需运行根据 FAR 121 部进行,旅客座位数超过 30 座,商载荷超过 7500 lb。

FAR 125 部规定了管理美国注册飞机的规则,其中飞机的旅客座位数不少于 20 座,最大商载荷不小于 6000 lb 或者不涉及公共运输。

下面将讲述 FAR 119 部的一般内容,并对部分相关条款进行摘录。

9.1.7.1　FAR 119:航空承运人和商业运营人的合格审定

A 分部:总则

119.1　适用范围

119.3　定义

119.5　合格审定、授权和禁止

119.7　运行规范

119.9　商业名称的使用

119.1　适用范围

（a）本部适用于运行或计划运行民用航空器的任何人:

（1）作为航空承运人或商业运营人,或者两者皆是,从事航空贸易;

（2）当不涉及公共运输时,运营在美国登记的 20 座或以上,最大商载为 6000 lb 或以上的民用航空器。

（b）本部规定了:

（1）FAA 签发的航空运营人合格证类型,包括航空承运人合格证和运营合格证。

（2）运营人必须满足的合格审定要求,以便获得并持有准许依据 FAR 121 部、125 部从事运营的合格证,或/和拟从事的每一种运营的运行规范,以及将要依据 FAR 121 部、135 部使用的每一种类型和大小的航空器。

（3）运营人必须满足的要求,以便依据 FAR 121 部、125 部或 135 部从事运营,并使用其运行规范准许的每一种类型和大小的航空器。

（4）影响航空器湿租以及其他航空运输安排的要求。

（5）获得偏离批准的要求，以便按照军方合同实施运行和实施应急运行。

（6）依据 FAR 121 部或 135 部施行运行的管理人员的要求。

（c）遵守本部要求的人员必须符合本章的其他要求，依据 FAR 119 部、121 部、125 部或 135 部修改的或所附加的要求除外。

（d）本 FAR 不管理依据 FAR 91 部 K 分部所进行的运营（不涉及公共运输时），也不管理依据 FAR 129 部、133 部、137 部或 139 部进行的运行。

（e）除了不涉及公共运输的、由除机组成员座位外，旅客座位数不少于 20 座或商载不小于 6000 lb 的飞机进行的运行之外，本部不适用于：

（1）学员教学；

（2）用除机组成员座位外，旅客座位数不多于 30 座，商载不大于 7500 lb 的航空器进行的直达观光飞行，它在同一机场起降，飞行半径在机场 25 法定英里范围内；

（3）转场或训练飞行；

（4）航空作业运行。

119.5　合格审定，批准和禁止

（a）经局方批准作为直接航空承运人从事运营的人，将得以签发航空承运人合格证。

（b）未经批准进行直接航空承运人运行，但经局方批准作为美国商业运营人进行运营的人，将获得运营合格证。

（c）未经批准从事直接航空承运人运行，但经局方批准作为旅客座位数不少于 20 座，或最大商载不小于 6000 lb 的美国注册的民用飞机的运营人、从事少涉及公共运输的运营的人，将获得运行合格证。

B 分部：依据 FAR 121 部、125 部和 135 部不同运行类型的运行要求的适用范围：

119.21　从事州内公共运输的商业运营人和直接航空承运人。

119.23　使用飞机从事非公共运输的客运或/和货运的运营人

119.25　直接航空承运人和商业运营人使用旋翼机运行

C 分部：依据 FAR 121 部或 FAR 135 部运行的合格审定、运行规范和某些其他要求

119.31　适用范围

119.33　一般要求

119.35　所有运营人合格证的申请要求

119.36　商业运营人的合格证申请的附加要求

119.37　航空承运人合格证或运行合格证的内容

119.39　合格证签发或拒发

119.41　合格证的修订

9.1.7.2　部分所有权

部分所有权是一种把航空器的价值按比例分为若干份销售给个人拥有者的做法,其拥有在特定时期(按小时、天或周计算)使用航空器的权利。拥有者还可以通过航空器一般使用获得的收入分红来获利。

部分所有权在通用航空活动中有重要作用。

部分所有权计划遵守类似 FAA 提供给航空承运人的监督计划,航线检查和航路检查除外。

FAA 航空安全检查员定期或不定期对人员、航空器、记录和其他文档进行检查和监督以确保符合规章。

91 部 K 分部规定了部分所有权计划、计划经理和所有者的监管要求。本条例定义了计划和计划元素,分派了所有人和计划经理的运行控制职责和权限,并提供了增加部分所有权运行和维修安全性的要求。

不为部分所有权计划签发合格证,而是根据 FAR 91 部 K 分部签发管理规范。

9.1.7.3　运营人合格证

对按照 FAR 137 部"农用航空器运行"和 FAR 133 部"旋翼机外挂物运行"进行的特定航空运行签发运营人合格证。

FAR 91.147 条提供了运营人为获取报酬或租金,利用飞机或直升机进行直达载客飞行的另外一个例子,航空器起降在同一机场,飞行半径在机场 25 英里范围内。应根据 FAR 119.1(e)(2)条、FAR 135.1(a)(5)条或 FAR 121.1(d)条[12]进行飞行。

9.2 适航指令

为了维持产品的持续适航状态,除了常规行为之外,有时还必须介入一些非常规措施。

如果局方发现某航空器的不安全状态,例如,发动机、螺旋桨、零部件或安装的机载设备的缺陷,这种状态存在于或很可能发展到类似型号的航空器中,局方将签发适航指令。

适航指令是强制要求对某航空器采取行动以恢复可接受的安全水平的文件。

9.2.1 EASA 的适航指令

根据法令,局方对在欧盟成员国法规监管下设计、制造和使用的产品、零部件和设备的设计负责。在该背景下,其将要签发适航指令来确保此类产品、零部件和设备的持续适航性。为此,EASA 仅履行设计国的责任,或者注册国与此类产品、零部件和设备的设计相关的责任。因此,适航指令将发给受适航指令影响的设计批准书持有人。

将适航指令分发给航空器所有权人由注册国负责,而非局方的责任。

对于产品、零部件和设备,局方只履行注册国的设计责任,其政策是自动批准设计国签发的适航指令。当局方在设计国适航指令生效之日之前签发了不同的适航指令,上述政策将不再适用。

对于进口产品、零部件和设备的情况,通常原则是依靠设计国首先检测有无需要签发适航指令的不安全状态。

EASA 仅发布其自己签发的适航指令。

2008 年 3 月发布的型号设计流程(CAP)C. P006 - 01 包含了签发适航指令的流程。

9.2.2 FAA 的适航指令

FAR 39 部提供了 FAA 适航指令系统的监管架构。

FAA 签发三类适航指令:

(1) 立法建议通告(NPRM):标准适航指令流程是签发 NPRM,随后是最终规则。在发现某不安全状况后,会以 NPRM 的形式发布建议的解决方案,公示以征集公开意见。当意见期过后,考虑所有征集的意见,并附上根据意见做出的修订,然后发布最终规则。如果没有更改或没有收到评论,在最终规则适航指令的序言将进行说明。

(2) 请求进行评论的最终规则。在特定情况下,由于不安全状况的紧迫性,需要保证规则立即得到采用,而不进行预先通告和请求评论。这是对于标准流程的一个例外。如果必须采取终止行动之前的时间太短,无法公开征集意见(少于 60 天),那么一旦确认为无法实施时,就将签发立即生效的规则。立即采用的规则在《联邦注册报》发布,并请求进行评论。如果收到实质意见,则最终规则适航指令将做改变。

(3) 紧急适航指令。当存在不安全状态要求所有权人或运营人员立即采取行动时,签发紧急适航指令。紧急适航指令的目的是迅速纠正紧急的飞行安全形势。紧急适航指令可以采用传真、信件或其他方式发布。

当适航指令失效并由新适航指令取代时,新的适航指令意味着原适航指令不再生效。不需要符合已被取代的适航指令。

9.3 老龄航空器

老龄航空器也被称作"老化航空器"。

目前设计和制造的航空器可以使用很多年。如果在很长的使用寿命中,航空器要保持适航和安全运行状态,就必须依据制造商的建议运行,并通过合理的检查与维修得以照料。

下面将首先考虑运输类飞机,即最长寿的航空器[13]。

使用经验表明,老龄飞机在维修过程中需要更加谨慎和特别注意。有时,由于环境恶化、意外损伤和疲劳,要求对老龄飞机的结构件进行更频繁的检查。因此,制造商必须向运营人提供持续适航大纲,其中几乎飞机上的每个部件都涉及某种形式的保养、检查、维修、预防性维修、翻修、修理和/或更换活动。

通过持续适航保证运营的安全性,要求随着机龄增长而提高警惕。

维修信息需要不断更新。在所有权人/运营人之间应该信息公开,一旦有新情况出现,应该通知制造商和局方。这样的交流和合作有利于整个机队维持稳定的适航状态。

因此,制造商应该根据提高检查警惕性的需要制定发布建议,并更新持续适航大纲。同时局方将审查和批准这些大纲,最终签发适航指令予以执行。

同样重要的是,应该考虑飞机在与原定任务剖面完全不同情况下使用的可能性。例如,管线巡逻和训练运行等低空运行,将使飞机比高空巡航受到更严重的疲劳损伤。此外,飞机运行于比制造商的直接预计更短的距离时,导致每飞行小时起降次数增加,结果引起结构疲劳寿命的改变。

9.3.1 FAA 指导材料

背景。为了强调对老龄航空器的关注,1991 年 10 月,美国国会通过了公共法102～143 条第Ⅳ篇,名为《1991 年老龄航空器安全法案》。该法案指令 FAA 制定规章来保证老龄航空器的持续适航性。该法案还要求 FAA 对航空承运人用于航空运输的每架航空器的维修及其记录执行检查和评审。这些检查和评审工作的目的在于让 FAA 能确定老龄航空器对于航空运输运行是否处于安全状态,并为维持航空运输进行适当维修。该法案还要求 FAA 建立执行这些检查所遵循的程序。

除了对局方施加责任,该法案还指出航空承运人必须表明对其航空器的机龄敏感零部件的维修是适当和定期的,承运人必须保持其航空器及其手册都可供检查。

根据这些法定要求,FAA 发布了名为"老龄飞机安全性"的最终法规,其中明确了对某些飞机依据其使用时间进行强制性老龄航空器的检查,还规定了包含于某些航空器的维修和检查大纲中基于损伤容限的检查和程序要求。该法规还禁止某些飞机在规定期限后运行,除非基于损伤容限的检查程序包含于维修或检查大纲中,并且飞机依此大纲进行维修。实施这一要求,通过评估老龄飞机结构的损伤容限来保证航空运输中运行的老龄飞机的持续适航性。

《老龄飞机安全性》要求所有依据 FAR 121 部运行的飞机、所有在美国注册依据 FAR 129 部运行的多发飞机和依据 FAR 135 部定期运行的多发飞机,使用 14 年后都必须经过 FAA 的记录评审和检查,以此保证对飞机中机龄敏感零部件的维修是适当和定期的。

随后,FAA 签发了咨询通告 AC 91-56A《大型运输类飞机结构的持续完整性大纲》。适用于总重超过 75 000 磅,并依据 FAR 25 部的 25—45 号修订案之前的失效-安全和疲劳要求进行合格审定的飞机。

该咨询通告为运输类飞机制造商和运营人提供了指导材料,用于制订持续结构完整性大纲来保证老龄飞机在其使用寿命内安全运行。

该咨询通告提供的程序适用于依据 FAR 91 部 D 分部、FAR 121 部和 FAR 125 部运行的大型运输类飞机。

事实上,这些程序中值得注意的地方是,20 世纪 70 年代之前经合格审定的飞机必须符合的疲劳要求[14]远不如目前 JAR/FAR 25/EASA CS-25 和相关联合咨询通告(ACJ)、咨询通告(AC)等咨询材料中规定的疲劳要求严格。

该咨询通告除建议运营人、制造商与 FAA 相互交流外场服务信息以外,还涉及在分析、试验和/或服役经历前,制订补充结构检查大纲,指出了为维持飞机的结构完整性有必要明显增加检查和/或更改。如果缺少其他指导性资料,该大纲的执行启动应该不晚于机队中长时间或高循环飞机达到其设计使用寿命一半时。

因此,应该制订《补充检查文件》(SID)供 FAA 审查和批准。只要有其他信息显示有明确需要时,制造商应该修订该 SID 文件。

SID 大纲中对于拟评估的结构、所考虑损伤的类型(疲劳、腐蚀、使用和产品损坏)、检查和/或更改判据应该在适用程度上,与现行 FAR 25 部标准中关于损伤容限的原则一致。

上述咨询通告为 SID 的制订提供了指南。

咨询通告 AC 91-56A 已被 AC 91-56B 取代,适用于运输类飞机设计批准书持有人和运营人。本咨询通告还可用于正常、特技、实用和通勤类飞机设计批准书持有人和运营人。本指导可用于选择根据 FAR 23 部损伤容限要求,进行小型飞机合格审定的设计批准书持有人,和选择针对结构老化影响的非强制性运行保障,制订结构完整性计划的小型飞机设计批准书持有人和运营人。

已经提及的本咨询通告(AC 91-56A)的早期版本为根据民用航空条例 4b 或 25 部修订案 25—45 之前的防故障和疲劳要求进行合格审定的大型运输类飞机制订基于损伤容限 SSIP 提供指导。此类指导按惯例适用于大型运输机例如空客 A300;

英国宇航 BAC 1‐11;波音 B‐707/720,B‐727,B‐737,B‐747 等机型。对于这些型别,颁发批准实施基于损伤容限 SSIP 的咨询通告,此类飞机最大起飞总重大于75 000 磅。

除了这些机型外,本咨询通告(包含本修订)的早期版本,成功用于指导制订最大起飞总重小于 75 000 磅飞机的 SSIP。由于本指导已确定适用于小型飞机,本咨询通告修订版标题删除了术语“大型运输类”。

除了 SSIP 外本咨询通告还讨论了以下持续结构完整性计划的附加要素:

- 修理、替换和改装;
- 强制性改装大纲;
- 腐蚀预防与控制大纲;
- 修理评估大纲。

咨询通告 AC 120‐93《修理和替换的损伤容限检查》附录 4 中可以找到其他背景信息。

此外本咨询通告提供制订 SID 的指导。

9.3.1.1　老式飞机零部件和材料的替代

如今老式飞机需要增强安全性升级和改装,以保持航空器的持续适航性。此类老式飞机往往缺少 FAA 批准这类改装所需要的资料。

许多老式飞机不再获得原厂替换件,而经批准的复制替换件或零件原始资料(外形、装配和功能)很难找寻或已不存在。此外现在软管和织物的材料比老式飞机最初制造时使用的要好。

如何制作“正确的”替换件存在争议,通常缺少或没有适合安装在特定飞机型号上的替换件的说明文档,使得对许多替代进行批准变得困难。

咨询通告 AC 23‐27 提供了替代零件或材料的指导,以保持老旧或停产通用航空飞机,以及其他部件或材料难以或无法获得的通用飞机的安全性。

该咨询通告不包括安装的具体批准,但提供了收集 FAA 批准所需信息要遵守的指导。

9.3.2　JAA 指导材料

JAA 于 2002 年 12 月 6 日颁布了关于《老龄航空器结构的持续适航性》的管理指导材料。该文件为 JAA 或成员国提供指南,在发布规章之前推荐了一种适用于老龄航空器结构持续适航性的通用方法,以保证老飞机在其使用寿命内能够安全运行。该文件由一个 JAA 研究组—欧洲老龄航空器工作组 EAAWG 起草,与 FAA 合作回顾了现存发表的材料,目的是为所有运输类航空器提供一种跨越大西洋一致的方法。

之后,JAA 颁布了 NPA 20‐10,该 NPA 基于 EAAWG 达成的技术共识。FAA(起草)颁发的相关 NPRM 也在 1999~2002 年间做了最终修订。

在此 NPA 中的建议是为了对于 JAR 和 FAR 的(老龄)航空器结构持续适航性的要求形成共同的方法,以保持规章所提供的安全性,使其不低于局方和工业界都接受的水平。

JAR 25 部和 FAR25 部的协调和运行维修的通用方法的采用,最大限度减少了合格审定和维修活动的重复,从而节约了成本。

9.3.3　EASA 指导材料(GM)

AMC 20‐20 持续的结构完整性计划(生效时间:2007 年 12 月 26 日)

本 AMC 向型号合格证持有人、STC 持有人、修理批准书持有人、维修单位、运营人和主管当局提供指导,制订持续结构完整性计划确保老龄飞机在使用寿命内的安全运行,包括提供防止广布疲劳损伤的方法。

本 AMC 主要侧重于进行商业航空运输或根据 M 部维修的大型飞机,但本材料也可用于其他类型航空器。

9.4　延程飞行

此前已经介绍了运行的附加适航要求,即符合获得允许进行某类运行的适航证的要求。这些要求往往会在型号合格审定之后更改型号设计。

因为飞机是为这种特殊类型的运行设计,所以将在设计之初就考虑这一情况。

通常可以注意到不同型号的双发以上飞机以及双发飞机,可进行诸如跨越太平洋或大西洋的超长距离飞行。

目前波音和空客之间最激烈的竞争围绕新一代远程、双发飞机 A350 和 B787。

两台或更多台发动机从统计学上来说比一台好,但是远程飞行紧急情况的影响如何呢?

此问题是基于"延程飞行"(ETOPS)要求提出的。

前面章节曾提到,本书主要目的是对于基本概念的分析。因此将会介绍 FAA 咨询通告 AC 120‐42A 中的概念,并进行一些摘录(下一节中会指出相关的咨询通告 AC 条款编号)。

9.4.1　FAR 121 部　延程飞行(双发飞机延程飞行和极地运行)

9.4.1.1　总则

首先考虑 FAR 121.16 条(a)款。

121.161　飞机限制:航路类型

(a)除了本节(e)[15]所提供的,只有根据本部 P 附录获得局方批准,并在合格证持有人运行规范中予以批准后,合格证持有人方可在包含下列点的航路上使用涡轮动力飞机:

(1)对于双发飞机距适用机场[16](以一台发动机不工作时静态大气标准环境下的巡航速度计算)飞行时间大于 60 min,而对于双发以上载客飞机飞行时间大于 180 min 的航程;

(2)在北极地区内;

　　（3）在南极地区内。

延程飞行

　　自 1985 年以来，ETOPS 定义为"双发飞机延程飞行"的简称，并限定为遵守 FAR 121 部的双发飞机。现行条例将其延伸应用到所有根据 FAR 121 部和 135 部运行的载客飞机，简称为"**延程飞行**"。这意味着承认如今所有飞机都在进行的远程载客运行，以及影响此类运行的一些常见问题。

　　咨询通告 AC 120 - 42B 向合格证持有人提供获得依据 FAR 121.161 进行 ETOPS 运行批准的指导。FAA 可以准许双发飞机在以静态大气标准环境下经批准的一台发动机不工作时的巡航速度，距适合机场的飞行时间超过 60 min 的航路上进行 ETOPS。

　　FAA 还可以准许双发以上载客飞机在以静态大气标准环境下经批准的一台发动机不工作时的巡航速度，距适合机场的飞行时间超过 180 min 的航路上进行 ETOPS。

　　咨询通告还提供了获准依据 12 部在极地地区运行的指导。

　　本咨询通告 AC 120 - 42B 文件内容复杂，以下将叙述一些重要概念。

9.4.1.2　适用条例

　　要求依据 FAR 121 部运行的所有双发飞机和三发、四发载客飞机均符合 121.161。

　　特定机体发动机组合必须通过按运输类飞机适航标准进行的合格审定，并经批准可以进行 ETOPS。

　　飞机 ETOPS 合格审定指导包含在以下文件中。

FAR 21 部：21.4。

FAR 25 部：25.3，25.1535 和附录 K。

FAR 121 部：121.7，121.97，121.99，121.106，121.135，121.161，121.162，121.191，121.197，121.374，121.410，121.415，121.565，121.624，121.625，121.631，121.633，121.646，121.687，121.689，121.703，121.704，121.705 和附录 P。

FAR 33 部：71，201 和附录 A。

9.4.1.3　关于 ETOPS 的背景

　　1985 年发布的咨询通告 AC 120 - 42 和 1988 年发布的 AC 120 - 42A 认可了涡喷发动机可靠性的提高，并协助建立双发飞机进行安全可靠的远程飞行的型号设计和运行过程。由于双发飞机的技术和可靠性持续改善，很大程度上由于这些文件的要求，此类通常与三发和四发飞机有关的远程飞行变得相互兼容。与此同时，这项技术将双发飞机推向了远程飞行的舞台，支持此类运行的基础正在变化。政治和资金优势迫使许多偏远地区的军用和民用机场关闭或削减基本服务，这些地方历史上用来作为海洋和/或荒漠地区航路的备降机场。极地飞行的增加在创造经济效益的同时,也带来新的运行挑战。风险在于这些地区地势偏远,气候和地形恶劣,需要处理其独有的运行问题以保持运行具有等效安全水平。

这些问题严重影响了所有远程双发飞机依现行条例运行的可行性,此外还侵蚀了远程飞行的三发和四发飞机依靠的基本安全网。由于这些压力以及所有远程飞行共性的增加,数据显示 ETOPS 的要求和流程广泛适用于所有包括三发和四发飞机进行的远程载客飞行,并将改善此类运行的安全性和可行性。所有远程载客飞机,无论发动机数量如何都需要备降机场,以应对机上火灾、紧急医疗或灾难性减压。保证机场有足够的消防覆盖和计及减压的燃油计划,对于包括三发和四发的所有飞机而言是个合理的运行方式。最大允许转场和最坏情况计划应当考虑到飞机上所有与时间密切相关的系统。

与向双发飞机提供的 ETOPS 指导不同,还没有管理三发和四发飞机远程飞行的监管架构。

结果 FAA 发现所有距适合机场超过 180 分钟以上航程的载客运行,均需要采用很多基于合理安全性原则和多年运行的成功验证过的 ETOPS 要求。FAA 相应修改了 121.161 条以包括这些运行中双发以上的载客飞机。

9.4.1.3.1　规避和保护

ETOPS 的整个前提是避免转场,而如果将要发生转场,则有计划保护这种转场。根据这一概念,推进系统需设计并试验以确保空中停车率(IFSD)在可接受水平,其他飞机系统需设计并试验以确保可靠性。加强双发飞机维修工作,以更好地保持和监控对 ETOPS 重要的发动机和系统的情况。这些加强的维修工作设计作为 FAA 和工业界联合发展的重要因素,两者已采取积极步骤解决飞机系统和发动机问题,减小潜在的程序错误和人为错误,从而避免转场。

然而尽管有最好的设计、试验和维修工作,需要飞机转场的情况还是会发生。不管是由于技术(飞机系统或发动机相关的)还是非技术原因,合格证持有人必须拥有保护转场的飞行大纲。例如,该大纲必须包括确保驾驶员了解候选转场机场和天气情况(FAR 121.631),有能力与合格证持有人调度办公室和空中交通管制进行通信(FAR 121.122),并有足够燃油备降候选机场(FAR 121.646)。根据"规避和保护"的概念,需要考虑各种失效场景。例如在设计飞机时,考虑一些有时间限制的系统例如货仓火灾压制/包容能力。燃油计划必须考虑飞行中结冰情况下减压或发动机失效的可能。飞行前或飞行过程中向驾驶员提供这些场景下的最优选择。

9.4.1.3.2　ETOPS 的运行区域

FAR 121.7 中定义 ETOPS 运行区域为,以静态大气标准条件下飞机的一台发动机不工作时的巡航速度衡量,距离适合机场超过一定距离的区域。由于这些距离会对飞机转场时间有影响,需为此类运行建立计划、运行和装备要求进行监管指导。合格证持有人必须向 FAA 申请批准使用本咨询通告的方法,或 FAA 批准的其他方法在 ETOPS 区域运行。获得批准后,合格证持有人运行规范中要注明具体 ETOPS 运行区域的 ETOPS 权。

注:咨询通告为本主题提供了足够的指导。

9.4.1.3.3　ETOPS 的使用经验要求

1985 年第一次发布咨询通告 AC 120 - 42 时,双发 ETOPS 还是新概念,已经投入使用的机体发动机组合(AEC)试图获得 ETOPS 批准。因此建立基于使用经验的批准准则顺理成章。与此同时,FAA 认可其他没有使用经验而形成的批准方法的可能性,并提供相应承认这些方案的声明。

本咨询通告的附录 3 中保留并讨论了双发使用的基本要求。达到这些经验水平结合发动机可靠性要求的水平,是双发飞机运营人获得 ETOPS 批准的可接受的方法。

咨询通告 AC 120 - 42A 起草时,FAA 认可了减少双发使用经验要求,其他飞机使用经验作为替代也是可能的。所有的缩减基于评估合格证持有人,使得双发延程中特定 AEC 达到需要的可靠性的能力。例如,能够说明大量其他获得可接受可靠性的类似发动机的使用经验的合格证持有人,将会考虑使用经验的缩减。最终,FAA 制订的具体指导材料(AC 120 - 42A 附录 7 加速双发延程飞行批准)允许加速机体发动机组合中的使用经验。接下来大多数双发延程批准将根据这些指导和附录 3 保留的方法进行。

9.4.1.3.4　运行可靠性和系统适应性要求

远程飞行例如 ETOPS 的安全性取决于飞机包括推进系统在内的所有系统的可靠性。必须考虑有时间限制的系统,例如,货舱火灾压制/包容的能力(FAR 121.633)。合格证持有人还必须制订监控对 ETOPS 重要系统可靠性的计划(FAR 121.374)。

为获得和保持所需的发动机可靠性标准,用双发飞机进行 ETOPS 的合格证持有人应当评估所提的维修和可行性计划,判断保持特定机体发动机组合飞机系统可靠性水平的能力。

所需的 ETOPS 维修工作必须将潜在不利于运行安全的程序错误和人为错误降至最低。燃油计划必须考虑飞行中结冰情况下减压和/或发动机失效的可能(FAR 121.646)。

延程飞行时发生的系统失效或故障会影响机组人员工作量和流程。尽管可以增加对机组成员的要求,但遵守 ETOPS 型号设计批准的制造商必须考虑人员工作量、业务影响以及乘员和乘客的生理需要,尤其是在其获得批准的最长转场时间内失效影响下持续运行。

制造商还一定要进行飞行试验以确认飞机有充分的飞行品质和性能,机组成员有能力在预计的系统失效和故障情况下,安全进行 ETOPS 转场。ETOPS 运营人在对飞机设备或操作程序进行更改之前,应仔细考虑这些更改对批准该飞机进行 ETOPS 时进行的最初评估可能造成的不利影响。

9.4.1.4　ETOPS 授权要求

9.4.1.4.1　ETOPS 要求

FAA 可以根据 FAR 121 部附录 P 中规定的要求和限制批准不同区域的 ETOPS 运行。必须在合格证持有人运行规范中准许 ETOPS，并根据适用于 ETOPS 的 FAR 121 条款运行。

9.4.1.4.2　双发 ETOPS 授权的维修要求

运行双发飞机 ETOPS 的合格证持有人必须遵守 FAR 121.374 规定的 ETOPS 维修要求。

考虑进行 ETOPS 飞机的基本维修计划成为持续适航维修计划（CAMP），现在可以为非 ETOPS 合格证持有人批准特定制造商和型别的机身发动机组合。基本 CAMP 是包含基于制造商维修计划的持续适航指导（ICA），或包含合格证持有人运行规范中批准的维修手册的维修和检查计划。合格证持有人必须审查 CAMP 以确保其提供了足够制订 ETOPS 维修计划的基础。合格证持有人 ETOPS CAMP 必须包括作为附加要求吸收进基本 CAMP 的特定 ETOPS 要求。附加要求包括增强维修和训练过程，确保 ETOPS 飞机达到并保持 ETOPS 运行需要的性能和可靠性水平。

合格证持有人必须为涉及 ETOPS 的人员制订包含清晰指导的 ETOPS 维修文件。

合格证持有人还必须制订 ETOPS 离场前服务检查以核实飞机及重要部分是适航的并可进行 ETOPS。

9.4.1.4.3　ETOPS 维修培训要求

合格证持有人负责确保所有在 ETOPS 飞机上进行维修的维修人员，包括修理站、供应商和签约维修人员都接受了充分的、针对进行 ETOPS 的特定机身发动机组合的技术培训。

9.4.1.4.4　ETOPS 飞行要求

飞机性能数据。只有当飞行机组成员，和支持所有包括转场方案在内 ETOPS 运行的签派员可以使用性能数据后，合格证持有人方可签派飞机进行 ETOPS 飞行。

途中机场信息。根据 FAR 121.97，合格证持有人必须保持指定用作 ETOPS 备降机场运行能力的当前状态信息。

其他指导。咨询通告提供相关指导，包括如何签派飞机进行 ETOPS、飞行计划限制、备降机场需要的最低气象条件、必要的燃油供给、通信、签派/飞行放行等。

9.4.1.4.5　飞行训练要求

合格证持有人批准的 ETOPS 训练计划应当使飞行机组成员评估可能的推进和机体系统故障和失效以为转场决策做好准备。本训练的目标是培养飞行机组成员解决最可能发生的运行意外的能力。

注：咨询通告提供了训练计划特定 ETOPS 要求的列表。

FAA 审查训练和运行手册以核实手册提供信息的充分性。

9.4.1.5 申请进行 ETOPS

9.4.1.5.1 ETOPS 资格

为获得进行 ETOPS 的批准,合格证持有人必须满足以下条件:

(1)飞机。列在合格证持有人申请书内规定的机体发动机组合必须按运输类飞机适航标准经合格审定,并经过 ETOPS 批准。

① 双发。已经根据以前的 FAA 指导批准的机身发动机组合可继续用于符合 FAR 121 部的 ETOPS 运行,不需要依据 FAR 25.1535 重新进行合格审定。在 2007 年 2 月 15 日已有型号合格证的双发飞机,可以批准进行 180 min 的 ETOPS,无需满足 FAR 25.1535 中包含的燃油系统压力和流量、低燃油油量报警和发动机滑油箱设计要求。

② 多于两台发动机。用于 ETOPS 制造时间早于 2015 年 2 月 17 日的双发以上飞机,无需根据修订的 FAR 25.1535 型号设计批准进行 ETOPS。2015 年 2 月 15 日以后制造的双发以上飞机必须符合 ETOPS 型号设计要求。

(2)飞行和维修要求。合格证持有人必须表明符合本咨询通告讨论的飞行要求和维修要求。

(3)训练要求。合格证持有人应当表明其训练人员实现 ETOPS 的能力,并且必须表明符合本咨询通告中讨论的飞行和维修训练要求。

(4)ETOPS 批准要求。FAA 批准申请人进行双发 ETOPS 运行之前,合格证持有人必须能够证明 ETOPS 批准使用的机体发动机组合(121 部附录 P),可以达到和保持所需的推进系统可靠性水平。

合格证持有人还必须证明其能够以与其预定的运行相应的可靠性水平运行特定机体和其他飞机系统。可以直接参照成功的服役运行历史,或根据本咨询通告附录 3 的加速 ETOPS 申请方法成功使所有需要的流程生效。

(5)加速 ETOPS 申请。根据加速 ETOPS 申请方法向 ETOPS 当局申请投入使用的首次运行合格证申请人,必须符合与本咨询通告概述的合格证持有人相同的要求。应当理解确认一个没有过往运行经验申请人,应当比确认一个有运行经验的合格证持有人所必须完成的工作更加费事。

9.4.1.5.2 ETOPS 授权的申请

9.4.1.5.2.1 双发飞机

(1)180 min 以内 ETOPS。请求 180 min 以内 ETOPS 的双发飞机申请人,可以下列两个申请方法中选择一个最适合他们提议的运行的方法(见附录 3):

① 使用经验法;

② 加速 ETOPS 法。

(2)180 min 以外 240 min 以内 ETOPS。只有当合格证持有人申请运行的机体发动机组合已经有 180 min ETOPS 运行授权,FAA 才可同意 180 min 以外的 ETOPS。

(3)240 min 以外的 ETOPS。局方仅同意双发飞机运营人在具体城市对之间进行。合格证持有人必须至少连续 24 个月获得 180 min 或以上授权运行,其中至少连续 12 个月申请的机体发动机组合获得 240 min ETOPS 授权。

9.4.1.5.2.2 双发以上载客飞机

请求双发以上飞机进行 180 min 以外 ETOPS 运行的合格证申请人没有最低使用经验标准。此类申请人将根据加速 ETOPS 法寻求批准。

9.4.1.5.3 确认飞行

在批准合格证持有人在授权运行区域,运行特定机体发动机组合的 ETOPS 之前,FAA 将要求在运营人申请要求中指定的 ETOPS 运行区域内的合格证持有人打算运营的建议航路上进行实际确认飞行。

根据合格证持有人进行 ETOPS 的经验水平和打算用来运行的航路,FAA 将决定需要的确认飞行次数,以及确认飞行进行的方式。

9.4.1.6 FAA 的 ETOPS 批准

9.4.1.6.1 ETOPS 运行规范

成功完成确认飞行后,飞行标准司将批准颁发合格证持有人运行规范,其中至少包括涵盖以下 ETOPS 运行授权和限制:

(1)经批准的机体发动机组合;

(2)当前批准的 ETOPS 所需 CMP(构型、维修和程序)标准;

(3)获准运行的地理区域;

(4)ETOPS 运行区域;

(5)获准使用的机场,包括备降机场和相关仪表进近以及运行最低气象条件;

(6)经批准的 ETOPS 维修和可靠性大纲,包括适用时型号设计批准的 CMP 标准中规定的项目;

(7)用制造商、型别、系列和注册号对获准进行 ETOPS 的飞机的标识。

9.4.1.6.2 获得 ETOPS 授权后的流程

FAA 一直在监测全球已获准进行 ETOPS 的机体发动机组合的双发平均空中停车率,以确保 ETOPS 达到的可靠性水平保持在需要的级别,在没有维持可接受可靠性水平的情况下,或者在型号设计或进行 ETOPS 运行时发现重大缺陷,则将采取适当的行动。

9.4.1.7 极地运行

9.4.1.7.1 定义

定义北纬 78°以北的整个区域为北极地区,定义南纬 60°以南的整个区域为南极地区。

9.4.1.7.2 适用范围

航路包括以上定义的北极或南极地区中任何一点运行的飞机的合格证持有人,必须遵守 FAR 121 部附录 P 第Ⅲ节的要求。

9.4.1.7.3 极地的要求

申请获准飞过极地地区的合格证持有人,必须按适用情况为北极/南极地区所有极地飞行制订适当的准备计划。咨询通告记载了附加要求,认定了设备和飞机构型要求,作为 ETOPS 授权所讨论要求的补充。

9.4.1.8 附录

附录 1:定义

附录 2:ETOPS 批准

121 部附录 P 允许合格证持有人寻求不同级别的 ETOPS 批准(75,90,120 分钟等)。本附录概述了每个批准级别的细节,并打算提供符合 121 部附录 P 要求的进一步指导。

附录 3:ETOPS 批准的方法

本附录描述了两种不同的批准方法供合格证持有人使用。

(1) 使用经验法(双发 180 min 以内 ETOPS)。

(2) 加速 ETOPS 法(双发飞机 180 min 以内 ETOPS,和双发以上载客飞机所有 ETOPS)。

9.4.2　FAR 135 部的 ETOPS

FAA 在 2007 年 1 月 16 日发布了 ETOPS 最终规则,命令生效日期为 2008 年 8 月 13 日。

FAR 135.364 现在规定,"在 2008 年 8 月 13 日以后,只有当 FAA 根据本部附录 G 延程飞行(ETOPS)批准运行,合格证持有人方可在美国本土外距离适合机场的飞行时间(以标准条件下静止大气中一台发动机不工作的巡航速度计算)超过 180 min 的计划航路上,运行除双发以上全货型外的飞机。"

FAA 在 2008 年 6 月颁发了咨询通告 AC 135 - 42《北极地区延程飞行(ETOPS)和运行》,向合格证持有人提供获得根据 FAR 135 部进行 ETOPS 运行批准的指导。FAA 可以授权在以静态大气标准环境下经批准的一台发动机不工作时的巡航速度,距适合机场的飞行时间超过 180 min 的航路运行。此咨询通告还提供了在北极地区根据 FAR 135 部获得授权进行运行的指导。

注:咨询通告的基本准则和 9.4.1 条中已经讨论的内容相似。接下来将仅叙述 FAR 135 部特有的概念。

9.4.2.1 背景(本咨询通告第 2 章)

9.4.2.1.1　ETOPS 规章要求

规定的机体发动机组合必须经过按运输类飞机适航标准进行的合格审定,并得到批准才能进行 ETOPS。但是 FAR 135 部附录 G 允许 2015 年 2 月 16 日前制造的飞机,不受 ETOPS 型号合格审定要求的限制。另外,合格证持有人必须根据 FAR 135 部获得 ETOPS 批准。

9.4.2.1.2　适用于 FAR 135 部远程飞行的 ETOPS

FAA 和工业界对根据 FAR 135 部运行的涉及远程飞行的事故和时间的分析,表明此类运行在没有航程管理限制的情况下,以高安全性水平进行了很多年。2007

年 2 月 15 日以前没有公布任何附加条例。最近几年一些制造商生产出航程完全超出距离机场 180 min 的新型飞机。因此,此类飞机运行与以 FAR 121 部批准三发和四发大型飞机为代表的远程飞行相兼容。因为其最大商载和座位数较少,尽管具有远航能力,这些飞机还是要根据 FAR 135 部授权运行。

9.4.2.1.3　ETOPS 的运行区域

ETOPS 运行区域是指所批准进行的运行中,经授权 ETOPS 最长转场时间内的区域。对于根据 135 部运行的多发飞机的描述为,以静态大气标准环境下经批准的一台发动机不工作时的巡航速度,距离适合机场的飞行时间在 180 min 以外,240 min 以内的区域。因为这样的距离会对飞机转场时间产生影响,所以为此类运行的飞行计划、运行和装备要求建立了管理指导。合格证持有人必须向局方申请获得批准使用本咨询通告中的方法在 ETOPS 区域运行,并在其运行规范中获得在具体的 ETOPS 运行区域内的 ETOPS 权。

合格证持有人一般会根据计划航路的分析,以及足以支持 ETOPS 条例运行要求的机场的可用性,申请特定的 ETOPS 运行区域。

注:咨询通告的第 2 章还提供了以下信息:

ETOPS 风险管理和安全性水平;

ETOPS 可靠性和系统适用性要求;

规避和保护;

ETOPS 备降机场要求;

ETOPS 使用经验;

还可以在以下章节中找到 FAR 121 部 ETOPS 的基本理念:

第 3 章　ETOPS 授权要求

第 4 章　ETOPS 飞行计划

第 5 章　ETOPS 实施申请

第 6 章　FAA 批准

9.4.2.2　附录

附录 1:定义

附录 2:ETOPS 申请检查单

附录 3:根据 FAR 135 部的极地飞行

9.4.3　JAR‐OPS 的 ETOPS

以下将对 JAR‐OPS 1 的要求进行摘录。

9.4.3.1　JAR‐OPS 1.246 双发飞机延程飞行(ETOPS)

(a) 只有当局方批准以后,运营人方可在 JAR‐OPS 1.245 规定的门限距离以外进行运行。

(b) 进行 ETOPS 飞行之前,运营人应该确保 ETOPS 航路上有适当的备降机场，它在经批准的转场时间内，或在依据该飞机最低设备清单（MEL）生成的可用性状态确定的转场时间内，取其中较短者。（参见 JAR－OPS 1.297(d)）

9.4.3.2　JAR－OPS 1.245 未获 ETOPS 批准的双发飞机距适用机场的最大距离

（a）只有当局方根据 JAR－OPS 1.246(a)（ETOPS 批准）专门批准后，运营人方可运行双发飞机在远于适当机场的航路点上运行。

条款规定了不同性能级别[18]、最大重量和乘客数量的飞机，一台发动机不工作的情况下，60/120/180 min 内的最大飞行距离，IEM－OPS 1.245(a) 中进行了概述，见图 9.1。

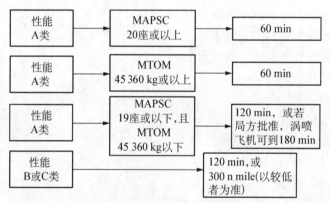

IEM－OPS 1.245(a)
对双发飞机，在没有 ETOPS 批准时，距适合机场的最大距离
参见 JAR－OPS 1.245

注：
MAPSC—最大批准客座数布局
MTOM—最大起飞质量

图 9.1　IEM－OPS 1.245(a)的概要

9.4.4　EASA 的 ETOPS

OPS 1 收录了 JAR－OPS 1，因而 9.4.2 节所述依然有效。

9.4.4.1　EASA NPA 2008－01《双发飞机延程飞行 ETOPS 合格审定和运行（AMC20－6）》

FAA 前任规章主管在 2000 年指定 JAA ETOPS/LROPS 特别工作组，对适用于 ETOPS 运行的条例材料进行制订、增强和改进以满足现代要求。从那之后，JAA ETOPS/LROPS 特别工作组进行了大量的的工作，此项工作的成果是为现行 NPA 奠定了基础。

这份发布于 2008 年 3 月 6 日的 NPA 目的是，向寻求双发飞机 ETOPS 批准的申请人,提供适航、持续适航和运行考虑方面的增强和现代化改进,特别是对以经批准的一台发动机不工作速度,距离适合机场转场时间在 180 min 以外的申请人增加了额外的要求。还引入了"早期 ETOPS"和"加速 ETOPS"的新概念[19]。

NPA 没有提到三发飞机和四发飞机延程飞行的概念。

9.5　外国航空器的安全性评估

本章中将考虑 EASA 和 FAA 规定的关于飞行安全性的要求,特别提到了航空承运人。

全球民用航空交通的快速发展和航空公司运营商的迅速增多,要求局方不仅要严格管理国内的运行人,还要管理好在其境内运行的外国航空器。

根据《国际民用航空公约》(芝加哥公约),每个国家对其国内航空承运人的安全监管负责。其他国家只能进行特定的监督工作,主要包括对航空器所需文件和物理状态的检查。

多数局方在很久以前就已经主动采取行动。为了解释这个概念,将会给出来自 JAA"外国航空器安全性评估"的摘录。

9.5.1　外国航空器安全性评估

本节描述了欧洲委员会制订的欧洲共同体"外国航空器的安全性评估计划" (SAFA)以及 EASA 在其中担当的角色和职责。

9.5.1.1　国际要求

国际民用航空是由《国际民用航空公约》(通常称为《芝加哥公约》)管理的。根据此公约,作为联合国下属的特别机构,国际民用航空组织(ICAO)规定了国际民用航空的最低标准和推荐做法,公约的 18 项附录中包含了此类标准。各个国家仍然有权管理其航空工业,但必须考虑公约要求以及 ICAO 设立的最低标准。

在 18 个附件中,有 3 个附件列出了适用于航空公司的主要标准[20]。

- 附件 1 涉及包括飞行机组成员的人员执照颁发;
- 附件 6 涉及航空器的运行;
- 附件 8 涉及适航性。

实施附件 1 和附件 8 的职责取决于注册国,即飞机进行注册的国家。实施附件 6 的职责取决于运营人所在国,即航空公司所在的国家。由于航空公司倾向于使用在其自己国内注册的航空器,运营人所在国往往和注册国是相同的。

在过去的 10 年左右时间里,空中交通的显著增长使很多国家根据芝加哥公约监管航空公司时,负担进一步加重。为了保持体系内的信任,以及保护生活在机场周围或搭乘第三国飞行器旅行的欧洲公民的利益,欧盟指出了在其境内有效执行国际安全标准的必要性。通过对降落在成员国机场的第三国飞行器执行停机坪检查来做到这一点。"第三国飞行器"的官方定义是不在欧盟成员国主管当局控制下使用或运行的航空器。

计划的原理很简单:在每个欧盟成员国和加入 EASA 的具体"SAFA"工作安排的国家[21],可以检查第三国航空器。此类检查要遵循所有成员国公认的流程,然后以公认的格式公布检查报告。如果检查出现了重大异常,那么航空公司和监督当局将会着手进行处理。如果异常会对安全性造成直接影响,那么检查人员会在允许航空离开前采取纠正措施。

所有汇报数据集中存储在 EASA 建立的计算机数据库中。数据库还保存了补充信息,例如实施下一步检查的行动表。EASA 定期对数据库中保存的信息进行审查和分析,所有认定的潜在安全危害将告知欧盟及成员国。代表欧盟并与之密切合作的 EASA 将制定质量标准,旨在获得专门针对 SAFA 检查重点的方法。尽管对第三国航空器进行检查是一项法律义务,但不反对成员国检查其他参与欧盟 SAFA 计划的成员国航空公司。

需要强调的是,SAFA 检查仅限于现场评估,并不能替代适当的管理监督。停机坪检查作为指标性信息,但其不能保证特定航空器的适航性。

9.5.1.2　被检查的航空器和运营人

参与欧盟 SAFA 计划的成员国监管当局选择要检查的航空器。部分当局实行随机抽查的方式,而其他当局试图针对怀疑不符合 ICAO 标准的航空器或航空公司进行检查。这两种情况下,只有很小部分进入该国运行的外国航空会被检查。

根据每个成员国的第三国航班量和可提供的检查员人数,每年的检查量会在相对较少到几百之间变动。

检查项目可以包括:

(1) 驾驶员执照;

(2) 驾驶舱应备的程序和手册;

(3) 驾驶舱和客舱中飞行机组和客舱机组安全设备与流程是否相符;

(4) 航空器装载的货物;

(5) 航空器技术状况。

SAFA 停机坪检查中使用到 54 个检查项目的检查单,由于着陆到起飞这段时间(周转时间)不能够完成全面检查,只能检查部分项目。SAFA 的政策是除非存在安全隐患,否则不能延误航空器。

这项计划作为 ECAC 自愿计划在 1996 年启动,成员国已进行了了 37 000 次检查(截止 2007 年 2 月)。

9.5.1.3　结果

很显然,所有主要调查结果要立即向所有有关的部门通报。在发现比较严重问题的情况下,执行停机坪检查的 ECAC 成员国的监督当局将会联系航空公司所在国的相应机构,传达调查结果并要求采取任何必要的纠正措施。监督当局还要通知航空器机长和航空公司总部。

当调查结果直接影响到航空器、机组成员和乘客的安全时,在飞机起飞之前国家监管当局可以要求立即采取纠正措施。如果改正缺陷需要很长时间，或需要在其他机场进行，国家监管当局可以与负责相关航空器运行的国家，或航空器注册国协调，决定批准转场飞行（不装载乘客和货物到特定目的地的飞行），并规定允许航空器飞至特定机场的必要条件。

一般情况下，执行检查的国家需要向其他欧盟成员国和欧盟传达所有检查结果。只要检查发现存在潜在安全威胁，或航空器不符合国际安全标准并可以构成潜在安全威胁，需要立刻向每个欧盟成员国和欧盟传达检查报告。根据 2111/2005 号条例（建立服从欧盟运行禁令的欧盟航空承运人名单）并基于各种其他信息来源，欧盟可以决定欧盟内的运行禁令。

9.5.1.4　进一步信息

欧盟 2111/2005 号条例《建立服从欧盟运行禁令的欧盟航空承运人名单和告知航空运输乘客航空承运人身份》提供了相应条款，凭借此决策流程判断是否以安全原因禁止欧洲空域的某条航线。

了解了欧洲的状况后，接下来关注大西洋彼岸所面临的问题。出于这个目的，摘录了 FAA 国际航空安全评估（IASA）。

9.5.2　国际航空安全性评估（IASA）

FAA 在 1992 年 8 月通过公共政策制订了 IASA 计划。FAA 的外国评估计划关注的不是单独的航空承运人，而是某个国家遵守联合国航空技术机构，即国际民用航空组织（ICAO）建立的国际标准和推荐做法的能力。

9.5.2.1　IASA 计划概述

1991 年中期，FAA 开始针对这些问题制订计划，该计划包括了对 12 个寻求出入美国许可的航空公司所在的国家进行访问。经过试行期后，成果使得 FAA 认识到有必要正式制定 IASA 计划。IASA 的目的是保证所有抵达或离开美国的外国航空承运人都能获得适合的许可，并得到遵循了 ICAO 标准的主管民用航空当局（CAA）的安全监督。

9.5.2.2　IASA 流程概述

一个主权国家的航空承运人若想通过外国航空运输运行进入美国境内，必须依据联邦航空法向运输部递交外国航空承运人许可证申请书。

与国际法一致，FAR 129 部中规定了进入美国境内运行的特定安全要求。FAR 129 部规定承运人必须符合《国际民用航空公约》附件 6（航空器运行）第 1 部（国际商用航空运输）的安全标准。在运输部签发外国航空承运人许可证之前，会通知 FAA 有关申请的情况，并要求 FAA 评估具体 CAA 为其国际航空承运人提供安全性合格审定和持续监管方面的能力。

当运输部已告知一份待定的外国航空承运人申请的时候，如果 FAA 没有对该国安全评估监管能力做出正面评价，FAA 飞行标准司将指定适当的国际驻地办事处到申请人所在国 CAA 进行 FAA 评估访问。

一旦完成评估访问,FAA 评估小组会返回美国编写调查结果。设在华盛顿特区的总部会尽快地把关于评估结果的适当通知告知 CAA 和其他美国政府官员。

如果确认某个 CAA 能够履行《芝加哥公约》规定的最低安全职责,FAA 会向运输部递交一份正面推荐建议。如果有暂停审批的外国承运人申请,运输部会签发要求的经济性批准,FAA 则签发运行规范批准该承运人开始抵达或离开美国的运行。

如果发现目前从事到美国业务的航空承运人所在国家的 CAA 不满足 ICAO 标准,FAA 会正式要求与该 CAA 磋商。其目的在于在一定程度讨论所发现的情况,并找到不满足 ICAO 附件的错误的迅速纠正方法,保证其航空承运人能够继续开展到美国的业务。在磋商阶段,该外国承运人开始的从该国到美国的运行被冻结在现有水平。

FAA 还会加强对这些承运人在美国期间的监督检查(停机坪检查)。如果在磋商阶段发现的缺陷不能在合理的时间内得到纠正,则 FAA 会通知运输部该国承运人不能得到可接受安全水平的监管,并建议运输部吊销或暂停其经济性运行批准。

在完成评估访问、磋商(如果需要)和通知后,FAA 会公开发布这些评估结果。

FAA 规定,其 IASA 计划中关于安全监管缺陷的调查结果必须告知给所有美国公民,使他们选择国际航班时能做出有根据的选择。

FAA 计划定期重访在美国运行的航空承运人所在国家的 CAA,保持全面了解这些国家对 ICAO 规定持续符合的方法。如果 FAA 认为有理由相信某个 CAA 没有达到 ICAO 的最低标准要求时,则有必要随时进行重新评估。

目前,约有 600 个外国航空承运人在美国境内运行,大约 103 个国家或区域性国家联盟对其航空承运人负有监管职责,其航空承运人目前已经在美国运行,申请向美国运行或是与美国航空承运人共享代码。截至 2008 年 12 月 18 日,已经公开了完成的 101 个国家 CAA 评估结果。

最初的结果表明这些国家中约 2/3 没有完全符合 ICAO 的标准。FAA 评估中发现的典型缺陷通常属于重大的范围,这些缺陷与 ICAO 过去所发现的基本一致。主要缺陷包括:

(1) 规章立法不充分和在某些领域缺失。

(2) 咨询文件匮乏。

(3) 有经验的适航人员短缺。

(4) 对适航相关的重要项目缺少控制,例如适航指令的签发和执行、最低设备清单和使用困难报告调查等。

(5) 缺少足够的技术资料。

(6) 没有航空承运人合格证(AOC)体系。

(7) 不符合航空承运人合格证体系的要求。

(8) 缺乏或缺少足够训练有素的飞行运行检查员,包括缺乏型号等级。

(9) 空勤人员所用公司手册缺乏更新。

（10）熟练程度检查程序不充分。

（11）训练有素的客舱乘务人员不足。

FAA 在美国对外国承运人的停机坪进行检查时，也发现了一些同样的缺陷项目。其列表很长但并不详尽，列表还指出了一个长期存在的安全监督问题，一些 ICAO 成员国需要将该问题告知其本国的 CAA。在这些国家 CAA 的承运人可以运行定期出入美国的运行前，这些问题必须得到纠正。

预期成果。FAA 致力于确认各个国家按照 ICAO 的规定履行其职责，为每个进入美国的航空承运人提供适当的监管。该计划的持续执行将减少安全相关问题，包括事故、事故征候，并提高公共安全水平。

9.5.3　一般说明

前面介绍了美国和欧洲处理同一问题的两种不同方法。欧洲的 SAFA 虽然有用，但不是安全问题的解决方案。JAA 在其解释中坦承"停机坪检查无法保证特定航空器的适航性"。

的确，想象一下，在夜间有限的时间内对一架文件用俄文（或中文）编写的东方航空器进行检查的情形，因为"SAFA"的政策是不耽误航空器运行，除非有安全原因。

FAA 的方法（至少从理论上）更协调。

飞行安全性的基础是符合"安全底限"，也就是 ICAO 标准和推荐做法（SARPs）。必须通过国家航空管理机构（假设有必需的能力和组织机构）对航空承运人进行合格审定和监督证明这种符合性。

管理机构的能力和组织是约束航空承运人遵循 ICAO 规则的关键。这就是为什么 FAA 要（基于 ICAO 规则）评估管理当局的能力，而不是基于强力组织的航空承运人的组织机构。尽管可以依靠相当数量的国家当局适当合作以履行类似 IASA 的职能，但至少在本书撰写时 EASA/ECAC 还不存在这样的组织。

FAA 还为一些从适航观点出发组织较差的国家提供支持，当然仅对有航空公司试图寻求批准抵达或离开美国的国家。

但是，商用航空器的事故数量使得问题更加紧急，这场危机不仅关系到欧洲和美国，更是全球性的。

必须指出，目前只要有足够的资金，在全球任何国家建立航空公司，比"创建"有效的航空管理机构更简单。这样机构需要多年的基础，有时候还需要外部支持来得到所需的专业技术，对发展中国家而言这并非易事。此时，当这些国家的航空器在全世界飞行时，指责这些国家的管理当局是毫无意义的。

如果相关航空管理机构不能履行其职责，应该委托外部能胜任的航空管理机构，或依据 ICAO 提案委托给某个安全监督组，在国家群之间共享其资源。

由此可见，只有在航空管理局的合格审定和监管下，才允许航空公司运营人进行运行。当然，应当与 ICAO 协调，肯定能够找到适合的法定方式。

9.6 安全性管理系统

注:经 ICAO 许可,以下有关安全性管理系统(SMS)的概念引自 ICAO《安全性管理手册》(Doc. 9859)256 页。

正如在本书其他部分中所提到的,摘录的目的是提供有关问题的总结性参考和一般信息。建议养成阅读完整原文的良好习惯。

9.6.1 总则

本书中讨论的所有内容都是基于"安全性"概念,这个概念在第 1 章中被定义为"没有危险"。在 ICAO 安全性管理手册(Doc. 9859)的帮助下可以更好地解释这一概念。

安全性可以有不同的含义,例如:

- 零事故或零严重事故征候(广大乘客持有的普遍观点);
- 无危险,即那些引起或可能引起伤害的因素;
- 航空单位的雇员对不安全行为和状态的态度;
- 避免差错;
- 规章的遵守。

自航空诞生之时起,降低事故和事故征候[22]的努力是非常有效的,但百分百的安全性是一个无法达到的目标。因此,依据 ICAO 手册:

安全性是一种状态,即在该状态下,通过危险识别和**安全性风险管理**的持续过程,使危及人员或财产的风险降低、保持在或低于可接受的水平。

历史上,航空安全性聚焦于对复杂性不断增加的规章要求的符合性。这导致仍然普遍存在的观念,即认为只要遵守了规则,那么就能保证安全性,并且对所需规则的偏离将导致安全性的崩溃。

我们不否认遵守规章的重要性,但随着航空运营复杂性的增加,其作为安全性主要支柱所逐渐表现出来的局限性,已经被不断地认识到。

事故调查形成的安全性建议,几乎完全是针对特定的、被证明导致安全性破坏的即时安全性问题。却很少强调危险状态,虽然在所调查的事件中有所提及,但并没有提及原因,即对不同环境下的航空运营存在潜在的破坏可能。

虽然这个看法在识别发生了什么、谁做的和何时发生等方面非常有效的,但它在揭示为什么和怎么发生方面却几乎无效。

如果忽略在实现各自任务时的运营竞争现象,则人为因素的理论也可能是无效的。由此,安全性必须从一个系统的角度加以审视。系统中应包括组织的、人为的和技术的因素。

　　基本原则是根据对日常运行数据的收集和分析,采用安全性管理的企业式方法。这个安全性的企业式方法构成了 **SMS** 的基本原理。最简单的说法,**SMS** 是企业管理措施在安全性管理上的应用。

　　依据 ICAO 的建议,成员国应保证航空器运营人、航空维修单位、航空运输服务供应商和机场采用 **SMS**。

　　ICAO 手册(Doc. 9859),一个共 264 页的文件,其目的向各国提供:

　　(1) 安全性管理概念的知识,包含在 ICAO 附件 1、6、8、11、13 和 14[23] 以及相关指南中的关于安全性管理的 SARP;

　　(2) 指导如何接受和监督实施那些符合相关 ICAO SARP 的 SMS 关键部分;

　　(3) 指导如何开发和实现符合相关 ICAO SARP 的国家安全性计划(SSP)。

　　《芝加哥公约》的签署国应负责 ICAO SARP 的实施。这些 SARP 涉及其所负责的飞行运行、空域和导航服务以及机场。通常,这些职责包括管理职能(执照颁发、合格审定等)和保证遵守规章要求的安全性监督职能。

　　各个国家必须为其辖区内航空系统的安全性,制定法律规定。

　　然而,每个国家仅是整个全球航空系统中的一个组成部分。从这个意义上来讲,各国也有责任去满足这个国际大系统的要求。

　　附件 1, 6, 8, 11, 13 和 14 包括了对各国建立 SSP 的要求,以实现一个可接受的民用航空安全性水平。SSP 是一个各国进行安全性管理的管理系统。

　　SSP 被定义为一整套以提高安全性为目的的规章和行动。它包括各国必须执行的专门安全性行动,以及各国为支持实现其职责而公布的规章和指令。这些职责涉及各国在各自境内的航空活动的安全及有效提供。

　　正确理解 SSP 和 SMS 之间的相互关系,是在各国范围内实施一致的安全性管理行动的基础。这种相互关系可以用以下简单形式加以表述:

　　各国负责发展和制定 SSP,而服务供应商负责发展和制定 SMS。这是非常重要之处:不预期国家去开发 SMS;SSP 更适合实现相应的任务。尽管如此,国家,作为其 SSP 行动的组成部分,对服务供应商 SMS 的开发、实施和运行性能,负有认可和监督的责任。

9.6.2　理解安全性

　　正如前文所述,安全性是一种将伤害或破坏的风险限制在一个可接受水平的状态。在发生明显违反安全性的事件,例如,事故或事故征候,或在某个实际安全性事件发生之前,通过正式的安全性管理计划,可以在主动鉴别之后,使得那些导致风险的安全性危险变得更为明显。在识别了一个安全性危险后,必须评估相关的风险。基于对风险本质的正确理解,可以确定风险的可接受性。对那些被认为不可接受的风险,必须采取措施。

　　为了使人员生命损失、财产破坏以及经济、环境与社会的损失最小化,安全性管理围绕于一个危险识别和风险管理的系统的方法。

9.6.2.1 危险

危险识别和安全风险管理是涉及安全性管理,尤其是 SMS 的核心流程。

传统的系统安全性和当今的安全性管理之间的区别在于,因为系统的工程技术基础原因,系统安全性大部分关注的是系统技术层面和部件的安全实现,而略微以付出人的因素为代价。另一方面,安全性管理建立在系统安全性的定理上(危险识别和安全风险管理),并且拓展了视野范围,将人为因素和人员效能作为在系统设计和使用期间的关键安全性因素。

危险和安全性风险的区别时常是引起困难和混淆的根源。为开发安全性管理相关的和有效的措施,有必要对什么是**危险**和什么是**安全性风险**有一个清醒的认识。清醒认识这两者之间的区别,对实施安全性管理也是极为重要的。

危险被定义为有**可能**引发人员伤害、设备或结构破坏、材料损失或使完成预定功能的能力降低的一种状态或事物。

危险并不一定对一个系统的组成部分造成破坏或负面影响。**仅当提供服务**所用系统的运行面临危险时,它们潜在的破坏可能性才可能成为安全性的关注点。

让我们举一个简单例子:风是一种危险。这是一种可能引发人员伤害、设备或结构破坏、材料损失或使完成预定功能的能力降低的一种状态。20 级的风,它自身并不一定存在航空运行期间的破坏可能。事实上,直接吹向跑道上的 20 级风,将有助于提高航空器起飞的性能。然而,当 20 级风沿跑道的 $90°$ 方向吹过起降的跑道时,它变成一个侧风。只有此时,即系统的运行(航空器的起飞或降落)面临该危险时,它的潜在破坏性才成为安全性的关注点。

危险的潜在破坏性通过一个或多个因果关联而成为现实。在上面的侧风例子中,危险的后果之一是侧风可能使航空器横向失去控制。进一步较严重的结果可能是横向偏离跑道。一个更严重的结果可能是损坏起落架。

危险可以被归为三个一般系列:自然危险、技术危险和经济危险。

自然危险是提供服务的相关运行所在地或所处环境的后果。

技术危险是能源(电、燃料、液压、气压等等),或涉及提供服务的运行所需的安全关键功能(硬件失效、软件故障、警告等等的可能性)的后果。

经济危险是提供服务的相关运行所处的社会政治环境的后果。

危险可以在实际安全性事件(事故或事故征候)的事后被识别,或可以在它们促使安全性事件发生之前,通过危险识别的主动和预测的流程加以识别。存在多种已经识别的危险源。一些危险源来自组织的内部,而另一些则源自组织的外部。

可用于组织内部危险源辨识的实例,包括飞行数据分析、公司自愿报告系统、安全性调查、安全性审核、正常运行监测计划、趋势分析、来自培训的反馈和事故征候调查和后续跟踪。

可用于组织外部危险源辨识的实例，包括事故报告、国家强制性事件报告系统、国家自愿报告系统、国家监督审核和信息交换系统。

9.6.2.2　安全性风险

安全性风险被定义为用危险结果的预测概率和严重程度来表示的评估。这个评估被作为最坏预测情况的参考。

利用前面侧风的例子，可以发现，所建议安全性风险的定义允许将安全性风险和危险及其结果关联，由此使得危险—结果—安全性风险中的循环得以闭合：

（1）横向直接吹过跑道的 20 级风是一个危险；

（2）在起飞或着陆期间驾驶员可能无法控制航空器而导致横向偏离跑道，是危险的结果之一；

（3）用概率和数字字母反映严重程度的形式，表示对横向偏离跑道结果的评估，即为**安全性风险**。

9.6.2.2.1　安全性风险管理

安全性风险管理是一个通用术语。它包含安全性风险的评估和缓解。这种安全性风险是由某种使组织能力**低至合理可行水平**（**ALARP**）的危险结果带来的。安全性风险管理的目的是提供一个在所有被评估的安全性风险以及可以控制和缓解的那些安全性风险之间，均衡分配资源的依据。因此，安全性风险管理是安全性管理流程的关键组成部分。

9.6.2.2.2　安全性风险概率

安全性风险概率被定义为一个不安全事件或状态出现的可能性。一个概率的可能性定义可以辅之以如下的问题：

（1）是否存在与所研究事件相类似事件的历史记录，或是否是一个孤立事件？

（2）还有什么同类型的其他设备或部件会有类似的缺陷？

（3）还有多少人员仍在遵循或服从有问题的程序？

（4）可疑设备或有问题的程序被使用的时间百分比是多少？

（5）涉及组织、管理或规章方面的、可对公众安全造成较大威胁的问题，严重到了什么程度？

我们可以将安全性风险概率分级如下：

频繁	很可能多次发生（已频繁发生）	5
偶尔	很可能有时发生（不频繁发生）	4
很少	不太可能发生，但有可能（很少发生）	3
不可能	很不可能发生（尚未有已知事件的发生）	2
极不可能	几乎不可想象该事件将会发生	1

9.6.2.2.3　安全性风险的严重程度

一旦以概率来评估不安全事件或状态的安全性风险，则将危险结果的安全性风险置于组织控制的第二步,是对严重程度的评估。严重程度被定义为不安全事件或状态的可能后果,用作对最坏预期情况的参考。如果危险结果的破坏性在提供服务的运营期间成为事实,则对其严重程度的评估可辅之以如下的问题:

(1) 损失了多少生命(雇员、乘客、现场人员和普通民众)?

(2) 财产或经济破坏(运营人的直接财产损失、航空设施的破坏、对第三方的间接伤害、对国家财政和经济的影响)的可能范围是什么?

(3) 环境影响(燃油或其他危险品的泄漏、自然栖息地的物理破坏)的可能性是什么?

(4) 可能的政治问题和/或媒体的兴趣是什么?

我们可以将安全性风险的严重程度分级如下:

灾难性的 A	——被破坏的设备;
	——众多死亡。
危险的 B	——安全性裕度大量减小、身体伤痛或一个使运营人不能精确或圆满完成其任务的工作负荷;
	——严重损伤;
	——重要设备的破坏。
较大的 C	——安全性裕度的显著降低,工作负荷的增加或损害效率的情况降低了运营人处置不利运行状态的能力;
	——严重事故征候;
	——人员受伤。
较小的 D	——障碍;
	——运行限制;
	——应急程序的使用;
	——较小的事故征候。
微不足道的 E	——微小的后果。

9.6.2.2.4　安全风险的可容忍度

当不安全事件或状态的安全性风险以概率和严重程度的形式来评估之后,这个流程的第三步,是对危险结果可容忍度的评估。

首先,有必要进行安全性风险的整体评估。这是通过在安全性风险评估矩阵中引入安全性风险概率和安全性风险严重程度的列表而取得的。

例如,一个安全性风险概率已被评定为**偶然的(4)**。而这个安全性风险严重程度已被评定为**危险的(B)**。那么概率和严重程度的组合(**4B**)就是所研究危险结果的安全性风险。

其次,从安全性风险评估矩阵中获得的安全性风险指数,必须输出给安全性风险可容忍度矩阵。该矩阵规定了可容忍度标准。按图 9.2 中的可容忍度列表,安全性风险评定为 4B 的标准是在现有情况下不可接受的。

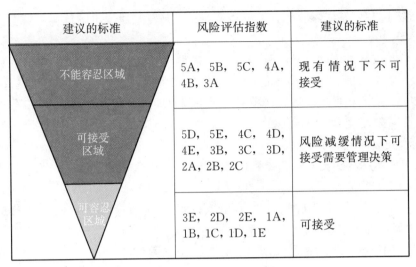

建议的标准	风险评估指数	建议的标准
不能容忍区域	5A，5B，5C，4A，4B，3A	现有情况下不可接受
可接受区域	5D，5E，4C，4D，4E，3B，3C，3D，2A，2B，2C	风险减缓情况下可接受需要管理决策
可容忍区域	3E，2D，2E，1A，1B，1C，1D，1E	可接受

图 9.2　安全性风险的可容忍度矩阵

在这个情况下，安全性风险处在倒三角形的不能容忍区域内。危险结果的安全性风险是不可接受的。

9.6.2.2.5　安全性风险的控制/缓解

应将不安全事件或状态所导致后果的安全性风险置于组织控制之下。在这个过程的第四步即最后一步，必须使用控制/缓解策略。一般而言，控制和缓解是可以互换使用的术语。两者都意味着指定措施来处理危险和控制危险结果的安全性风险概率和严重性。

接着上面所提到的例子，根据分析，该危险结果的安全性风险被评定为 4B（在现有情况下不可接受的）。于是必须分配资源使它沿着三角形下滑，进入安全性风险最低合理可行（ALARP）的可容忍区域。

如果无法做到这一点，那么必须取消这种提供服务的运行，因为这种服务将组织暴露在所述的危险结果中。

安全性风险的控制/缓解有三种通用策略：

（1）**规避**：运行或活动被取消，因为安全性风险超出了继续这类运行或活动的利益。规避策略的例子包括：

禁止运行进入被复杂地形包围且不具备所需保障设备机场。

（2）**减少**：运行或活动的频率被减少，或采取行动，减少可接受风险后果的程度。减少策略的例子包括：

仅限于在白天目视条件下，运行进入被复杂地形包围且不具备所需保障设备机场。

（3）**风险隔离**：采取措施隔离危险结果的影响，或建立防止它们的冗余度。风险隔离策略的例子包括：

仅限于具备特殊导航能力的飞机,运行进入被复杂地形包围且不具备所需保障设备机场;

在评价安全性风险缓解的具体备选方案时,必须记住,并非所有措施都有降低安全性风险的可能。每个具体备选方案的有效性需要在作出决策之前进行评估。每个被建议的安全性风险缓解选项应当从下列角度进行审查:

(1) **有效性**:它是否将降低或消除不安全事件或状态导致的安全性风险? 备选方案能将安全性风险缓解到什么程度?

(2) **成本/效益**:缓解所感受到的收益是否重于成本? 可能的收获是否将和所需更改的影响相称?

(3) **实用性**:在可用技术、财政可能性、行政可能性、管理法律法规、政治意愿等方面,缓解是否实际可行和合适的?

(4) **质询**:缓解能否经受住来自所有利益相关者(雇员、主管、股东/国家行政部门等)的严格审查?

(5) **每个利益相关者的可接受性**:能够预期有多少来自利益相关者的买进(或阻力)? (安全性风险评估阶段期间和利益相关者的讨论可以表明他们更愿意选择风险缓解选项)。

(6) **可实施性**:如果新规则(标准运行程序、规章等)被实施,它们是否是可实施的?

(7) **持久性**:缓解是否将经得起时间考验? 它是暂时有益,还是有长期效用?

(8) **剩余安全性风险**:在缓解措施被实施后,关于原危险的剩余安全性风险将是什么? 缓解任何剩余安全性风险的能力是什么?

(9) **新的问题**:提议的缓解措施将会引入什么样的新问题或新的(也许更糟)安全性风险?

一旦缓解措施被接受,制订和部署的策略必须,作为安全性保障流程的一部分,反馈到缓解所依据的组织防护,以保证在新的运行条件下防护的完整性、效率和有效性。

9.6.2.2.6 安全性风险管理的五个基础:总结

整个本章所讨论的有关安全性风险管理的重要概念可总结如下:

(1) 不存在绝对安全的事情:在航空领域,不可能消除所有的安全性风险。

(2) 安全性风险必须被保持在最低合理可行的水平。

(3) 安全性风险缓解必须与下列因素相平衡:

① 时间;

② 成本;

③ 采取减少或消除安全性风险措施的困难(如管理)。

(4) 有效的安全性风险管理,是在最小化安全性风险的同时,当接受一个安全性风险时寻求最大收益(最常见的是减少提供服务的时间和/或成本)。

（5）安全性风险决策的基本原则，必须通知受到它们影响的利益相关者，以获取他们的认可。

9.6.3　安全性管理系统的介绍

9.6.3.1　安全性管理系统（SMS）和质量管理系统（QMS）

在航空系统的许多环节上，设立质量管理已有很长时间。许多航空单位已经实施和运行 QC 和/或 QA 多年。

QA 计划确定和建立一个单位的质量政策和目标。它保证单位中那些提高效率和减少相关服务风险所需的要素已经到位。如果正确执行，QA 保证程序的实施与适用要求一致和相符，保证问题被识别和解决，也保证单位持续地审查和改进其程序、产品和服务。QA 应当为满足企业的目标而识别问题和改进程序。

QA 原理在安全性管理流程上的应用，有助于保证采取必要的全系统安全措施，以支持单位达到其安全目标。然而，QA 本身不能如质量信条所建议的那样保证安全性。正是 QA 原理和概念在 SMS 安全性保障部分的集成，帮助一个单位保障必需的流程标准化。该流程的目的在于使这个单位妥善处理危险结果所导致的安全性风险。该单位在其提供服务的相关活动中不得不面临这些危险。

QA 原理包括一个监督单位各方面行为表现的程序，包括像下列的一些要素：

（1）程序的设计和形成文件（如标准运行程序）；

（2）检查和测试方法；

（3）设备和运行的监督；

（4）内部和外部审核；

（5）所采取纠正措施的监控；

（6）在必要时，采用适当的统计分析。

航空单位经常将他们的 QC 和 QA 计划整合进所谓的质量管理系统。

准确而言，SMS 和 QMS 分享了许多共同性。它们都：

（1）必须被规划和管理；

（2）依赖测量和监控；

（3）涉及单位中的每个职能、流程和人员；

（4）为持续提高而努力。

然而，类似于 SMS 和 QMS 分享共同性，两者之间存在重要区别，即当靠其自身来处理危险结果所导致的安全性风险时，QMS 在有效性方面存在不足之处。在提供服务的相关活动中，这类单位不得不面临这些危险。

简单而言，SMS 与 QMS 的区别在于：

（1）SMS 专注于一个单位的安全性、人和组织的方面（即，安全性的满足）；而

（2）QMS 专注于一个单位的产品和服务（即，客户的满意）。

在 SMS 与 QMS 之间的共同性和区别被确定后，就有可能在两者之间建立一个协作关系。不能过分强调这个关系是互补的、永不对抗的。这个关系可以总结如下：

（1）SMS 部分地建立在 QMS 原理上；

（2）SMS 应当包括安全性和质量政策和措施；

（3）质量原理、政策和措施的整合，只要 SMS 被关注，应当专注于安全性管理的支持。

SMS 对 QMS 的整合，为监督流程和监督识别安全性危险及其后果的程序，提供了一个结构化方法，并且使得航空运行中的相关安全性风险被置于组织、预期功能的控制之下。

9.6.4　结束语

ICAO 安全性管理手册，为各国提供了发展规章框架的指南以及服务供应商用来实现安全性管理系统（SMS）的支撑 GM。该手册根据附件 1，6，8，11，13 和 14 中的国际 SARP，也为 SSP 的发展提供了指南。

还有值得提及的是 FAA 的 AC No.120-92"航空运营人安全性管理系统的介绍"。

这个咨询通告介绍了航空服务供应商 SMS 的概念（如，航空公司、空中出租运营人、公司飞行部和驾驶员学校），并提供了 SMS 发展指南。

附录 9.1.2　EASA 持续适航/维修

规章	适用范围	注释
	持续适航要求	**2042/2003 号规章第 3 款**
M	1. 航空器和部件的持续适航必须确保符合 M 部附录Ⅰ的规定 2. 涉及航空器和部件的持续适航包括维修的组织和个人，应当遵守附录Ⅰ和条款 4 和 5 中列举的适合规定	部分免除第 1 条的要求，拥有飞行许可证的航空器的持续适航，应确保基于符合 21 部颁发的飞行许可证中定义的持续适航安排
145	**维修单位批准** 涉及**大型航空器**、商用航空运输航空器及其**部件**维修的单位，应当根据 **145 部附录Ⅱ**的规定批准	**2042/2003 号规章第 4 款**
66	合格审定人员 合格审定人员应根据 66 部附录Ⅲ的规定获得资质	**2042/2003 号规章第 5 款** 例外：附件Ⅰ的 M.A.607(b) 和 M.A.803、145.A.30(j) 以及附件Ⅱ的附录Ⅳ
147	**培训单位要求** 参考第 5 条建立的涉及人员培训的单位，应当根据 147 部附录Ⅳ批准	**2042/2003 号规章第 6 款** 附录Ⅳ有权： (a) 进行认可的基本培训课程和/或 (b) 进行认可的型号培训课程， (c) 组织考试，和 (d) 颁发培训合格证

附录 9.1.5 FAA 持续适航/维修

FARs	适用范围	注释
43	(1) 拥有美国适航证的航空器 (2) 根据本章 121 部或 135 规定,用于公共运输或邮件运输的外国注册的民用航空器 (3) 此类航空器的机体、航空器发动机、推进器、设备和部件	(b) 只有当 FAA 之前颁发过另外一种适航证的情况下,本部才适用于所有 FAA 颁发实验合格证的航空器 (c) 本部适用于根据 43.10 条从经型号合格审定产品上拆除、隔离或控制的时寿件 (d) 本部适用于所有获颁轻型运动类特殊适航证的航空器,除了: (1) 非 FAA 批准产品不需要完成§§43.5(b)和 43.9(d)指定的维修或替换 (2) 非 FAA 批准产品的大修和大改不需要根据本部附录 B 进行记录 (3) 本部附录 A(a)条和(b)条指定的大改和大修的列表不适用于非 FAA 批准产品
145	本部叙述了如何获得修理站合格证,还包含了经认可修理站必须遵循,涉及适用 43 部的航空器、机体、航空发动机、推进器、设备或部件的维修、预防性维修和改装效果的规则。还适用于所有持有或需要持有根据本部颁发的修理站合格证的人员	
65	本部规定了向合格证和等级持有人颁发以下合格证、相关等级和一般运行规则的要求: (a) 空中交通管制-塔台管制员 (b) 航空器签派员 (c) 机械师 (d) 维修人员 (e) 叠伞员	
147	本部规定了向合格证和等级持有人颁发**航空维修技术学校合格证**、相关等级和一般运行规则	
91	(a) E 分部规定了管理境内外运行的美国注册民用航空器的维修、预防性维修和改装的规定 (b) 本分部的 91.405,91.409,91.411,91.417,和 91.419 节不适用于根据 FAR 121,129,91.1411 或 135.411(a)(2)条提供的持续适航维修计划进行维修的航空器	

（续表）

FARs	适用范围	注释
91	(c) 本部 91.405 和 91.409 条不适用于根据 FAR 125 部进行检查的航空器	
121	(a) 除了本节(b)条款提供的情况,**L 分部**规定了所有合格证持有人的维修、预防性维修和改装的要求	(b) 局方可以修订合格证持有人的运行规范以允许对于本分部规定的偏离,从而使得由美国境外雇佣未持有美国空勤人员合格证的人员进行维修、替换或检查的机体部件、动力装置、设备和备件可以重新服役和使用。每个根据此偏离使用部件的合格证持有人必须提供对设施和方法的检测,保证所有部件上进行的工作是根据合格证持有人手册完成的
125	**G 分部**规定了除本章其他部分规定之外,根据本部运行的飞机、机体、航空发动机、推进器、设备、每项生存和应急设备和其部件要遵守的规则	
129	**B 分部**要求运行美国注册飞机进行**公共运输**的外国人员或**外国航空承运人**支持每架飞机的持续适航。这些要求包括但不限于修订维修计划、合并设计更改和合并持续适航指导修订	
135	**J 分部**规定了除本章其他部分规定外,每个合格证持有人进行以下维修、预防性维修和改装的规则: (a)(1) 根据座位数进行型号审定,除机组成员座位外,旅客座位数为 9 座及以下的飞机,应根据 FAR 91 部、43 部和 FAR 135.415、135.416、135.417、135.421 以及 135.422 进行维修。经批准的航空器检查计划应根据 FAR 235.419 进行使用 (a)(2) 根据座位数进行型号审定,除机组成员座位外,旅客座位数为 10 座及以上的飞机,应根据 FAR 135.415、135.416、135.417 和 135.423 到 135.443 的维修计划进行维修	(b) 合格证持有人除非不需要,否则可以选择依据本节(a)(2)条款维修其航空器 (c) 用于载客 IFR 运行的单发航空器还应根据 §135.421(c),(d)和(e)进行维修 (d) 选择根据 §135.364 运行的合格证持有人必须根据本节(a)(2)条款和本部附录 G 的附加要求维修其航空器

附录 9.1.7　FAA 航空运营人合格审定

运行合格证类型		FAR 运行规章	运行类型
航空承运人合格证 **公共运输：** ● 州际 ● 国际或 ● 海外，或 ● 邮件运输	**定期运行**		
	实例：10 座及以上或商载大于 7500 lb 的多发飞机	121	国内，国外
	实例：9 座及以下商载小于 7500 lb 的飞机或旋翼机	135	通勤，按需
	不定期运行		
	实例：30 座及以上或商载大于 7500 lb 的多发飞机	121	临时
	实例：商载小于 7500 lb 的全活运行的飞机或旋翼机	135	按需
运营证 **公共运输：** ● 州内运营	**定期运行**		
	实例：涡喷飞机	121	国内
	实例：9 座及以下或商载小于 7500 lb 的飞机或旋翼机	135	通勤
	非定期运行		
	实例：30 座及以上或商载大于 7500 lb 的多发飞机	121	临时
	实例：9 座及以下商载小于 7500 lb 的飞机或旋翼机	135	按需
运行合格证 **非公共运输**	20 座及以上或商载大于 6000 lb 的飞机	125	无
	20 座以下商载小于 6000 lb 的飞机和旋翼机	135	按需
运行合格证 **农用航空器运行**		137	
旋翼机外挂物运行		133	

注释

1. 参见本章"适航指令"部分。
2. 参见本章"EASA 运营人合格审定"和"FAA 运营人合格审定"。
3. 在"老龄飞机"里看到例外，但仅与维修程序有关，不会降低安全性。

4. 在第 5 章,"持续适航文件"中给出了一个例子,关于必须制定的文件类型。

5. "合格审定人员"指负责对航空器或零部件维修后放行的人员。

6. 下列构成 M. A. 803 中所提及的有限的驾驶员维修,只要它不涉及复杂维修任务并且被按照 M. A. 402 实施:(一些例子)

(1) 机轮的拆除、安装。

(2) 更换起落架上的弹性减震线。

(3) 通过增加滑油、空气或两者的方式维修起落架减震支柱。

(4) ……

7. 运营人是指运行或计划运行一个或多个航空器的任何法人或自然人。

8. 空中作业是指航空器的运行,在该运行中,航空器被用于诸如农业、建筑、摄影、调查、观察巡逻、搜救、空中广告等的专门服务。

9. 涉及的附款(b)已在第五章"FAA 维修"中讨论。

10. 适航指令。

11. 维修、预防性维修、重新制造、改装。

12. FAR 119.1(e)(2):使用具有标准适航证和乘客座位不超过 30、最大商载不超过 7 500 lb 的一架飞机或直升机,在同一机场开始和结束并在该机场 25 法定英里半径内所实施的不经停商业航空旅游……FAR 135.1(a)(5):为报酬或租金,按照 FAR 119.1(e)(2)实施的不经停商业航空旅游飞行……FAR 121.1(d):为报酬或租金,按照 FAR 119.1(e)(2)实施的不经停商业航空旅游……

13. 具有 80 000~100 000 飞行循环的飞机并不罕见。

14. 参见第 4 章"疲劳强度"。

15. 于 2008 年 2 月到期的临时规定。

16. "合适机场":参见 FAR 121.7 和 AC 120 - 42 B 附录 1 中的定义。

17. 加快的 ETOPS:参见注释 19。

18. A 类性能在 JAR - OPS 1 的 G 分部中定义;B 类性能在 JAR - OPS 1 的 H 分部中定义;C 类性能在 JAR-OPS 1 的 I 分部中定义。

19. "早期 ETOPS":当航线客机在交付投入使用时具有的 ETOPS。"加快的 ETOPS":当运营人向局方证明充分和有效 ETOPS 流程已经就绪时,就有可能降低对使用经验的要求。

20. 参见第 3 章的 3.1.1 小节。

21. 有 40 个成员国参与 EC 的 SAFA 计划。

22. 参见第 3 章注释 1。

23. 参见第 3 章"国际标准"。

第 10 章　从适航到"适天"？

伴随着柔和的"蓝色多瑙河"音乐,航天飞机正在与地球轨道空间站进行对接,这一幕是多么迷人啊！这只是一个简单的日常安排,而不是要英勇地去执行特殊任务,在对接完成后,月球登陆艇将继续前往月球上的基地。

或许斯坦利·库布里克在 20 世纪 60 年代末将他的电影命名为"2001:太空漫游"有点乐观,即使在今天,将他的电影命名为"2030:太空漫游"或许仍不为过。

太空旅行面临的情况与早期飞行时代时的情况十分相似。

在 20 世纪 20 年代,"特技飞行表演"在美国各地小镇巡回演出,一方面,为大众提供娱乐,展示飞行的技巧与激情,另一方面,为付费乘客提供搭乘。

许多人从未如此近距离地看到过飞机,他们支付几美元(有时用家禽来代替)来享受这惊心动魄的飞行经历。

这种飞行特技表演是民用航空飞行历史上的第一种形式,美国联邦政府制定了新的法律来规范这一新的民用航空业务。

而如今,人们愿意花费几百万美元来享受一次太空旅行,一个新的行业"亚轨道太空飞行"正在逐渐变为现实。

另一个与飞行时代开始时相似之处,是设立的 1000 万美元的安萨里 X 奖,获奖要求是用私人研制的运载工具将至少两名乘客送到亚轨道,并安全返回,并在两周之内重复一次。

查尔斯·林德伯格驾驶他的"圣路易斯精神"号飞机横穿大西洋,赢得了 25 000 美元的奥泰格奖金。伯特·鲁坦创办的 Scaled Composites 公司也赢得过这个安萨里 X 奖。

在亚轨道太空飞行中,太空飞行器发射到 80~110 km 高度后,关闭发动机,飞行器依靠惯性继续向上冲刺,在到达最高点后沿抛物线自由落体,整个过程中,乘客将经历几分钟的失重,随后返回地球安全降落。在亚轨道飞行过程中,虽然飞行的时间较短,但乘客能够看到神奇的地球景象,并获得一次终生难忘的太空飞行经历。

太空飞行器可以直接从地面发射,或者通过特别设计的航空器将飞行器运到一定高度后从空中发射。

但这只是第一步,随着造访空间站次数的增多(目前的国际空间站和未来的空间站等),以及未来访问月球基地等,对太空旅行的要求也将逐渐增加。

另外,基于亚轨道飞行的原理,洲际运输航线终有一天会实现,这将极大地缩短人们的旅行时间。

旅游或商务? 今天,我们乘坐商业航空主要是上述两个目的。这也同样是未来太空飞行的目的,尽管有些人喜欢将其定义为"太空探索"[1]。

可以确定的是,民用太空开始逐渐变为现实,与民用航空的情况类似,它需要加以规范。

10.1　新的规章

在美国,按照正常的立法程序,联邦航空局于 2006 年 12 月 15 号颁布了《人类太空飞行机组和太空飞行参与人员的要求》。

新的规章保持了 FAA 关于保护无关公众安全的承诺,并要求采取措施使旅客能够就其人身安全作出知情决定。

下面是联邦航空局提供的总结。

> 规章要求航天器运营商提供与安全相关的信息,规定进行持牌载人太空飞行时,运营商必须采取的操作。另外,航天器运营商必须通知乘客一般太空旅行中存在的风险,尤其是乘坐运营商提供的航天器进行太空旅行可能遇到的风险。同时,还规定了太空飞行参与人员需要进行的培训以及一般的安全要求。
>
> 规章还对机组人员通报、医疗资格、培训、环境控制与生命保障系统等要求进行了规定。同时,还要求航天器运营商验证航天器在运行环境中硬件与软件的综合性能。运营商必须在允许任何太空飞行参与者登机之前,成功验证航天器在实际飞行环境中硬件与软件的综合性能。验证工作必须包括飞行测试。

注:附录 10.1 列出了新要求的索引。

该索引中所列出代表性文件如下文所述。

A　总则

第 401 条——组织机构和定义:包括联邦航空局商业太空运输办公室的职责,以及新规章中使用的一些定义。例如:

一次性使用运载火箭是指其推进级只使用一次的运载火箭。

实验许可或许可是指联邦航空局准许某人发射或回收可重复使用的亚轨道火箭。

发射是指将或试图将运载火箭或者再入大气层飞行器以及任何负载从地球送入地球亚轨道、外空间地球轨道、外空间其他轨道,以及运载火箭在发射准备期间所进行的一系列活动。

发射运营商是指进行或将进行航天器或任何商载的发射的人。

运载工具是指可在外层空间工作,或者将负载送往外层空间的飞行器或亚轨道火箭。

发射场是指从地球发射的场地,并且在该场地配备了必要的设备。

返回场是指再入大气层飞行器返回地球着陆的场地。

再入大气层飞行器是指该飞行器能够完好无损地从地球轨道或者外层空间返回地球。可重复使用运载工具能够从地球轨道或者外层空间完好无损地返回地球,也称为再入大气层飞行器。

可重复使用运载工具是指能够完好地返回地球,并能够多次发射的运载工具,或者在需要时由操作人员启动的多级火箭,其操作与运载火箭的操作类似。

B 方法

第 404 条——规章以及牌照要求:建立了规章的发布方法,以及减少或免除申请牌照要求,或者允许商业太空运输活动的方法。

第 405 条——调查和执法:联邦航空局监管持牌者的设施与活动,修改、暂停和撤销牌照。

第 406 条——调查,执法和行政审议:在管辖权遭受质疑时,召开听证会并采取必要法律行动的相应规则。

C 申请牌照

第 413 条——牌照申请方法:解释了如何申请牌照或试验许可证。这些方法适用于所有申请人申请牌照或许可证,转让牌照,更新牌照或许可证。例如:

(1)获得发射牌照;

(2)运营发射场牌照;

(3)可重复使用运载工具发射和返回牌照;

(4)运营返回场牌照;

(5)再入大气层飞行器(非可重复使用运载工具)返回牌照;

(6)再入大气层飞行器返回试验许可证。

第 414 条——安全批准:建立获得安全批准书、更新和转让已有安全批准书的方法。

安全批准书。就本部而言,安全批准书是联邦航空局签发的文件,该文件包括联邦航空局确认下文中(1)和(2)部分列出的一个或多个安全要素在规定状态、参数或环境下使用时不危害公众健康、安全或者财产安全。安全批准独立于牌照单独签发。

(1)运载火箭,再入大气层飞行器,安全系统,流程,服务,或任何确定的组成部分;

(2)合格且训练有素的操作人员,执行有牌照的发射活动或与航天器有关的功能与流程。

安全要素。安全要素是上文"安全批准书"中(1)和(2)列出的任何与人或物相关的因素。

申请人必须包含下面的技术信息:

(1) 符合性说明书,描述申请人在获得安全批准书时,安全要素对应的相关标准,以及安全要素是如何满足标准要求的。

(2) 安全批准书中的操作限制。

(3) 以下几个方面:

① 在安全批准时证明安全要素的安全性时所需要的信息与分析。

② 工程设计和分析应表明发射有充足的安全保证,例如,有牌照的发射或者返回将不会危及公众健康、安全或财产安全。

③ 相关的制造工艺。

④ 测试和评价方法。

⑤ 测试结果。

⑥ 维修方法。

⑦ 个人资格和培训方法。

第 415 条——发射牌照:除可重复使用的运载工具之外的运载工具在发射时需要获得牌照,并且必须遵守保证牌照的要求。

第 417 条——发射安全

A——牌照条款和条件

这部分阐明:

一次性使用运载火箭发射操作员授权发射的职责。

第 415 条维护发射牌照的要求。

B——发射的安全责任

本部分包含了轨道和亚轨道一次性运载火箭发射时公众的安全要求。

C——飞行安全分析

本部分包含了执行 417.107(f)所需的飞行安全分析要求。

D——飞行安全系统[2]

本部分适用于发射运营商使用的任何飞行安全系统。417.107(a)条确定了发射运营商使用飞行安全系统的时间。发射运营商必须保证飞行安全系统满足本部分以及参考附录中所有的要求。

E——地面安全

本部分包含了在美国发射场发射过程中以及发射以后对公众安全的要求。发射运营商在美国发射场采取的措施必须满足地面安全的要求。持有牌照的发射场经营者必须满足本章第 420 条的要求。

注:第 417 条还包含了相关附录(从附录 A 到附录 J),这些附录中包括了

满足本部分的一些要求和方法。

　　第 420 条——运营发射场牌照：本部分规定必须向联邦航空局提交申请牌照的支持材料，以及牌照审批、牌照条款和条件、取得牌照后保证牌照有效的要求等。

　　第 431 条——可重复使用运载工具发射与返回：本部分规定了获得可重复使用运载工具任务牌照的要求以及获得牌照后保证牌照有效性的要求。

　　有两类可重复使用运载工具任务牌照：

　　（a）特定任务牌照。特定任务牌照是一种授权可重复使用运载工具发射、返回或者着陆，以及从一个发射场发射，在另外一个发射场返回的许可证。特定任务牌照可以授权多个可重复使用运载工具执行任务，并允许可重复使用航天器依据该牌照的每次飞行。

　　（b）运营牌照。运营牌照是一种签发给具有指定参数可重复使用运载工具系列发射、返回或者着陆的许可证，这些参数包括：航天器的发射场、发射轨迹、运载指定负载到任何返回场或者牌照上指定的其他地点。可重复使用运载工具的运营牌照的有效期限为两年。

　　需要特别提及的是：

　　C——可重复使用运载工具发射和返回的安全审查与批准。

　　联邦航空局对航天器进行安全审查，确定申请人是否能够从指定发射场发射可重复使用运载工具和有效负载，并将航天器和负载返回到指定的返回场或者指定地点，或者返回地球，在上述过程中不危害公众健康和财产安全。

　　咨询通告 431.35-2A 提供了通过系统的和合乎逻辑的系统安全分析流程来识别、分析和控制可重复使用运载工具，再入大气层飞行器在操作过程中发生的危害公共安全的危险和风险的方法指南。

　　第 433 条——运营返回场牌照，联邦航空局评估个别申请人运营返回场的申请。

　　运营返回场牌照授权持牌人按照其申请牌照内容运营返回场，持牌人遵守牌照中包含的任何条款和条件。

　　第 435 条——再入大气层飞行器（非可重复使用运载工具）返回。本部分规定了获得再入大气层飞行器（非可重复使用运载工具）返回牌照的要求，获得牌照后，必须遵守保持牌照的要求。

　　第 437 条——实验许可证：本部分规定了获得实验许可证的要求，同时规定了获得许可证后必须遵守保持许可的要求。第 413 条包含了申请实验许可证的方法。

　　第 440 条——财政责任：本部分建立了按照本章要求获得了发射和返回的牌照或许可证后，在发射或返回时的财政责任与风险分配的要求。

　　本部分从法律的角度来讲，是非常复杂的，它包括了第 440.17 节相互放弃索赔的要求。

将严格的法律表述简化，即必须在下述关系中执行人身伤害索赔的相互豁免，这些伤害包括：由许可活动导致的死亡或者财产损失。

● 飞行机组人员与美国政府、以及承包商或分包商之间[3]；

● 参与太空飞行人员与美国政府、以及承包商或分包商之间；

● 牌照/许可证持有人与客户、美国政府、以及承包商或分包商之间[4]（三方相互豁免）。

每一方都需要为持牌/持证活动造成的损害承担自己的责任。

第 460 条——人类太空飞行要求：这是 2006 年 12 月 15 号颁布的修正案，包括 A 和 B 两部分，总的来讲：

A——按照本章规定获得牌照或许可证的航天器在执行有机组人员的发射与返回时，规定机组人员的要求：

● 本部分规定了飞行机组人员的资格和训练（在飞船上的操作人员或者在地面的远程操作人员）。

● 第 460.9 节指出，运营商必须书面通知每一位现任飞行机组人员那些尚未获得美国政府安全认证搭载机组人员或太空飞行参与人员的运载火箭或者再入大气层飞行器。

● 第 460.11 节和第 460.13 节指出，航天器内的空气条件必须恒定，并能够监测和抑制内部着火。

● 第 460.17 节要求在任何太空飞行参与人员进入航天器开始飞行之前，有一套验证程序确保航天器硬件和软件在实际的飞行环境下的综合性能。验证必须包括飞行试验。

B——按照本章规定获得牌照或许可证的航天器在执行有太空飞行参与人员的发射与返回时，规定太空飞行参与人员的要求。

第 460.45 节要求运营商必须书面通知每一位太空飞行参与人员关于发射和返回时的飞行风险，其中包括：运载火箭型号或再入大气层飞行器型号的安全记录，以及提供上述信息的方式或方法。

此外，运营商必须通知每一位太空飞行参与人员那些尚未获得美国政府安全认证搭载机组人员或太空飞行参与人员的运载火箭或者再入大气层飞行器。

第 460.51 节要求运营商在开展太空飞行之前，训练每一位太空飞行参与人员如何应对紧急情况，其中包括：冒烟、着火、机舱压力丧失以及紧急逃生。

10.1.1　试验许可

第 431 条规定了获得可重复使用运载工具任务牌照的要求，以及获得牌照后必须履行保持牌照的要求。第 437 条规定了获得试验许可的要求。

除牌照外，试验许可证是联邦航空局签发的，用于试验用可重复使用亚轨道火箭的发射与返回。试验许可证是牌照的替代品,有效期为一年,可以续期,并且允许持证人在特定亚轨道航天器设计阶段实施多次发射和返回,使用次数不受限制。联邦航空局能够快速签发试验许可证,且比牌照需要满足的要求少,这使得制造商能更容易测试新型号的可重复使用亚轨道火箭,这将有助于加快研究和开发亚轨道载人飞行的航天器。

当然,使用试验许可证进行有偿载人、载物飞行,或者出租试验许可证都是被禁止的。

联邦航空局颁布的试验许可证仅用于研究、开发和测试新的可重复使用亚轨道火箭的设计理念、新设备或者新操作技术,证明符合申领飞行牌照的要求,或者在获得飞行牌照前对飞行机组人员进行培训。

作为获得试验许可证的一部分,第 437.55 节要求运营商开展危险性分析,并将分析结果提供给联邦航空局。

咨询通告 437.55-1 提供了识别、分析和控制获得试验许可证的可重复使用火箭在发射与返回时影响公众安全的危险和风险的指导。

10.1.2　总结

联邦航空局颁布了规章,规定了私人太空飞行机组人员和太空飞行参与人员(或者乘客)的要求。新规章保证了联邦航空局保护公众安全的承诺,并要求采取措施,使乘客做出有关自身安全的知情决定。

人类的太空需求是一种新的载人飞行形式,尚未在该领域形成统一的经验。出于这个原因,联邦航空局颁布了一些规章,可以认为这些规章较为"初级"。但是,基于今后的运营经验,可以期待将来能够在技术层面上进行定义。而现阶段,则主要考虑规章中的政府机构、取证过程、责任分配等等。

需要记住的是,联邦航空局在 2004 年"商业航天发射修正案"基础上颁布的第 460 条中,并未对运载机组人员和太空飞行参与人员的运载火箭和再入大气层飞行器的安全性进行认证。但要求运营商必须通知每一位太空飞行参与人员在飞行过程中可能存在的危险和风险[5]。这些规章还包括太空飞行参与人员的培训以及一般的安全要求。

这些危险都必须由运营商通过分析来鉴定[6]。

在了解太空飞行面临的风险之后,太空飞行的参与人员和其他各方就需要对自己所面临的风险承担责任,即"知情同意"制度(在已经知道有风险的情况下飞行),这在第 440 条进行了说明。

这显然是一种务实的方法。如果在开始运营前,新措施必须等待类似于商业航空的一套完整法规制定出来,那么这些新措施的实施将被严重阻碍。

因此,引用第 2 章的话来讲,"标准并不总是走在航空发展的前面,它时而遵循,时而伴随"。事实上,在认识到这一新兴产业时,美国法律就要求采用分阶段的方法监管人类的商业太空飞行,监管的标准伴随着行业的演变。

到目前为止,这一新兴产业正在蓬勃发展,联邦航空局对其进行大力支持,在太空探索和太空旅游的法规制订方面进行引导。

在欧洲,与太空旅游相关的立法正在开展;美国公司乐意在欧洲经营,但目前相关立法尚未建立。

一些政府机构可能会主动从事这项活动。但是,这要看欧洲是否愿意追随美国,赋予欧洲航空安全局签发空天飞机许可证、开展太空旅游业务、建立空间站的职责,并让其控制与欧洲太空旅游相关的安全问题。

作为欧洲太空活动的核心,欧洲航天局[7] 颁布了开展太空旅游的立场文件,声称这些活动需要有一个协调的和共同的方法。该文件概述了与太空旅游相关的不同方面,并提出了该立场的主要特点,这可能对欧洲航天局产生影响。欧洲航天局应该为欧洲太空旅游管理框架的建立作出贡献,包括,欧洲民用航空监管机构和主管机构,为全球所有国家建立一个更加公平的竞争环境,并支持欧洲工业界的利益。

然而,太空旅游具有全球性。目前,已经在该领域开展工作的国家有:澳大利亚、加拿大、中国、法国、德国、印度、以色列、日本、俄罗斯、新加坡、阿拉伯联合酋长国、英国和美国,可以肯定还会有其他国家不断加入进来。

这意味着,国际民航组织也需要在航天领域开展相应的工作,发挥类似于国际民用航空组织所起到的作用。

在这种情况下,国际太空安全协会(IAASS)[8] 开展了国际商业太空活动、私人太空活动、私人空间站的监管和许可研究。并与国际民航组织开展该领域的合作,这是因为以全球航空业运营安全为目的制定的法律、监管措施和方法可能同样适用于私人太空活动。

国际太空安全协会的白皮书"管理航天的国际民航组织?"已由 IIAA 工作组发布。这本白皮书主要内容是在该概念上引起国际关注和讨论。

一个新的时代已经开始。新规章将遵循航天事业的发展,并且一定会向民用航天器型号合格审定方面演化,我们或许可以将其定义为"适天型号合格证"。

附录 10.1　联邦法典第 14 卷第 3 章目录

联邦法典第 14 卷第 3 章—运输部,联邦航空局,商业空间运输

A——总论

第 400 条　依据和范围

第 401 条　组织和定义

B——方法

第 404 条　规章和执照发放要求

第 405 条　调查和执法

第 406 条　调查,执法和行政复议

C——签发许可证

第 413 条　许可证申请流程

第 414 条　安全批准

第 415 条　发射许可证

第 417 条　发射安全

第 420 条　运营发射场许可证

第 431 条　可重复使用运载工具发射与返回

第 433 条　运营返回场许可证

第 435 条　再入大气层飞行器(非可重复使用运载工具)返回

第 437 条　试验许可证

第 440 条　财政责任

第 460 条　载人太空飞行要求

注释

1. 亚轨道飞行器也可用于大气层范围内太空旅行和科学研究。

2. 飞行安全系统是指能够在运载火箭飞行过程中防止危险发生的系统,这些危险包括:任何有效负载造成的危险,运载火箭失效时落到任何有人区域或保护区域等危险。

3. 承包商与分包商是指那些在任何级别的、涉及直接或间接许可或允许活动的公司实体,包括:性能与服务供应商,运载火箭、再入大气层飞行器或有效负载等部件制造商等。

4. 客户是指能够从许可证持有人处获得发射或返回服务的任何人,这些客户对由许可证持有人发射或返回的有效负载(或者有效负载的任何一部分)拥有买卖、租赁、分配或者转让的权利;或者指将财产作为有效负载发射、返回,或者获得有效负载服务的人;或者指那些从客户处获得发射或返回服务权利转让的人。

5. 第 401 条定义风险为事件或危险事件发生的概率水平以及事件对个人或财产造成的影响。一般的来讲,危险可以定义为潜在的伤害,而风险是为危害发生的概率及导致的后果。

6. 联邦航空局已经颁布了"可重复使用运载工具和再入运载工具可靠性分析指南"(2005 年 4 月),"可重复使用运载工具和再入运载工具安全性分析软件和计算程序指南"(2006 年 7 月),"可重复使用运载工具和再入运载工具可靠性分析法规指南"(2010 年 1 月)。

7. 欧洲航天局是一个由 17 个会员国组成的国际机构。欧洲航天局的职责是制订欧洲太空计划并贯彻执行。欧洲航天局的计划是研究地球、地球的临近空间、太阳系、宇宙,开发基于卫星的技术与服务,促进欧洲工业的发展,欧洲航天局还与欧洲以外的空间组织紧密合作。

8. 国际太空安全协会成立于 2005 年,由欧洲航天局、美国国家航空航天局、日本航空宇宙研究开发署、俄罗斯联邦航天局、加拿大航天局、法国国家空间研究中心、德国航天局和意大利航天局等发起组成,致力于建立太空安全的国际标准。

缩　略　语

A

ACARE	Advisory Council for Aeronautical Research in Europe	欧洲航空研究咨询委员会
ACO	Aircraft Certification Office	航空器合格审定办公室
AC	Advisory Circular	咨询通告
ADOAP	Alternative Procedures to Design Organization Approval	设计单位批准书的替代程序
AD	Airworthiness Directive	适航指令
AEC	Airframe-Engine Combination	机体-发动机组合
AEG	Aircraft Evaluation Group	航空器评审组
AI	Action Item	行动项目
AFM	Aircraft Flight Manual	航空器飞行手册
ALARP	As Low As Reasonably Practicable	最低合理可行
AMC	Acceptable Means of Compliance	可接受的符合性验证方法
A-NPA	Advanced-Notice of Proposed Amendment	建议修正案预告
AOC	Air Operator Certificate	航空运营人合格证
APIS	Approved Production Inspection System	经批准的生产检验体系
APU	Auxiliary Power Unit	辅助动力装置
ARC	Airworthiness Review Certificate	适航评审证
ARC	Aviation Rulemaking Committee	航空立法委员会
ASTRAEA	Autonomous System Technology Related Airborne Evaluation and Assessment	空中评估与鉴定的自主系统技术
ATC	Air Traffic Control	空中交通管制
ATCs	Additional Technical Conditions	附加技术条件
ATM	Air Traffic Management	空中交通管理
AVS	Air Vehicle Station	航空器基站

AWO	All Weather Operation	全天候运行

B

BASA	Bilateral Aviation Safety Agreement	双边航空安全协议

C

CAA	Civil Aeronautics Administration	民用航空管理局
CAA	Civil Aviation Authority	民用航空局
CAB	Civil Aeronautics Board	民用航空委员会
CAMO	Continuing Airworthiness Management Organization	持续适航管理单位
CAMP	Continuing Airworthiness Maintenance Program	持续适航维修大纲
CAP	Civil Aviation Publication	民用航空出版物
CAR	Civil Aviation Regulations	民用航空规章
CASA	Civil Aviation Safety Authority	民用航空安全局
CCL	Compliance Checklist	符合性检查单
CFR	Code of Federal Regulations	联邦法典
CM	Certification Manager	合格审定主管
C of A	Certificate of Airworthiness	适航证
CPI	FAA and Industry Guide to Product Certification	FAA 和工业界产品合格审定指南
CPP	Certification Program Plan	合格审定项目计划
CRD	Comment Response Document	意见反馈文件
CRI	Certification Review Item	合格审定评审项目
CRSs	Compliance Record Sheets	符合性记录单
CRS	Certificate of Release to Service	使用放行证书
CS	Certification Standard	合格审定标准
CSTA	Chief Scientific and Technical Adviser	首席科学技术顾问
CVE	Certification Verification Engineer	合格审定验证工程师

D

DA	Designated Authority	委任管理局
DAR	Designated Airworthiness Representative	委任适航代表
DAS	Design Assurance System	设计保证系统
DDP	Declaration of Design and Performance	设计与性能声明
DER	Designated Engineering Representative	委任工程代表
DMIR	Designated Manufacturing Inspection Representative	委任制造检查代表

DO	Design Organization	设计单位
DOA	Design Organization Approval	设计单位批准书
DOT	Department of Transportation	运输部

E

EAA	Experimental Aircraft Association	实验航空器协会
EAAWG	European Aging Aircraft Working Group	欧洲老龄航空器工作组
EASA	European Aviation Safety Agency	欧洲航空安全局
ECAC	European Civil Aviation Conference	欧洲民用航空会议
EC	European Commission	欧洲委员会
ECO	Engine Certification Office	发动机合格审定办公室
ELA	European Light Aircraft	欧洲轻型航空器
ELT	Emergency Locator Transmitter	应急定位发射机
ENAC	Ente Nazionale Aviazione Civile	国家民用航空
EPA	European Part Approval	欧洲零部件批准书
ESA	European Space Agency	欧洲航天局
ETOPS	Extended Range Twin Engine Operations	双发飞机延程运行
ETSO	European Technical Standard Order	欧洲技术标准规定
EU	European Union	欧盟
EUROCAE	European Organization for Civil Aviation Equipment	欧洲民用航空设备组织

F

FAA	Federal Aviation Administration	联邦航空局
FAR	Federal Aviation Regulations	联邦航空规章
FOEB	Flight Operations Evaluation Board	飞行运行评估委员会
FSB	Flight Standardization Board	飞行标准化委员会
FTS	Flight Termination System	飞行终止系统
FUJA	Future of JAA	JAA 未来

G

| GA | General Aviations | 通用航空 |
| GM | Guidance Material | 指导材料 |

H

| HB | Hot Balloon | 热气球 |

I

| IASA | International Aviation Safety Assessment | 国际航空安全性评估 |
| IAASS | International Association for Advancement of Space Safety | 国际空间安全促进协会 |

ICA	Instructions for Continued Airworthiness	持续适航文件
ICAO	International Civil Aviation Organization	国际民用航空组织
IFR	Instrumental Flight Rules	仪表飞行规则
IFSD	In-Flight Shutdowns	空中停车
IPA	Implementation Procedures of Airworthiness	适航实施程序
IRs	Implementing Rules	实施细则

J

JAAB	JAA Board	JAA 理事会
JAAC	JAA Committee	JAA 委员会
JAA EB	JAA Executive Board	JAA 执行委员会
JAA FB	JAA Foundation Board	JAA 基金委员会
JAA	Joint Aviation Authority	联合航空局
JAA DOA	JAA Design Organization Approval	JAA 设计单位批准书
JAA LO	JAA Liaison Office	JAA 联络办公室
JAA TO	JAA Training Office	JAA 培训办公室
JAR	Joint Aviation Requirements	联合航空要求
JPA	Joint Parts Approval	联合零部件批准书

L

LSA	Light Sport Aircraft	轻型运动类航空器
LUAS	Light UAS	轻型无人机系统

M

MAC	Manager of Applications Certification	合格审定申请主管
MAPSC	Maximum Approved Passenger Seating Configuration	最大批准客座数布局
MASPS	Minimum Aviation System Performance Standard	航空系统最低性能标准
MEL	Minimum Equipment List	最低设备清单
MIDO	Manufacturing Inspection District Office	地区制造检查办公室
MIL-HDBH	Military Handbook	军用手册
MIO	Manufacturing Inspection Office	制造检查办公室
MMEL	Master Minimum Equipment List	主最低设备清单
MOA	Maintenance Organization Approval	维修单位批准书
MoC	Means of Compliance	符合性验证方法
MOE	Maintenance Organization Exposition	维修单位手册
MRB	Maintenance Review Board	维修评审委员会

MS	Military Standard	军用标准
MSL	Mean Sea Level	平均海平面
MTOA	Maintenance Training Organization Approval	维修培训单位批准书
MTOM	Maximum Take Off Mass	最大起飞质量
MTOW	Maximum Take Off Weight	最大起飞重量

N

NAA	National Aviation Authority	国家航空当局
NAS	National Airspace System	国家空域系统
NASA	National Aeronautics and Space Administration	美国航空航天局
NATO	North Atlantic Treaty Organization	北大西洋公约组织
NPA	Notice of Proposed Amendment	建议修正案通告
NPRM	Notice of Proposed Rulemaking	建议立法通告
NRS	National Resources Specialists	国家资源专家
NTSB	National Transport Safety Board	国家运输安全委员会

O

ODAR	Organizational Designated Airworthiness Representative	单位委任适航代表
OPS	Operations	运行
OSTIV	Organisation Scientifique et Technique International du Volà Voile	国际滑翔飞行科学与技术组织

P

PC	Production Certificate	生产许可证
PCA	Primary Certification Authority	主要合格审定管理当局
PCM	Project Certification Manager	项目合格审定主管
PMA	Parts Manufacturer Approval	零部件制造人批准书
PM	Project Manager	项目主管
POA	Production Organization Approval	生产单位批准书
POC	Production Oversight Coordinator	生产监督协调员
POE	Production Organization Exposition	生产单位手册
POM	Production Organization Manager	生产单位主管
PPC	Powered Parachute	动力伞
PSCP	Project -Specific Certification Plan	专项合格审定计划
PSP	Partnership for Safety Plan	安全保障合作计划
PTVP	Post Type Validation Principles	型号认可后原则

Q

QA	Quality Assurance	质量保证
QC	Quality Control	质量控制
QMS	Quality Management System	质量管理系统
QSST	Quiet Supersonic Transport	宁静超声速运输机

R

RAI	Registro Aeronautico Italiano	意大利航空局
RLV	Reusable Launch Vehicle	可重复使用运载工具
ROA	Remotely Operated Aircraft	遥控航空器
RPV	Remotely Piloted Vehicle	遥控飞行器
RTCA	Radio Technical Commission for Aeronautics	航空无线电技术委员会
RV	Reentry Vehicle	再入飞行器

S

SAFA	Safety Assessment of Foreign Aircraft	外国航空器安全性评估
SARPs	Standards and Recommended Practices	标准和建议做法
SID	Supplemental Inspection Document	补充检查文件
SMS	Safety Management System	安全性管理系统
SoF	Safety of Flight	飞行安全
SOPs	Standard Operating Procedures	标准操作程序
SSBJ	Supersonic Business Jet	超声速喷气公务机
S-LSA	Special Light Sport Aircraft	特殊轻型运动类航空器
SSIP	Supplemental Structural Inspection Program	补充结构检查计划
SSP	State Safety Program	国家安全性计划
SST	Supersonic Transport	超声速运输
STC	Supplemental Type Certificate	补充型号合格证

T

TCH	Type Certificate Holder	型号合格证持有人
TCB	Type-Certification Board	型号合格审定委员会
TC	Type Certificate	型号合格证
TCDS	Type Certificate Data Sheets	型号合格证数据单
TVP	Type Validation Principles	型号认可原则
ToRs	Terms of reference	职权范围
TSO	Technical Standard Order	技术标准规定

U

UASSG	UAS Study Group	无人机系统研究组
UAS	Unmanned Aircraft System	无人机系统

| UAV | Uninhabited Aerial Vehicle | 无人航空器 |
| UAV | Unmanned Aerial Vehicle | 无人航空器 |

V

VFR	Visual Flight Rules	目视飞行规则
VLA	Very Light Aeroplane	甚轻型飞机
VLR	Very Light Rotorcraft	甚轻型旋翼航空器
V_{so}	Stalling speed (landing configuration)	着陆构型失速速度

W

| WSC | Weight Shift Control | 重量转移控制 |

索　引

大飞机出版工程
书　目

《民用飞机系统安全性设计与评估技术概论》

《民用航空器噪声合格审定概论》

《机载软件研制流程最佳实践》

《民用飞机金属结构耐久性与损伤容限设计》

《机载软件适航标准 DO‒178B/C 研究》

《运输类飞机合格审定飞行试验指南》(编译)

《民用飞机复合材料结构适航验证概论》

《民用运输类飞机人为因素设计原则》

四期书目

《航空燃气涡轮发动机工作原理及性能》

《航空发动机结构》

《航空发动机结构强度设计》

《风扇压气机气动弹性力学》(英文版)

《燃气轮机涡轮内部复杂流动机理及设计技术》

《先进燃气轮机燃烧室设计研发》

《燃气涡轮发动机的传热和空气系统》

《航空发动机适航性设计技术导论》

《航空发动机控制》

《气动声学基础及其在航空推进系统中的应用》(英文版)

《叶轮机内部流动试验和测量技术》

《航空涡轮风扇发动机试验技术与方法》

《航空轴流风扇压气机气动设计》

《燃气涡轮发动机性能》(译著)

其他书目

《民用飞机环境监视系统》

《民用飞机飞行管理系统》

《飞机内部舒适性设计》(译著)

《航空航天导论》

《航空计算工程》

《涡动力学》(英文版)

《尾涡流控制》(英文版)

《动态工程系统的可靠性分析:快速分析方法和航空航天应用》(英文版)

《国际航空法导论》(译著)